U0424497

「思想摆渡」系列

现象学与自身意识

张任之　编译

· 广州 ·

图书在版编目（CIP）数据

现象学与自身意识/张任之编译．—广州：中山大学出版社，2020.9
（“思想摆渡”系列）
ISBN 978－7－306－06961－0

Ⅰ.①现…　Ⅱ.①张…　Ⅲ.①现象学—文集　Ⅳ.①B81－06

中国版本图书馆 CIP 数据核字（2020）第 171200 号

出 版 人：王天琪
策划编辑：嵇春霞
责任编辑：熊锡源
封面设计：曾　斌
责任校对：赵　冉
责任技编：何雅涛
出版发行：中山大学出版社
电　　话：编辑部 020－84110771，84110283，84111997，84110771
　　　　　发行部 020－84111998，84111981，84111160
地　　址：广州市新港西路 135 号
邮　　编：510275　　传　　真：020－84036565
网　　址：http：//www.zsup.com.cn　E-mail：zdcbs@mail.sysu.edu.cn
印 刷 者：佛山家联印刷有限公司
规　　格：787mm×1092mm　1/16　13.75 印张　259 千字
版次印次：2020 年 9 月第 1 版　2020 年 9 月第 1 次印刷
定　　价：58.00 元

“思想摆渡”系列

总　序

一条大河，两岸思想，两岸说着不同语言的思想。

一岸之思想如何摆渡至另一岸？这个问题可以细分为两个问题：第一，是谁推动了思想的摆渡？第二，思想可以不走样地摆渡过河吗？

关于第一个问题，普遍的观点是，正是译者或者社会历史的某种需要推动了思想的传播。从某种意义上说，这样的看法是有道理的。例如，某个译者的眼光和行动推动了一部译作的问世，某个历史事件、某种社会风尚促成了一批译作的问世。可是，如果我们随倪梁康先生把翻译大致做“技术类”“文学类”和“思想类”的区分，那么，也许我们会同意德里达的说法，思想类翻译的动力来自思想自身的吁请“请翻我吧”，或者说“渡我吧”，因为我不该被遗忘，因为我必须继续生存，我必须重生，在另一个空间与他者邂逅。被思想召唤着甚或“胁迫”着去翻译，这是我们常常见到的译者们的表述。

至于第二个问题，现在几乎不会有人天真地做出肯定回答了，但大家对于走样在多大程度上可以容忍的观点却大相径庭。例如，有人坚持字面直译，有人提倡诠释式翻译，有人声称翻译即背叛。与这些回答相对，德里达一方面认为，翻译是必要的，也是可能的；另一方面又指出，不走样是不可能的，走样的程度会超出我们的想象，达到无法容忍的程度，以至于思想自身在吁请翻译的同时发出恳求：“请不要翻我吧。”在德里达看来，每一个思想、每一个文本都是独一无二的，每一次的翻译不仅会面临另一种语言中的符号带来的新的意义链的生产和流动，更严重的是还会面临这种语言系统在总体上的规制，在意义的无法追踪的、无限的延异中思想随时都有失去自身的风险。在这个意义上，翻译成了一件既无必要也不可能的事情。

如此一来，翻译成了不可能的可能、没有必要的必要。思想的摆渡究竟要如何进行？若想回应这个难题，我们需要回到一个更基本的问题：思想是如何发生和传播的？它和语言的关系如何？让我们从现象学的视角出发对这两个问题做点思考。我们从第二个问题开始。众所周知，自古希腊哲学开始，思想和语言（当然还有存在）的同一性就已确立并得到了绝大部分思想家的坚持和贯彻。在现象学这里，初看起来，各个哲学家的观点似乎略有不同。胡塞尔把思想和语言的同一性关系转换为意义和表达的交织性关系。他在《观念Ⅰ》中就曾明确指出，表达不是某种类似于涂在物品上的油漆或像穿在它上面的一件衣服。从这里我们可以得出结论，言语的声音与意义是源初地交织在一起的。胡塞尔的这个观点一直到其晚年的《几何学的起源》中仍未改变。海德格尔则直接把思想与语言的同一性跟思与诗的同一性画上了等号。在德里达的眼里，任何把思想与语言区分开并将其中的一个置于另一个之先的做法都属于某种形式的中心主义，都必须遭到解构。在梅洛－庞蒂看来，言语不能被看作单纯思维的外壳，思维与语言的同一性定位在表达着的身体上。为什么同为现象学家，有的承认思想与语言的同一性，有的仅仅认可思想与语言的交织性呢？

这种表面上的差异其实源于思考语言的视角。当胡塞尔从日常语言的角度考察意义和表达的关系时，他看到的是思想与语言的交织性；可当他探讨纯粹逻辑句法的可能性时，他倚重的反而是作为意向性的我思维度。在海德格尔那里，思的发生来自存在的呼声或抛掷，而语言又是存在的家园。因此，思想和语言在存在论上必然具有同一性，但在非本真的生存中领会与解释却并不具有同一性，不过，它们的交织性是显而易见的，没有领会则解释无处“植根”，没有解释则领会无以“成形”。解构主义视思想和语言的交织为理所当然，但当德里达晚期把解构主义推进到“过先验论”的层面时，他自认为他的先验论比胡塞尔走得更远更彻底，在那里，思想和句法、理念和准则尚未分裂为二。在梅洛－

庞蒂的文本中，我们既可以看到失语症患者由于失去思想与言语的交织性而带来的各种症状，也可以看到在身体知觉中思想与语言的同一性发生，因为语言和对语言的意识须臾不可分离。

也许，我们可以把与思想交织在一起的语言称为普通语言，把与思想同一的语言称为“纯语言”（本雅明语）。各民族的日常语言、科学语言、非本真的生存论语言等都属于普通语言，而纯粹逻辑句法、本真的生存论语言、“过先验论”语言以及身体的表达性都属于“纯语言”。在对语言做了这样的划分之后，上述现象学家的种种分歧也就不复存在了。

现在我们可以回到第一个问题了。很明显，作为“纯语言”的语言涉及思想的发生，而作为普通语言的语言则与思想的传播密切相关。我们这里尝试从梅洛－庞蒂的身体现象学出发对思想的发生做个描述。首先需要辩护的一点是，以身体为支点探讨“纯语言”和思想的关系是合适的，因为这里的身体不是经验主义者或理性主义者眼里的身体，也不是自然科学意义上的身体，而是“现象的身体”，即经过现象学还原的且“在世界之中”的生存论身体。这样的身体在梅洛－庞蒂这里正是思想和纯粹语言生发的场所：思想在成形之前首先是某种无以名状的体验，而作为现象的身体以某种生存论的变化体验着这种体验；词语在对事件命名之前首先需要作用于我的现象身体。例如，一方面是颈背部的某种僵硬感，另一方面是“硬”的语音动作，这个动作实现了对“僵硬”的体验结构并引起了身体上的某种生存论的变化；又如，我的身体突然产生出一种难以形容的感觉，似乎有一条道路在身体中被开辟出来，一种震耳欲聋的感觉沿着这条道路侵入身体之中并在一种深红色的光环中扑面而来，这时，我的口腔不由自主地变成球形，做出“rot”（德文，“红的”的意思）的发音动作。显然，在思想的发生阶段，体验的原始形态和思想的最初命名在现象的身体中是同一个过程，就是说，思想与语言是同一的。

在思想的传播阶段，一个民族的思想与该民族特有的语音和文字系统始终是交织在一起的。思想立于体验之上，每个体验总是连着其他体验。至于同样的一些体验，为什么对于某些民族来说它们总是聚合在一起，而对于另一些民族来说彼此却又互不相干，其答案可能隐藏在一个民族的生存论境况中。我们知道，每个民族都有自己的生活世界。一个民族带有共性的体验必定受制于特定的地理环境系统和社会历史状况并因此而形成特定的体验簇，这些体验簇在口腔的不由自主的发音动作中发出该民族的语音之后表现在普通语言上就是某些声音或文字总是以联想的方式成群结队地出现。换言之，与体验簇相对的是语音簇和词语簇。这就为思想的翻译或摆渡带来了挑战：如何在一个民族的词语簇中为处于另外一个民族的词语簇中的某个词语找到合适的对应者？

这看起来是不可能完成的任务，每个民族都有自己独特的风土人情和社会历史传统，一个词语在一个民族中所引发的体验和联想在另一个民族中如何可能完全对应？就连本雅明也说，即使同样是面包，德文的"Brot"（面包）与法文的"pain"（面包）在形状、大小、口味方面给人带来的体验和引发的联想也是不同的。日常词汇的翻译尚且如此，更不用说那些描述细腻、表述严谨的思考了。可是，在现实中，翻译的任务似乎已经完成，不同民族长期以来成功的交流和沟通反复地证明了这一点。其中的理由也许可以从胡塞尔的生活世界理论中得到说明。每个民族都有自己的生活世界，这个世界是主观的、独特的。可是，尽管如此，不同的生活世界还是具有相同的结构的。也许我们可以这样回答本雅明的担忧，虽然"Brot"和"pain"不是一回事，但是，由面粉发酵并经烘焙的可充饥之物是它们的共同特征。在结构性的意义上，我们可以允许用这两个词彼此作为对方的对等词。

可这就是我们所谓的翻译吗？思想的摆渡可以无视体验簇和词语簇的差异而进行吗？仅仅从共同的特征、功能和结构出发充其量只是一种"技术的翻译"；"思想的翻译"，当然也包括"文学的翻译"，必须最大限度地把一门语言中的体验簇和词语簇带进另一门语言。如何做到这一点呢？把思想的发生和向另一门语言的摆渡这两个过程联系起来看，也许可以给我们提供新的思路。

在思想的发生过程中，思想与语言是同一的。在这里，体验和体验簇汇聚为梅洛－庞蒂意义上的节点，节点表现为德里达意义上的"先验的声音"或海德格尔所谓的"缄默的呼声"。这样的声音或呼声通过某一群人的身体表达出来，便形成这一民族的语言。这个语言包含着这一民族的诗－史－思，这个民族的某位天才的诗人－史学家－思想家用自己独特的言语文字创造性地将其再现出来，一部伟大的作品便成型了。接下来的翻译过程其实是上面思想发生进程的逆过程。译者首先面对的是作品的语言，他需要将作者独具特色的语言含义和作品风格摆渡至自己的话语系统中。译者的言语文字依托的是另一个民族的语言系统，而这个语言系统可以回溯至该民族的生存论境况，即该民族的体验和体验簇以及词语和词语簇。译者的任务不仅是要保留原作的风格、给出功能或结构上的对应词，更重要的是要找出具有相同或类似体验或体验簇的词语或词语簇。

译者的最后的任务是困难的，看似无法完成的，因为每个民族的社会历史处境和生存论境况都不尽相同，他们的体验簇和词语簇有可能交叉，但绝不可能完全一致，如何能找到准确的翻译同时涵盖两个语言相异的民族的相关的体验簇？可是，这个任务，用德里达的词来说，又是绝对“必要的”，因为翻译正是要通过对那个最合适的词语的寻找再造原作的体验，以便生成我们自己的体验，并以此为基础，扩展、扭转我们的体验或体验簇且最终固定在某个词语或词语簇上。

寻找最合适的表达，或者说寻找“最确当的翻译”（德里达语），是译者孜孜以求的理想。这个理想注定是无法完全实现的。德里达曾借用《威尼斯商人》中的情节，把“最确当的翻译”比喻为安东尼奥和夏洛克之间的契约遵守难题：如何可以割下一磅肉而不流下一滴血？与此类似，如何可以找到“最确当的”词语或词语簇而不扰动相应的体验或体验簇？也许，最终我们需要求助于鲍西亚式的慈悲和宽容。

“‘思想摆渡’系列”正是基于上述思考的尝试，译者们也是带着“确当性”的理想来对待哲学的翻译的。我想强调的是：一方面，思想召唤着我们去翻译，译者的使命教导我们寻找最确当的词语或词语簇，最大限度地再造原作的体验或体验簇，但这是一个无止境的过程，我们的缺点和错误在所难免，因此，我们在这里诚恳地欢迎任何形式的批评；另一方面，思想的摆渡是一项极为艰难的事业，也请读者诸君对我们的努力给予慈悲和宽容。

方向红

2020 年 8 月 14 日于中山大学锡昌堂

目　　录

第一部分　胡塞尔现象学

第二部分　舍勒现象学

第三部分　自身意识问题

附 录

第一部分

胡塞尔现象学

胡塞尔《逻辑研究》中的明见性与真理以及最终充实的观念①

马里奥·鲁杰尼尼

依据在《逻辑研究》第五研究中得到明确限定的符合论的观念论，胡塞尔对第六研究中真理阐释的问题才得以继续进行。一方面，胡塞尔沿着一条非常传统的思想之路，回溯了中世纪的真理理论，并由此直至亚里士多德和他的命题论的逻各斯（Logos）功能理论。对作为“事物与智慧的全适”的真理的形式解释由托马斯·阿奎那转而从伊萨克·伊斯拉埃利斯（Isaac Israelis）那里继承而留传下来。而另一方面，正如我们将要看到的，正是因为胡塞尔对留传解释的恢复受制于当代的意向性观念（这一观念是他在《逻辑研究》第五研究引入的），胡塞尔已彻底远离了经院式的真理观念。这与其说表述了朝向被近代思想还原为对象之功能的实在的主观性之自身断言，还不如说表述了有关把实在加于其上的方法的智慧部分的设想，就如同阿奎那所思考的。在《逻辑研究》的准备中，按照将现象学的意向性理论比照于现代思想而得以显明的彻底转向，这一基础性的主观论主题，将会在胡塞尔思想中的观念论领域得到发展。我的论文将讨论以下四个方面。

一、含义的理论和依据于真理的符合性理论的感知模式

我将详细分析意向过程的结构，这一意向过程达到了真理主观论的需要。事实上，这一过程始终空乏真理，因为胡塞尔原本认为符号行为是有待被连续地验证的，是指向对象的意识的延伸，是一种开端性的前提、一个单纯的方案；没有了这一行为，含义就保持为空，保持为“空乏含义”。

---

① Mario Ruggenini, Husserl's *Logical Investigation* about Evidence and Truth and the Idea of an Ultimate Fulfilment //International Conference on Phenomenology: Phenomenology and Chinese Culture and the Centenary of Edmund Husserl's *Logical Investigation*, October 13 - 16, 2001, Beijing, China. 本译文经方向红教授校对，在此致谢。——译者

所以，含义理论阐述了胡塞尔真理现象学（《逻辑研究》第六研究，第一编第一章）的前提，这是由于他在含义意向与含义充实之间做了区分，或者更严格地说，他对比两者，认为前者仍是一不完备意指的意向，而后者则是充实的、完备的意向。① 没有这一充实，意向指向实在却没有切中它；总的说来，在想象和幻想的水平上，和在普通实在间关系的水平上一样，意向没有达到充实而仍只是一种纯粹的意向。由此，第一个问题是：如果意指张力的此极和彼极都是主观的行为，此极是否寻求彼极，什么存在不得不被后者认识到？当被意向意指之物在一种在直观（假使直观可以假定感知构形的话）中的被给予之物中被验证时，与实在的遭遇就发生了。在《逻辑研究》第六研究第一编中，这使胡塞尔更为认可含义的可感成分，而这一成分并不是唯一的。第二编实际上将专门讨论范畴直观，它检验了将每一含义的复杂结构证明为合理的必要的联结要素，也就是，被胡塞尔认为是永恒当下的悟性（intelligible）部分的内容。这一点非常重要，但我们现在不去讨论它，因为我们的兴趣将集中在作为一个基础问题的朝向实在之主体意向性关系的构架上，以及由此而在胡塞尔真理理论中得以显露的东西。因此，在《逻辑研究》第一编的第一章中，胡塞尔就立刻立论说："在较为确切的意向标题下划分出一个种类的意向体验，这些体验具有一种能够为充实关系奠基的特性。"这一断言使以建立充实关系为目的的意向性的主要职责变得非常明确。这一意向性不仅是一对立极，而且还代表了其本真的奠基行为。确实，在意向与充实之间的意向性过程的动力被如此明显地区隔，唯有意向性才能决定其可能的充实是什么。**然而，谈到意向性，这仅仅意味着作为意向性意识的主体性**。胡塞尔的表象了真理问题的构架的含义学说，可以被回溯至意识意向性这一新引入的概念中，并可以被置于基底的主观主义范围内，这一点从胡塞尔现象学思考的开端，甚至在他仍未阐明他研究的先验的观念论的奠基关系时，便被提出了。按照我的看法，这一明显的转向与其说是一般意义上人们对胡塞尔的背叛的非难，毋宁说是一连串发展的结果。

为帮助澄清意向与充实间的紧张处境，胡塞尔举了个有关一首著名曲

---

① 《逻辑研究》第二卷第二部分，第 39 页："在含义意向与含义充实之间的对立。"这个问题已经在《逻辑研究》第一章，在《表述和含义》的标题下介绍过。在第六研究第三页的导言中，胡塞尔发现，他之前介绍的对立的关系，可以用传统的、但带有歧义的说法来表达："概念"或其他"思想"（被理解为在直观上未被充实的意指）与"一致性直观"之间的关系问题。

调的例子。当熟悉的曲调开始响起时，由于受到熟悉的暗示，它会引发一定的意向，这些意向会在此曲调的进行过程中得到充实。类似的情况也会在不熟悉的曲调的展开中得到验证。“在曲调中起作用的合规律性制约着意向，这些意向虽然缺乏完整的对象规定性，却仍然得到或者能够得到充实。当然，这些意向本身作为具体的体验是完全被规定了的；在它们所意指之物方面的‘不确定性’显然是一种从属于意向性质的描述性特征，以至于我们完全可以像以前在类似的情况中所做的那样，背谬地，却是正确地说：这种‘不确定性’就是这个意向的确定性。也可以说，这种‘不确定性’是这样一种特性，即要求得到一种补充，这种补充不是完全被确定的，而只是源自一个在规则上被划定了的领域。”胡塞尔可以如此断定在外感知领域呈现的任一事物都应该被包括在意向与充实（现实的或可能的）这两种观点之下：“客观地说，对象从各个方面展示着自身……每一个感知和想象都是一个局部意向组成的交织物，这些局部意向融合为一个总体意向的统一。这个总体意向的相关项就是事物，而那些局部意向的相关项则是事物的部分和因素。”①

自然地，在意向与充实区分对立的基础上完成的一对象的感知现象学在接下去的一节被论及，下一节将要分析失实与争执，是指在当期待失实时，意向也不能被充实。然而，失实的完成并非意识生活中一单纯的因素的缺失，而是“一个新的描述性事实，一个像充实一样的特殊综合形式”。一方面我们具有“一致”的意识，另一方面我们则拥有“争执”的意识，一种在意向和直观之间做出区分的意识。“直观并不‘附和’意指意向，而是与意指意向相争执。”如果争执在进行分离，但争执的体验却在联系与统一之中进行设定，这是“一个综合的形式”。失实行为的对象事实上显现为与意向行为的对象不是“同一个”，而是“另一个”。这意味着争执预设了一个普遍的基地。“如果我认为‘A 是红的’，而它在‘真理’中却被确定为是‘绿’的，那么，在这个确定中，亦即在这个直观的衡量中，红的意向与绿的直观发生争执。但无可置疑的是，这种情况只有在符号行为与直观行为中进行的对 A 之认同的基础上才可能出现。”正是由于含义与直观在指向同一个 A 上相合，在两方面统一的、共同当下的意向因素才会与这个直观发生争执，被臆指的红并不附和被直观的绿。因此，与直接的认同行为相比，失实行为的主要复杂性以这样一种方式显现，即只有当一个意向

① 《逻辑研究》第二卷第二部分，第 39－41 页。

是一个更宽泛的意向的一个部分，而这个更宽泛意向的补充部分又得到了充实时，这个意向才会以争执的方式得以失实。[1]

二、真理与明见性

意向的主要职责从这些分析中得以明见。正是意向依据反馈的肯定或否定信息而支配意向过程并调整自身。在这一过程中，主观性的重要职责发生了，现象学的观念论转向才得以显露。对于这个过程来说，充实——直观、意识、想象、幻想（完全与感性方面相联系）——的每一点都是很重要的，在意向设定自身的开端和结束时，充实或多或少地实现了。换句话说，意向性意识的符合性理想依据充实的不同方式和程度而在不同的方式和程度上得以实现。这些充实层级的样式由感知提供，与其他行为相比，感知表现出这样一个总体性的特征，即给予事物以其本身的事实。摆在主体之前的是："想象所具有的意向性特征在于：它只是一种当下化，与此相关；感知的意向性特征则在于：它是一种当下拥有（一种直接体现）。"但就外在感知仍不是一种完整的显现来说，这种当下拥有也因而"并不构成一个真实的当下存在，而只构成当下的显现，在这个显现中，对象的当下以及感知层次的完整性表现出来"。事实上，一个区别的空间在由意指意向展现的区域中开启，而这一意向超越出感知的感觉内涵的充盈（胡塞尔起初好像称之为"感知充盈"），如同"遮蔽"或更进一步显现的映射，一种现实当下的整体。如果这一区别并不涉及感觉内涵，那么，它构成作为充盈特征的有层次扩展的方面的区别；并且此充盈特征也因而相连地被胡塞尔称作"立义的行为特征"，它并不表现为纯粹且简明的被给予，而是以更多的然而允许解释的不同的要素围绕于它。在其中使当下呈现之物的显明得以完成的立义行为是一错综复杂的解释行为，正是这一解释行为将展开未来朝向解释学发展的现象学。胡塞尔解释说，我们可以不去考虑所有发生的问题，因为这些区别和其他相似区别一样，是以联想的方式而产生出来的。"我们必须将某些感知充盈的要素视作是全适的对象因素的永久体现：某些充盈的因素是与对象因素相同一的，它不仅是对象因素的被代现者，而且就是在绝对意义上的对象因素本身。另一些要素则被视为单纯的'颜色映射''透视性的缩短'等等。……所有映射都具代现性特征，并且它们是通过相似性来进行代现。"就感知而言，映射充盈的发展所能够达到

① 《逻辑研究》第二卷第二部分，第 11 节：失实与争执。区分的综合。

的理想极限是绝对自身，不是在想象或幻想中而是在实在中，在每一个面，在对象的每一个被体现的因素上都达到绝对自身。①

胡塞尔的结论是："对可能的充实关系的考虑表明，充实发展的终极目标在于：完整的和全部的意向都达到了充实，也就是说，不是得到了中间的和局部的充实，而是得到了永久的和最终的充实。"在胡塞尔意识生活的观念中的关于意向与相关充实的结构性争执这一张力的最终完善中，"体现性内容与被代现之物是同一个东西"，"直观的被代现者就是对象本身，就是它自身所是"。这样，就实现了这样一个古老的公式所体现的状态：事物全等（全适）于智慧。胡塞尔对这古老的公式做了如下翻译："对象之物完全就是那个被意指的东西，它是现实'当下的'或'被给予的'；它不再包含任何一个缺乏充实的局部意向。"这个结论被用作一个范式，总体上对所有充实关系（甚至超出意义感知的充实关系）都有效。这对涉及含义的具体领域的实事而言尤为适用，在这一方面正如我们所看到的，在真理理论上达到顶峰的知识现象学已经被模式化了。胡塞尔由此可以确认，根据这一古代定义，"智慧在这里是指思想的意向，是指含义的意向。而只要被意指的对象性在严格意义上的直观中被给予，并且完全是作为它被思考和被指称的那样被给予，那么全适性也就实现了"。这种"一致性"的情况表明没有任何意向没有得到充实，因为由直观提供的充实要素相应地不再包含任何未得到满足的意向。因此，我们应该注意到，"'思想'与'事物'之全适性"包含有双重意义上的完善：一方面，思想与直观的相应合是完善的；另一方面，直观和满足意向的能力是完善的，也就是说，直观对意向的充实是"最终充实"。②

在这一点上，现象学的真理理论包含了一个明见性理论，从认识批判的视角出发，明见性作为它的充实意义而被考虑，它仅仅被构想为"一个最完善的相合性综合的行为"，它赋予意向以"绝对的内容充盈，对象本身的内容充盈"。因此，明见性也将自身揭示为一个客体化的认同行为，它的客观相关物就叫作真理，或者"真理意义上的存在"，这一相关物"在被意指之物和被给予之物本身之间的完整一致性"中完成自身。这种"一致性"是被体验到的，因为在相应认同的真正充实时，明见性是对"真理"的体验。这个定理不能被解释为："明见性就是对真理的相应感知。"确实，认

---

① 《逻辑研究》第二卷第二部分，第116－118页。
② 《逻辑研究》第二卷第二部分，第118－123页。

同的相合之简单进行还不是对具体对象一致性的感知，相反，只有通过一客体化立义的行为，只有通过一种对现存的真理的为了把握之而进行的反思，认同的相合才能成为对象性的一致。事实上，这里先天地存在着这样一种可能性，即我们持续地把我们的注意力转向这种存在于其中的一致性，并使这种一致性在全适性感知中成为意向性意识。这些断言似乎走向一实在事物的客体化立义，这一立义把与它由之产生的一段经历直接相关的特征排除在外，确保它成为一种一致性，这使得对同一个对象的经历可重复，同样地，对许多的主体的经历可传递。（但是交互主体性的问题仍将会出现在胡塞尔的研究中）。胡塞尔补充道，“它（真理）事实上是‘现存的’”。他坚持把“现存性”归属于真理，意即真理是现实的存在，作为无可置疑的明见性，而不仅仅作为一种私人体验。对于胡塞尔来说，明见性不是一个心理学问题，而是一个存在论的问题。作为明见性的客体化相关物，真理是存在，是主体可以确定的现时被给予的存在。

然而，在《逻辑研究》的现象学中仍然缺乏工具，这将在胡塞尔先验的转向后被他获得。由此，哪一类意向性意识能够对一致性的全适性感知提供保证？在胡塞尔把他自己与庸俗的主观主义分隔开来的同时，他确定把这种意识——这种意识突然清晰地被唤起，尽管事实上在整个分析进行的过程中默然地作用着——交托给真理监管，这一真理在意向与直观之间的一致关系中被实现。没有这种交托，在意指张力的此一与彼一因素间的同一认同综合将会降低到在自然主义意义上的单纯现存，因为这一单纯现存的任一方式的存在都已被臆指，没有人需要去实现之。这将与有关充实的意向的部分之研究中的剧烈的引人注目的感觉相冲突，而此充实的意向将这一感觉转化为一种真理的体验。这意向缺乏真理——确实，胡塞尔说它“一定要使之成为真实之物”，并将之定义为“使之为真”（wahrzumachende），——这是因为意向需要“对象以被意指对象的方式被给予”；这个对象也可以“被体验为存在、真理、真实之物（……），作为一个意向的观念充盈，作为使之为真的行为”。①

三、现象学的模糊性：意向性与实在之物之间的关系

A）在这一点上，有必要重复一下本文开头所问的问题：如果对象不能从意向本身来获取使意象得以实现的能力，那么，对象该如何使意象得以

① 《逻辑研究》第二卷第二部分，第123，126页。

实现？只有后者符合这样的直观——这一直观使对象服从于它自身朝向真理的需要。在这里，就意味着对它自身方案意义的确认。只有作为直观的对象，事物才能够作为与意向的完美之全适而依次呈现，但也只有意向本身才能判断这种一致性（全适性）。进一步说，意识判断了一直观，此直观只有当被要求的相互符合的可能性被意识自身的意向性生活预先设定了时才会在意向性意识中的存在。这所有的一切意味着什么呢？真理不可避免地被调整、改变，但仍不拥有令主观意向性惊奇的力量和抵抗充满其中的意指方案的力量。关键在于，胡塞尔把意向充实之间的关系设想为意识生活的意向性实现。这两者之间的关系给出了全适性真理的明见性。由此看来，实在之物自身的显现是以单方面的方式开始的，即几乎是通过意识的主动和所有的能力，以这样的方式，实在之物一旦被卷入就立即被吞没了。意识是意向性的，意识希望它自身意指的预期得到充实，而实在之物立即在对象中被转化了，直观使此对象服从于意向的最终判断。事实上，这种关系太简单了，因为它是单方面的（从意识到实在没有任何相互性，没有以任一明晰的方式被精心设计，也没有把双方的任一轮廓给予它们的关系）。这种关系也是独白的表达方式：分析总是单一地对待意识，而不顾及语词的共同意指的表达，这是为了使之对各种不同类的意识都适用。因此，如果胡塞尔真的承认了意向性失败的可能性，意向的意指预期被否定，那么，那些例证，仅仅沉思主观意向的不可靠性，仅仅被归为第二性的；更为重要的是，在证实的行为或对期待的必要修正的行为中，仅被归为朝向实在的外在部分，这一切便同样是可能的。因为对于外感知来说，当实在之物的部分变得具有结构性的时候，它简单地确定了客观的必要性，这一客观必要性在主观方面得到完全的回应。由于是外在的和超越的，事物的存在就被置于一边。此外，超越就是完全的主观性。而且，在《观念Ⅰ》中引入的有关世界体验的彻底失败和它的破灭的假说构想是不充足的，也是不可靠的。我们在后面还会回到这一点上来。

从前面分析的基础上看，事物仅展现了这种关系的客观的一方面，这样仅对于意识在意向中呈现出来的自身断言行为的充实有意义。因此胡塞尔能够辨明想象和感知之间的差异，他宣称："实事通过'自身'得到证实，因为它从各个方面展示自身，但在此同时却始终是同一个实事"；但这一在实事对象自身中的展示为"实事的同一性综合"之意义作出了解释，在此意义上，感知凭借朝向它自身充实的直观实事，在其自身推动下完成

了自身，即“自身充实”。[①] 事实上，意向性是这样一个为了用实在充实自身而从它自身朝向实在的意识进行过程，这确保了对象的实在性完结于充盈（充盈的明见性行为是给予者）。[②] 因此，全适性的真理观念完美地表达了意向性的主观性张力。在意向成功地给予自身以自身的充实之处，每次获得的真理都是一面镜子，在镜子中，意识为了通过它自身的确定无疑性，它自身特定能力（这一特定能力是通过它自身意向性的聚集来确定实事的意指的能力）的确定无疑性加强自身，而反观自身的。

现在我们可以更好地理解，是何种意义的深刻变化被隐藏在有关全适性真理的那一古老公式的不断反复之背后。如果中世纪思想中的智慧与存在于自身中的实在之物相应合，那么据此，智慧塑造它自身，现象学的意识意向与主动感觉中的实在之物相应合，这主动感觉把实在之物塑造为它自己的意向。“智慧”通过一实在在它自身被塑造的存在中（智慧设法与此存在相应合）寻求自己真理的程度，而意识在它自身中并且为了它自身，实现了由允许自身被判断而来的实事的真理。全适性的理想具有激发意向去获得“最终充实”的功能，“最终充实”使得真理的明见性得以显露。[③]

---

① 《逻辑研究》第二卷第二部分，第 56 页。《观念Ⅰ》的第 40 – 46 节从意识的绝对自身被给予（这在 1913 年的著作中是一个决定性的变动）的角度阐述了在仅仅作为超越的物的现象学存在和内在性的绝对存在间的区别，这将为在胡塞尔现象学中的进一步发展提供平台。与超越的和内在的之间的区别相比，关于一个能够拥有对我们有限的存在而言被否认的物的全适性感知的上帝观念被认为是矛盾的，因而不予理会。这个观念对理解而言是本质的，在人类的情况下与在上帝的情况下，在意识的绝对存在情况下一样多，在它自身的内在性中，被绝对地给予自身。这个理论是：一个属于外感知领域的物，一个特殊的实在将成为“一个真正的构成，**体验**自身，共属于神的意识和构成它的体验流”（第 98 页）。甚至上帝都不能反驳这种本质真理，它拥有在其必然性中定义意识存在的功能，因为上帝就是意识。从各个角度同时考虑物的不可能性，由此凭借体验的一致发展定义了相对于（超越）意识的外部实在的构成的普遍必要性。反之亦然，体验（它尽管如此仍是一个流，并因此绝不在它的完满统一中提供自身）在**内在感知**中“作为绝对”，或毋宁说“不是作为与在单方面预示基础上的显现方式一模一样的”（第 101 – 103 页）被给予。**在内在的和超越的感知之间的方向的不稳定性不能被充分强调**，这在《逻辑研究》中已经介绍了，也在上文中提到，在附录中处理了陈述与内感知。我待会要谈到这个讨论。我们也不能忽略，《观念Ⅰ》的这个“神学的时刻”紧紧地跟随着更多作为**绝对的意识**的思想，而不是作为意识的上帝，在这个时刻中上帝不得不被包括进去，显然是作为思想的内容，正如将在《形式与先验的逻辑》中清楚解释的。

② “我们在给予性行为的充盈方面以被意指对象的方式在明见性中体验到被给予的对象：这个被给予的对象就是充盈自身。这个对象也可以被称之为存在、真理、真实之物，因为……它是作为使之为真的行为，作为在一个意向的观念充盈的功能中的体验。”（《逻辑研究》第二卷第二部分，第 123 页）《逻辑研究》第六研究第 39 节由此表述了阐明真理的全适性概念的第三种方式。

③ 《逻辑研究》第二卷第二部分，第 118 页。“一个表象意向通过这种理想完整的感知而**达到**了最终的充实。”（我加的着重提示）

然而，以这种方式，真理是真理对象。在明见性的行为中，意识挪用了此真理对象。

B）另一个问题是，这在某种程度上是系统阐释前者的一种新方法。在意向中被预期的事物遭遇到了由直观当下呈现的事物。这样一种对抗可能吗？这会在同质的实在间发生吗？在容许事物呈现的两种不同形式具有可比性这个意义上，是哪方面使这种对抗成为可能的？假如是这样的话，又是从什么角度，是一致的还是仅仅是定向的角度，从一个方面如同从另一个方面一样，是关于意向的如同是关于直观的一样？这个问题和前面介绍的一系列问题一样，是一个关于决定性地进行评价的问题，这种矛盾的功能是强烈的全适性的理想在与现象学所寻求的实事意外相遇的作用下运用的。与此同时，首先值得回答的是：一致性，就其不是基于一种在作为精神存在者的意向和作为物理的实在之物之间的对抗，而是基于一种在意向性领域中或成功或失败的在被意指之物与被直观之物间的意外遭遇能够存在。

现在，被直观之物不是单纯的实在：毫无疑问，本质现象学的重点被认为已经被胡塞尔获得（至少是含蓄地，甚至这种获得仅仅是内在的）。对这个重点而言，对象的绝对的和实在的认同，“绝对自身”① 是一种由于由意向性用实在建立的直观感知关系而产生的关系同一性。在自身中的对象正是——既不多于也不少于——充盈，意向用此充实来满足其自身意指的需要。这是“在被意向的意义上被给予的对象：der gegebene Gegenstand in der Weise des gemeinten”②。因此，除了对象被意向的存在，没有对象的存在，没有在一种绝对意义上的外在实在可以被断定，对于这种实在，它在意向中呈现自身（或者更好的说法是，意向在直观中显现自身）。根据《逻辑研究》中现象学③的必要观念论目标，至少，最重要的是，这是看上去被意向的并且已经是将要发生的。但这就意味着我们可以在胡塞尔那种强烈的意义上谈一致性吗？或者它确实要求这样一种真理概念？或者，相反地，难道就没有倒退的方面隐藏在这一要求中？为了增强意识对意向性主题所包含的但同时又似将被埋葬的世界的开启性，现象学应该从这一要求中解

---

① 《逻辑研究》第二卷第二部分，第117页。

② 《逻辑研究》第二卷第二部分，第123页。

③ 《观念Ⅰ》，第106页，一个超越要是缺乏与（我的）意识的感知序列的联结以及由此的协调性动机联结的奠基性感知序列的联结，那这一超越被称作**“无意义的”**。这一点被明确地总结出来。

放。可以看出，假如意向性现象学深深的主观主义的现代根基只能导致毫不含糊的先验唯心主义，那么它就不能在这里发现已经开始之过程的最终目标，并且这能够超越出主观主义自身断言的最后尝试，引发同样的真理问题——通过事实上已由一致性模式的假想表达出来的主观主义。

可以指出，一致性概念以理想形式表达了这种对于真理的需要对意识流代现的关系，并且以事物的自身呈现形式阐释了它：自身的被给予性，绝对地被给予的事物。这是一种在实在中的当下存在，是具体的，但这不是由于意识被外在实在激发时在其自身内产生的再现，而是以感知的形式，以它对于意识的当下存在的形式被直观到，不过首先又是在它的真正实在中被直观到。恩斯特·图根特哈特在他所致力的"黑格尔和海德格尔的真理概念"的研究中已经强调了作为批判性范式的决定性本质，这种本质存在于自身中，并使事物的自身被给予。如果没有这一范式，对真理的同样预期将会遗失[①]。从胡塞尔和他的一致性概念中暴露出的问题是：这看上去太过简化，因为贯穿符合性传统，在它诉诸固定意义的预设范围内，事物在一种充分被约束的命题中可以假定的意义一旦被一劳永逸地建立起来，它就不会被过分复杂的非课题的（athematic）背景所困扰，——当这个事物被设想为恰好仅是"这个"已经被定义或将要被进一步定义或刻画的事物时。实体主义和本质主义的漫长传统牢牢地依附于一种或多或少自觉的潜在的实在论。这种传统已经依靠这类对日常生活的不可拖延的（undelay-able）可能性而言不可缺少的预设而存在[②]。胡塞尔在这方面仍然依靠这种传统，不仅是因为他对一劳永逸地定义意识生活的基本的必然性的本质法则明确感兴趣（但我们将不评述这种胡塞尔的本质主义，也不评述本质直观的主题），而且最重要的是——也正是我们所感兴趣的是——因为他对一种最终体现的核心感兴趣。胡塞尔把对物的感知基于这种核心之上，但同时，如我们在上文对"感知的充实功能"[③] 的分析中所强调的，他把映射的轮廓看作是不可还原的区分，这一映射围绕真正的体现和无限的解蔽自身。真正的被给予的终极性是它的"在一种绝对意义上的自身中的体现"。它把自身作为"一个'现实地被呈现者'的核心（ein Kern von wirklich Darges-

---

① 恩斯特·图根特哈特：《胡塞尔和海德格尔的真理概念》，柏林，1970；《海德格尔的真理观念》（1969），载斯科贝克（G. Skirbekk）编，《真理理论》，法兰克福，1977，第 431 – 448 页。

② 有关这些论证，参见鲁杰尼尼：《现象与语词》，热那亚，1992，尤其是第八章"真理与矛盾"。

③ 《逻辑研究》第二卷第二部分，第 37 节：感知的充实功能。

telltem)”提出来，提供了一种不容置疑的事物被给予的确定性，即使这样一个坚固的核心被同时给予的视域所包围，而除了由于或多或少的含糊的不确定性造成的不可靠①。在这种不容置疑的被给予的背景下，胡塞尔希望确立全适性和最终充实的理想，然而，对于空间性实在来说（在这些分析中时间的方面还没有充分起作用）仅仅只能被无限地向前规划。确实，“它属于‘那个物’和将永远无法完成的对事物的感知之间相互关系的难以抑制的本质”。现在，被给予之物不能代表自己。正是意向性解释了与那些被含糊地暗示为一种对事物无限推延的完满性的预期一起被给予的基本要素。而始终是为了被外感知对象的不完全被给予所要求的必要的意义结合之目的，意向性解释了这一基本要素的交织物，解释了一种绝对的但同时又是短暂的当下呈现的交织物，这是在立义的意义上而言，也正是《逻辑研究》所诉诸的，正如我们已经看到的，它也在摘自《观念Ⅰ》的最后一个引文中体现。

但无论如何，两个不确定的问题——一方面关于意向，另一方面关于充实，是如何能够结合在一起的，以至于意向能被那被认为是不完全之体现的基本要素充满——部分地但尽管如此却没有丝毫的怀疑，并且它们是如何为了建立起一种对于不可触及的完全性理想的全适性的无限过程而一起起作用的，这是一种现象学分析所不允许的主张。这对于假设一种不完全的被给予的完结是没有意义的，而对“一切原则的原则”和在《观念Ⅰ》中对作为真理最终样式的“每个直观的原初性给出”确切表示的独断论的兴趣②也没有意义。在我看来，没有什么“仅仅像它被给予那样被给出，甚至是仅在它被给予的范围之内”，因为没有什么是“仅被给予的”，而鉴于意向预期的以及在感知体验置于它之前的表征基础上领会到的意义，一切事物都不可避免地被解释。因此，我将通过宣称对于一个纯粹充实来说，没有纯粹意向被给予，来驳斥胡塞尔运用的似乎简化了的模式。意向没有预期到意义会被如此定义以致仅能发现或不发现它们的全适性的完成，假如不是在一种更为平常普通的因此也不怎么重要的情况下（若一个虽事关真理的问题被问及但与任何相符性都没有瓜葛）。在这种情况下，可以假设一旦体验的一致发展被先假定，那么在意向和事物之间的聚合中真正的被

---

① 《观念Ⅰ》，第100页：“物体必然只在显现方式中被给予……”被引用的一段在同一页的最后紧接着开始。

② 《观念Ⅰ》，第24节。

给予之物就可以被单义地解释，但若不是以把有关真理的问题还原到单纯的平常乏味为代价，这种真正的被给予就不能被作为样式而给出。在任何情况下，在截然区分的因素中（即一面是主体，而另一面是客体），意向和充实借以聚合的模式显得不可靠。当然，每一个意向就如同每一个充实一样，只能既是部分的被充实又是部分的空乏，也就是说，每一个意向可以提供一个物，这一物在它已经将一个意向置于其自身的范围内满足此意向。意向能够"使"什么"当下存在"（但绝不是在胡塞尔思想中的那种终极意义上的）只能根据一种意向而得到解释。这一种遭遇了另一个或多或少趋于聚合的意向的意向尝试使自身嵌入另一意向的空间中（即嵌入由直观的不确切物提供的空间中）并尝试充分利用它的充盈（充分利用另一意向的被充实和被决定的东西，作为一种它所具有的意义的规划的进一步证明的条件）。既然我们想要在意向性现象学中逗留，意识生活是通过它尝试使之充满的意向和激发它向新的解释推进的直观间连续的交织物产生的，这一点与胡塞尔的模式相比较似乎更值得思考。实际上，这是关于把物理解为一个深陷在世界中而不是从中分离的主体的体验，反之亦然，事物通过意向和充实间的张力而被代现出来。这种张力一方面显示了主体性极为显著的主动性，另一方面又使得直观的对象（如我们已经看到的，然而，又是在没有被认为是在它的他者中的情况下）从一种暗示为他者的实在中显露出来。事实上，意向性意识一直在为了自身的利益（即意向性意识的本质的他者，这个他者是不能被还原为意识的，但同时又不能被误解为一种绝对的独立的存在）而维护实在的外在存在。相反地，根据胡塞尔，意向遭遇的是仅作为不得不如此产生的对象的事物，即根据一种挪用的且建构的动力而产生的，这一动力以它"意义给予"的无上权力围绕主体并使之失去世界。像对真实可信之现象学体验的独有的倡导这样的胡塞尔意识的自我中心主义，在先验还原的无可妥协的必要性中找到了它的必然的表达方式。但是在由实在到意识的根本还原的视域中，同样的真理仅被作为对象所获得，而事实上，正如已经特别提到的，它是作为主体权力的最高确认而被获得。

四、现象学的解释学重构

事实上，我们对胡塞尔真理理论的充满疑问的设想的讨论，已经超出了证明意向（或思想或观念）和充实（或直观）之间相对抗的张力的意向性相关模式范围，并且我们可以通过问题的引入而把当下呈现和被给予的神话总结为一种真理理论不可或缺的指涉物。不仅当下呈现的事物绝不在那里，而且正如胡塞尔清楚地知道的，被给予之物自身（它无论如何都应该证明意向指向在它不可达及的完满中的事物）也绝不是最后的。被给予，如果被给予，如果不是一种隐匿的当下呈现（这种当下呈现是没有人知道的），或者一个可以嗅到的当下呈现，甚至不以一个声音、一个呼吸、一个爱抚或打动眼睛的东西，以及促使一个人思考的东西等的含糊形式，假如以任一方式，幼虫的或更复杂的，被给予物已经被给予了并且它总是被解释为：因为被解释而被给予，不是先被给予而后被解释。一个被立即“以立义的方式”（auffassungsmässig）的被给予物在它被一个未被给予的视域所包围的范围内，它允许一种对它的理解（立义）。当某物被揭示时，一种作为关于它会是什么的整体图画的含糊的理解，即一种意义的假设已经或多或少在起作用了。原子式的、与一切无关的被给予物绝对不可能自我给予。因此，在一种共同决定的功能的意义上（它不允许一种对在自身中被给予的“绝对意义”上的当下呈现与不可规避的遮蔽领域的不太可靠的共现之间的界限的探寻），被给予总是与未被给予相关的。显示出来的东西总是消退在或多或少被揭示的东西之中，并最终消退在仍然隐匿的、非课题的事物之中。根据由胡塞尔提出的关于一种隐匿的、起意向性作用的重要观念，在某一确定时刻它是不可课题化的，尽管它在不知不觉地起作用。然而，起先没有显现的东西也因此被揭示出来，也许是从另一个视点。无论如何，这只是一种综合的解释，这种解释依据于不能严格地可辨别的波动水平，在显明的程度和隐蔽的程度的当下呈现中作出识别，而显明的程度则作用于隐蔽的程度。因为，假如我们恰恰就在现象学的现前分析和其问题分析的基础上断定：事实上，一切都是解释，那么，同时，必须理解解释正被逐渐实现，以至于通常被解释为被给予的东西总是指一个已经被解释的事物，而它仍然与建立在它基础上的解释遥不可及。因此，假如解释总是被限制在过去（a parte ante）（在对使我们现实体验成为可能的积淀和背景的意识到的意义上，拥有一种对我们的过去和相当复杂的传统的同时性解释是不可能的），那么它也被限定在这样的事实中：尽管新的存在者的永恒敞开的可能性（不仅某些事物再次显现，而且某些被揭示的事物悄悄走远了），对我们的体验进入的现象学领域的复杂形式提出问题是不可能的，也因此是毫无意义的。至少不是作为一个整体，但如果在单独的部分中且对于被限定的实事是必要的话。由于除此之外，我们不得不承认对我们一直保持的与现象秩序之关系的巨大和谐的发展的依赖拥有真理的力量，即使

它显示了一种可变的不稳定的稳定性。确实，它拥有一种显明的力量，这一力量能够激发起我们的关于它自己的可靠性问题，然而，它不具有期待绝对的回答和任何形式的最终肯定的权威。当这种要求不仅被推向体验的极限（它会是真实的并且是确实必要的）而且超出了这一极限，它们超出了引起我们的疑问并且引出我们把它作为智慧的存在和有限的存在来回答的真理。

根据这种可以被称作现象学的但既不需要最初明见又不需要最终证实的思想指向，绝对的当下呈现自身因此被证明为一种在它的主张中的极端观念，因为它太简要因此而显得太独断，缺乏现象学的连贯性。这是实在论的残余，主体性诉诸这种实在论，以便在放弃了一种与意识无关的绝对超越的实在的确定性之后获得某种基础。关于这种神话，现象学主体本应该限制自身去记载那种顽强的持续性。正如意识存在的绝对确然性被证明为一种高度的独断论残余，因为这在它全然确保的内在性之中是不可知的。这种内在性是胡塞尔跟随建基在内在的和超越的感知间区分之上的笛卡尔模式寻求构建的。在《观念Ⅰ》中，对于世界自身的存在来说，在时空世界（die raumzeitliche Welt）的范围内，这将发展成关于实在之物的存在的绝对偶然性的“沉思”。然而，在对胡塞尔而言完全合法的假说——体验的一致性进程未能切中，那便使得世界的给予成为不可能——的基础上，世界的消除是完全可能的。因此，不仅仅指的是单独的情况，即如通常发生的那样超出不可规避的事物之上修正并再聚合自身，而是或多或少存在偶然的争执和否定。事情的关键在于这个根本的可能性被刻印在外感知的本质中，刻印在其预期的特征之中。这种特征可能缺乏其必要的确认，尽管至少对一个重要部分而言它是被建立在被假定为在它自身中是绝对的被给予的基础上的。胡塞尔一再说道：“意识的存在，即一般体验流的存在，由于消除了物的世界而必然变样了，但其自身的存在仍然保持完整。”当他这样说时，他诉诸的是明见性（es leuchtet ein）。然而，高度的独断论且根本不具明见的东西乃是证明“在意识和实在之间存在着的意义沟壑”并使意识成为世界的绝对剩余：作为世界消除之剩余的绝对意识的基本观念。[①] 这种观念是“体验的感知是在某物的当下呈现中对它的简单的看，这个物是作为‘绝对物’而在感知中被给予的，而不是作为在通过侧显的显现方式

① 《观念Ⅰ》，第49节，第115页。

中的同一物被给予的。”[①] 这些分析而引出的自相矛盾的结论就是：一方面，根据胡塞尔的现象学研究的最佳意向，它们从物的世界（一个真实的物的世界，在世界之物的意识上，这一物的世界不是转变成实体的世界，而是解释的世界）的实在论神话中去除了任何的一致性；另一方面，对在绝对当下呈现中被给予的主题的坚持改变了意识构成，使得它成为持续的无可置疑的当下体现流构成的绝对物，因为每一个这样的体验将会全适性地被给予并将会是无可置疑的。因此，当现象学的意识通过意向性生命（这一意向性生命通过被看作为它的来自由那些时代里的心理学所完成的精神之物的自然主义的本质特征）而被去除时，受与被现代形而上学所发现的意识的强大联系影响的，关于主观性形而上学和作为真理的最终有效性的无可置疑的当下呈现的假定，更多关于作为全适性真理的旧形而上学的实在论，要受到确定性愿望的折衷处理。一个真理与对它自身意识的当下呈现的确定性相一致。这种主观性的自身证明成为作为对它自身意识的完全的全适性之真理的最终方面：作为绝对自身被给予的自身意识，一旦作为实体存在的永恒性未能证明现象的持续变化，它们向着前景（foreground）不可阻挡地前进，只有当其时间消逝后才退回背景（background）之中。持存（being-that-stays），即实体，事实上是当下呈现的，这一当下呈现命令并拥有对这持续变化的影响。正如胡塞尔的意识在现代意义上成为它自身的确定内在性一样，这种内在性在存在的可见性中证明了物的不确定的世界。

胡塞尔的分析表明了主观性的这样一种需要，即反驳世界的实在性，这是为了从它自身存在的“非实在”的绝对者的开端重建这种实在性。他的分析在其引人注目的激进主义里重复了近代主观性形而上学——笛卡尔的怀疑，霍布斯的消除假说[②]——的奠基性行为的力量，如此大的力量被建基于在它的简单性中明显不能改变的考虑之上，胡塞尔把这种考虑置于他自己反思的核心位置：“让我们确立这样的中心点：世界存在（is）——除了它存在，它还是我的一个建议并且是一个合理的建议，只要我体验了世

---

① 《观念Ⅰ》，第101页；更进一步，胡塞尔总结说：“与作为一‘偶然’设定的世界相对的是关于我的纯自我和自我生命的设定，它是‘必然的’，绝对无疑的。一切在机体上被给予的物质物都可能是非存在的，但没有任何在机体上被给予的体验可能是非存在的：这就是规定着后者必然性和前者偶然性的本质法则。”（第108－109页）

② 胡塞尔似乎忽略了霍布斯的基础性的认识论假设，这必然地被精神的事物的自然主义所拒绝，并被英国哲学家公开承认的唯名论拒绝。《第一哲学》第一卷中对这些的提及极为少见。

界。"[①] 主体就这样被从世界中析取出来，这一世界被还原成物的世界［笛卡尔的"广延物"（res extensa）］，仅仅被还原为作为主体自己意向性行为的对象而重新获得之物。重新获得的世界，但不是被当作在主体自由自身中的实在，而是被当作先于主体并产生主体的不能还原的他者。这就是现象学所承担的任务，但在胡塞尔以及海德格尔等其他追随他的人那里这个任务已经失败了，但这仍要被完成[②]。在某种意义上，这是一种根本的重构的实事，几乎是在一种对应还原（counter-reduction）的假象之下，这对应还原并不否认主体对于世界（这一世界的现代性已经渗透到地球上的人类生存中）的责任，但又在它本质有限性的限度内将自身收回。这意味着重新获得的事物首先不是作为对象，而是作为一旦它放弃它命令世界的主张，就能激励它使自己发挥作用的能力的谜。当事物不仅通过令人意外的存在而且借由否定或错觉规避它的主张来进行抵抗时，正是世界的谜当下呈现自身并对世界提出质疑。另一方面，当物揭示它们可靠的有效性时，也是同样的。尽管是在科学的崇高意向下，这种有效性仍不是通过仅把它们看作消费品的利用行为，或者通过把它们还原为量化的量的还原行为而被认识到的。对于世界的主观性的对应还原，让实在再次有了自己的发言权。这种实在性，在它自身中对于存在的规划仍然是不可还原的，即使当它根据基本的现象学预期被理解为发现了它为了现实化仅与在世界中的主观性存在的关系中所需要的难以计数的具体的确定性的存在时。然而，假如一方面它不是一个包括了胡塞尔现象学的观念论和它的绝对主观性概念的问题，那么在另一方面，它也不会意味着对一种在它自身中的实在的绝对确然性的实在论神话学的依靠，这种神话学与对理解和解释的存在的努力无关：一种神话学，在那里甚至宣称反形而上学的理性都喜欢打瞌睡，或许是喜欢重新获得许多平静的确定性的和平。现象学的基本考察，伴着它的超越、含糊和天真，甚至引人注目的冒险，必须唤起在"技术的人"（然而，这种技术的人像一个在一种梦幻的假象中的梦游人一样生活）中的理性，然而技术的实在从所有方面攻击理性并趋向于彻底覆没人类，否认在被代现的实在之物的挑战中使自身起作用的可能性。技术世界的谜一般的、

---

① 《观念Ⅰ》，附十二，第399页。

② 欧根·芬克的研究应该尤其被关注，在直接的胡塞尔时期之后以及海德格尔的影响之下，这些研究的尤为显著的论文收集在《世界与有限性》（乌尔兹堡，1990）的题目下而突出出来。而卡尔·洛维特也因他某些研究中的表述的观念而应受到关注。

不可规避的实在是那一他者的阴影。这他者不允许它自身在超人的知识领域——其中现代主观性期望把物和本质作为它的客体吸收进来——中消散。

让物有自己的发言权，即已经被现代主观性的自我肯定的能力从物中移除的对话之敞开，这是现象学仍然不知如何给予现象的言说。但在这里，“表达”或“言说”因为现象的原因而获得一种不仅仅是隐喻的意义，正如将被看到的。事实上，它将在一种“使物说话”、把物带入言谈的精确意义上被理解。撇开它的多种多样的形式，我们把它意识为我们所拥有的围绕着我们的实在的体验，一种把物带入言谈的带入，或毋宁说它是一种对曾经进行中的言谈的参与，在其中每一个人，自从他的说话时间开始，在语词和他人的体验中遇到物的谜一般的启示并把它调整为他自己的体验。因此，对每一个存在者而言，拥有一个体验，正对一直在持续的言谈中的世界张开，在那里没有人曾拥有完全属于他自己的物但又与他人分担解释其谜一般的他者的责任。没有一个人曾经是一个我，仅对他自己而言，甚至更不可能是一个绝对主要的我。确实，一个人既不是从一开始也不是一劳永逸的是我，而只有到了这一步，每一个人才成为我，即他们参与作为世界的言谈的存在之言谈。我们在我们有限性的限定内遭遇的正是他者的言谈并且正是它将我们唤入存在，作为言说的存在者，我们肉体的存在并不比我们的精神更少，我们的自然存在之属性也并不比“属灵的”和道德与宗教的历史性方面的属性更少，通过它，人类在宇宙中的生存发生了。因为，人的对言谈的目的并不意味着他的存在被从世界中分开，而是把他的语词理解为世界的言谈，在那里地球和生命，历史和技术，物和意义，实在和梦想都成为语言，并且固执地挑战人类的解释学资源。

胡塞尔的范畴直观概念[①]

迪特·洛玛尔

一、什么充实了思考的范畴因素?

胡塞尔试图用他的范畴直观理论表达的问题可以用例子很容易地说明。比如说，我断言“书在桌上”或“桌子是绿色的”。在这些表达中出现了在感性感知中很容易就能充实的因素，如书、桌子和绿色。但是，是什么将充实给予了“在桌上”或书的“是绿色”?对那些指向“事态”（Sachverhalte）的意向来说，它们可以仅仅被感性感知充实似乎是不可能的。

在感性感知中，我可以看到“绿色”，但我不能以同样的方式看到“是绿色”。我们可以对此加以概括并且说，述谓之物并非可知觉之物。但是，不能仅以感性得到充实的不只包括述谓之物，而且包括所有范畴形式，即“一”“和”“一切”“假如”“然后”“或者”“所有”“不”“非”等这些形式。但另一方面，不仅必须有空乏地意向这些范畴形式的行为，而且必须有充实这些意向的行为。

假设我们在一个铺着蓝色地毯的房间里。在我们的日常态度中我们知道，在这个情况下“地毯是蓝色的”和“地毯是红色的”这两个判断间有明显的区别。第一个判断在直观上被充实，而第二个则没有。尽管我们非常清楚这个区别，但要确切地确定这个区别存在于何处、基于什么却并不容易。此外，很显然，不对感性感知的作用进行分析，我们就无法弄清这个区别。但我们已经指出，这并不能完全解决问题。因此，胡塞尔“扩展”了通常只局限于感性感知的直观概念，阐明了范畴直观概念。

对实在事物的意向可以由感性感知充实，无论内感知还是外感知。因此

① Dieter Lohmar, Husserl's Concept of Categorial Intuition //*One Hundred Years of Phenomenology: Husserl's Logical Investigations Revisited*, *Phaenomenologica* 164, ed. by Dan Zahavi & Frederik Stjernfelt, Dordrecht: Kluwer, 2002, 125 – 145. 迪特·洛玛尔任职于德国科隆大学胡塞尔档案馆。中山大学哲学系于涛博士以及中山大学哲学系博士生车浩驰曾对照原文仔细通读译稿，提出诸多有益的修改意见，特此致谢。——译者

我们会将那些只在范畴直观中被充实的对象称作观念对象，正如胡塞尔指出的（参阅*LI*，787［全集 XIX，674］）。① 一个素朴感知（schlichte Akte）的对象于是直接显现、直接被给予、“一下子”显现（参阅*LI*，787，788［全集XIX，674，676］以及*EU*，301）。感性感知的对象对我们而言在构造的一个步骤中就在“那里”了，在这一步骤中它们既被意向，也被给予。相反，范畴对象只能在一系列复杂的明显的奠基行为——它们由一个自身具有全新的、不同意向的复合行为一起得到把握——中被意向和给予。在这个被奠基的行为中，有一个新的对象，这一对象不能在奠基行为中得到意向或被给予。很显然，素朴感知可以延续一段时间。对同一个对象的持续感知可以在时间上被切分，并且建立在不同的感觉材料（reelle Gegebenheiten）上。但在这种时间上延续的、对同一事物的感知中，在被给予的每个阶段，对象都已经被意向、被给予了，因此不需要进行更高阶的行为。

一个持续感知是一个行为之内的诸部分行为的联合，它与被奠基的行为不同。对在同一性综合中意向一个对象的所有客观化行为来说也是这样。这种同一性的被给予性可以被理解为同一性综合的一种非主题化的运作，虽然同一性综合拥有相同对象，但却不像它们的对象那样具有同一性。与这种行为相比，同一性在其中被意向的那些行为是更高阶的行为。

要理解这两种同一的密切相关性和区别需要对主题的、范畴的同一和素朴的、非主题的同一行为间的差别进行详细分析，胡塞尔在《逻辑研究》第六研究第47节提出这一点。当我们朝向意向对象时，同一的素朴形式总是已经就位了。当我们看见一座房子或绕着它走时，我们有一系列混合的感知行为。在每一个这些素朴行为（schlichte Akte）中都有一个主要对象，房子，和这些行为一道或者在这些行为中有一系列的次要对象，如窗户、墙、门等，它们也被注意到，但是谈到注意力，它们就仍然“在背景中”（参阅*LI*，579页以下，584，585－586页［全集 XIX，415页以下，423，425］）。② 那意味着，即使我现在一边看着窗户，房子仍然是我感知的主要对象。我们可以说我们通常通过看房子的个别部分而看它，我们在对窗户的看“之中”，在对墙的看“之中”看见房子。尽管如此，房子的所有这些

---

① 《胡塞尔全集》系列中的《逻辑研究》的德文本将按常规被引用（全集，卷数，页码）。胡塞尔的《经验与判断》，汉堡，1964，在引用时将写为“*EU*”。胡塞尔的一些原有术语将在文章中在括号中给出，而不做进一步的引证，以使翻译更为清晰。感谢 James Dodd 对英文文稿的帮助。

② 主要的和次要的意向这些术语也可以在*LI*，648，651［全集XIX，515和519］找到，但具有完全不同的用法和上下文。

个别部分都属于对房子的完全的意向性理解/感受。

多数的意向对象都与房子有着类似的特征，即它们不仅在于一个单一意向中，而且在于对整个对象的一个明确的（explicit）主要意向与一“组”隐含的（implicit）的次要意向——胡塞尔称之为部分意向（Partialintentionen）——的结合之中。这些部分意向自身有这样的特点：在意向房子时，我已经坚信我可以使它们中的每一个成为一个明确意向的主题。因此，意向性有一个视域（Horizontintentionalität）这个明察在《逻辑研究》中已经准备好了。

在看一个对象的持续过程中，我们拥有一系列对相同主要对象的行为，而且这些行为总的来说都有相同的部分意向。但这些部分意向并不是全部同时被充实。例如，我们总是有一个无法感知但仍然意向的对立面。但这向我们表明，对每个部分意向的充实的感性感知并不能决定对一个对象的同一（化）。但决定同一的是，整组部分意向（无论它们被充实与否）在从感知的一个阶段向另一个阶段的流畅过渡中的一致。

在这个上下文中，“一致”概念仅仅指我们能够意识到——在从对对象的一个感性地被给予的视角到另一个视角的流畅过渡中——在对象中的同一“组”部分意向。我们可以把这个写成集合：

{这座房子：窗1、窗2、**窗3**，门1、门2、墙1、墙2、墙3、墙4、房顶1……}

{这座房子：窗1、窗2、窗3，**门1**、门2、墙1、墙2、墙3、墙4、房顶1……}

{这座房子：窗1、窗2、窗3，门1、**门2**、墙1、墙2、墙3、墙4、房顶1……}

列出的所有部分意向都属于主要对象房子，而不同在于其视角性的充实。窗户、门、墙、房顶等意向在充实上的差异用黑体表示。如果我在看房子的前面，我就看不到后面。但强调这一点很重要：同一化的综合之运作不依赖于对象特定部分的部分意向的感性充实。它只依赖作为意向的部分意向间的一致，而不依赖于这些意向的充实程度。①

在一个持续感知的流畅过渡中，这个（所有部分意向的）“相合综合”

① 这并不意味着个别的部分意向的充实对范畴直观的充实没有作用。但重要的在于强调：重要的“相合综合”也能够在符号意向的语境中，如在数学中起作用。

被注意到，但被感知对象的同一性并不是我的意向的主题。我仍然主要朝向“那里的这座房子”，但这也是一个同一化的综合。我们可以说同一性只是在同一化综合中被“经验”到，而没有被主题化。如果我可以说“后退一步”，主题化这个被经验的同一性，并且声称：“它自始至终就是我感知的同一个对象！”那么我就执行了一个更高阶的行为，它建立在持续的、素朴的感知上，并且将同一性作为其对象。

我们可能很想将这个差别解释为一种简单的兴趣转移或者解释为一种统觉改变的情况。但是要从头完全弄清这一点，这个解释是不合适的，因为它忽视了范畴直观的重要特征。在《逻辑研究》第五研究中，胡塞尔用著名的例子即一个女人在展览会上通过特殊排列的镜子问候参观者（Panoptikum，Spiegelbabinett），指出在相同的同一感觉内容（reele Inhalte）基础上统觉改变的可能性。这是统觉过程的一个基本特征。如果我们要将这个统觉模式用于部分意向间的相合的综合，那么我们会以如下方式解释这一关系：在非主题化的同一综合中，相合的综合仅仅被经验到，而不能被解释为被感知对象的同一性的体现。在主题化同一中，同样的相合的综合不仅被经验，而且作为一个新的统觉的基础起作用。现在它们作为对象的主题化的同一性的体现而起作用。①

在这个模式中，很大程度上被忽视的是充实内容的特别特征，即相合的综合，我们只能在积极完成从一个意向行为向另一个的过渡时“拥有”它。可以说，我们不能“一下子”拥有这个相合的综合。如果我们只强调统觉的改变作为范畴直观的来源，那么范畴行为整体的必要贡献就被忽视了。结果是我们必须再执行（wieder-vollziehen）一系列的行为——它们将这个相合的综合作为结果去达到范畴意向的直观性。②

现在我们已经概述了知识现象学的一些一般问题以及胡塞尔解决这些问题的描述性和概念上的工具。但我们应该记住，胡塞尔的范畴直观理论被普遍认为是困难的，因此是有问题的。一些批评家也认为它是晦涩的，

---

① 胡塞尔也试图使这个差异更明确，通过将第一种情况称为“同一性的未被概念化的经验”（unbegriffenes Erlebnis，参阅 *LI*，696，［《全集》XIX，568］，指出在主题化的同一性中相合的综合通过对同一性概念的使用得到立义。

② 我已经在《经验与范畴思维》（*Erfahrung und kategoriales Denken*，Dordrecht，1998，205－210，259－264）详细讨论了这些可选模式，即在需要再次进行（再次—进行—模式）的模式与只需要对相同内容的统觉进行“简单”改变的模式（改变—模式）两者间选择。

甚至完全错误的。有些人主张根本没有"范畴直观"这种东西。[①] 有时甚至让人怀疑后期胡塞尔完全抛弃了范畴直观理论。这一怀疑部分地是由胡塞尔对他自己的范畴被代现者（kategorialer Repräsentant）的解释的批评引起的。这个批评太短又太不明确。在《第六研究》第二版前言中，胡塞尔写道，他不再坚持他的范畴代现理论。[②] 因此，对胡塞尔意图的恰当解释必须要摆脱第六逻辑研究第七章中他对范畴代现初步解释的误导因素。[③] 在这点上，我们稍后必须回到相合的综合的特点上，这些特点在胡塞尔述谓认知理论以及前述谓经验中起到核心作用。

二、素朴和范畴行为

胡塞尔在第六研究第六章中对素朴的和范畴的直观的区分是现象学知识理论的基础。素朴和范畴行为的对比通过行为分析得到解释。具有感性感知形式的素朴直观"直接地"、"立即地"、在一个"单一步骤"中（in einer Aktstufe, *LI*, 787［《全集》XIX，674］）、"一下子"（mit einem Schlag, *LI*, 788［《全集》XIX，676］）呈现它的对象，并且它的呈现功能

---

① 这个观点由 G. Soldati 在 G. Soldati，"Rezension von: Dieter Münch, *Intention und Zeichen*, Frankfurt 1993"，《Philosophische Rundschau 41》（《书评：迪特·穆希，〈意向性与符号〉，法兰克福，1993》，载《哲学环顾 41》），1994，273 提及（"Das Problem ist, Daß viele Philosophen bezweifeln, daß es so etwas gibt"）（问题在于，许多哲学家怀疑，有某物如此存在）。胡塞尔那里关于范畴直观这一主题的最重要来源是：E. Tugendhat, *Der Wahrheitsbegriff bei Husserl und Heidegger*, Berlin, 1970, 111 – 136；R. Sokolowski，《胡塞尔和海德格尔构造概念的形成》，Den Haag，1970，65 – 71；R. Sokolowski，《胡塞尔的沉思，语词如何代表事物》，Evanston，1974，第 10 – 17 节；E. Sträker，"Husserls Evidenzprinzip"，*Zeitschrift für philosophische Forschung*（"胡塞尔的明见性原则"，《哲学研究期刊》）32，1978，3 – 30；R. Sokolowski，"胡塞尔的范畴直观概念"，《现象学和人文科学》，哲学话题 12，1981，增刊，127 – 141；D. Willard，《逻辑学和知识的客观性》，雅典，1984，232 – 241；G. E. Rosade Haddock，《胡塞尔的认识论与数学中的柏拉图主义基础》，载《胡塞尔研究 4》，1987，81 – 102；D. Lohmar，《现象学与数学》，Dordrecht，1989，44 – 69；D. Lohmar，"Wo lag der Fehler der kategorialen Repräsentanten?"（《范畴被代现者的缺陷在哪里?》），载《胡塞尔研究 7》，1990，179 – 197；Th. M. Seebohm，《范畴直观》，载《现象学研究 23》，1990，9 – 47；R. Cobb-Stevens，《存在与范畴直观》，载《形而上学评论 44》，1990，43 – 66；K. Bort，《范畴直观》，载《范畴与范畴性》，D. Koch 和 K. Bort 编，Würzburg，1990，303 – 319；以及 D. Lohmar，《经验与范畴思维》，Dordrecht，1998，178 – 273。

② 胡塞尔写道，他不再接受范畴代现理论（daß er "die Lehre von der kategorialen Repräsentation nicht mehr billigt"），参阅 *LI*，668 页以下［《全集》XIX，534 页以下］。

③ 参阅 D. Lohmar，"Wo lag der Fehler der kategorialen Repräsentanten?"，179 – 197。

并不依赖奠基的行为。①

范畴直观是被奠基的。在这里，我们所使用的不是相互奠基的概念，而是单方面的奠基概念。② 范畴直观所涉及的对象并非在素朴的单束行为中，而是在奠基行为基础上的联合的、更高阶行为中。奠基行为的对象被综合地置入被奠基的范畴行为之内的范畴关系中。因此，在范畴行为中，新的对象被意向，即只能是在这种被奠基行为中被意向（和给予）的范畴对象。范畴直观的直观性只能归因于由奠基和被奠基的层级组成的行为。我们可以将这种复杂的被奠基结构解释为一种埃及金字塔。如果金字塔基础的一个成分少了，那么我们就不能完整地构造下一层。对复合的被奠基行为的另一比喻可能是跑道。在范畴直观复合度较低的情况中，奠基行为是素朴感知。范畴行为的直观性条件是其已经通过了每一个奠基的特定意向。与素朴对象的情况一样，在范畴行为中也有直观性以及明见性的程度。

如果我们来思考语言领域，我们可以用以下方式提出范畴直观问题：什么充实了不能单独由素朴感知充实的命题元素？首先，这个问题指的是那些胡塞尔所命名的“形式词”，如“那”“一”“一个”“一些”“许多”“是”“不是”“那个”“和”“或者”等（参阅 *LI*，774［《全集》 XIX，658］）命题元素。如果我说“这是一棵树”，我们可以假定“这”和“树”所指的东西可以被感性直观所充实。但在感性中什么明确地充实了这个命题中的“是”或“一棵”呢？这些元素也必须以某种方式被充实，否则整个意向就不能被充实。③

在最简单的情况下，命题的范畴元素（像“是”“不是”“和”等等）的充实以某种方式与素朴感知联系在一起。有时我们甚至说：“我看到这是一本书”，而同时我们知道我们不能以我们感知这本书的相同方式看到这是一本书这个事态。在这一点上，像“我看到这是一本书”这样的句子中的说话方式与“我看到这本书”的意思并不相同；毋宁说，这种说话方式所

---

① 与包含带有不同意向对象的奠基行为的范畴直观不同，对一个实在对象的持续感知是同一个意向之中的一个简单的意向“混合”。

② 在《逻辑研究》第三研究中，相互奠基概念是最主要的，但是在《逻辑研究》第六研究中胡塞尔偏爱单方面的基础概念。参阅 *LI*，466 页以下，476－478，545［《全集》 XIX，270 页以下，283－286，369］以及《第六研究》，790［《全集》 XIX，678］。关于胡塞尔不同的奠基概念也可参阅 T. Nenon，《〈逻辑研究〉中的两种奠基模式》，载《当代背景下的胡塞尔》，B. C. Hopkins 编，Dordrecht，1997，97－114。

③ 因此范畴直观理论包含了直观和言语中的表达间的某种平行主义的主张：命题的每一个元素与直观中的特定元素“相应”。

强调的是范畴直观的直观特征。

素朴直观，像感知一样，并不奠基于其他行为中。范畴直观被奠基于这样的行为：在这些行为中，我们意向我们在范畴直观中将它们彼此联系起来的对象（或对象的方面）。因此在范畴直观中，我们意向在简单奠基行为中不能被意向的对象，如“是红的”“是一本书”（*LI*，787ff［《全集》XIX，674ff］）。

我们可以说范畴对象与奠基行为的对象有关。如胡塞尔所说，它们具有一种对象性关联。[①] 例如，“A 比 B 大”被奠基于对 A 和 B 的素朴感知中。但这些素朴感知的对象仅仅在将它们置于一种综合关系的范畴直观的被奠基行为中才成为认识的对象。在最简单的情况下，不进行奠基性的感性感知，范畴直观就不能被充实。然而，范畴直观不仅是它的所有奠基感知的总和，它也朝向由感知对象的综合关系组成的对象。

范畴直观有不同的形式，每一种形式都有其独特的综合充实的类型。在第六逻辑研究中，胡塞尔只分析了范畴直观的几种基本形式，以表明范畴直观的概念是合理的，并且这些形式可以作为分析范畴直观其他形式的样本。胡塞尔分析了对象的主题化的同一性（*LI*，791ff［《全集》XIX，679ff］）、部分与整体的关系（对命题和对象的部分进行了评判）、外部关系、集合、对一般的直观——即所谓的“本质直观”——单个对象的被确定的（“这个 A”）和未确定的（“一个 A”）意向（参阅 *LI*，790 页以下，792 页以下，794 页以下，798 以下［《全集》XIX，678，681，683，688 及其以下各页］）。

三、范畴行为的结构——三个阶段

在第六研究第 48 节，胡塞尔分析了在综合的范畴直观中发现的行为的阶层。要区分三个明显不同的步骤或阶段。我们将以“门是蓝色的”这个

① 借助于“对象关系”（gegenständliche Beziehung）中的差异，胡塞尔区分了范畴直观综合的和抽象的形式。综合的范畴直观共同—朝向它们奠基行为的对象，如在“A 比 B 大”中。抽象意向不以同样方式朝向奠基行为的对象。在抽象意向中，奠基行为的对象只能是一个中介，通过它意向朝向某个普遍的东西，埃多斯（etwas Allgemeines）。奠基行为的对象只是这个埃多斯的范例。（参阅 *LI*，799，788，798［《全集》XIX，690，676，688］）

命题为例。[①] 素朴的、奠基的感知一定是那些对门和非独立因素“蓝”色的感知。在第一步中（1）我们在一个未构成的一瞥中意向对象。这是一个素朴行为，它朝向作为整体的对象；胡塞尔称之为素朴的总体感知（Gesamtwahrnehmung）（*LI*，793［《全集》XIX，682］）。不过，对象的部分也被意向，只是在这个对对象整体的第一个未构成的意向中它们还没有被明确地意向（*LI*，792ff［《全集》XIX，681ff］）。尽管如此，这些部分意向是整体对象的未构成意向的元素，并且因此作为一个明确意向的潜在对象被意识到。[②]

在第二步中（2）对象以一种通过强调我们关于部分——至今为止，它只被隐含地意向——的兴趣的明确方式被意向。胡塞尔把这种客体化称为“分节行为”（gliedernde Akte，*LI*，792［《全集》XIX，681］）。现在，曾经隐含地被意向的对象的部分成为明确行为的意向。但这并不意味着在对对象的这一新的客体化中有一个对新对象的意向：它还是我们在感知的那扇门。分节行为是朝向这扇门的素朴行为之内的专门意向。我们可以说在“分节行为”中门通过（或借助于）蓝色的媒介而被意向。没有新对象被意向，毋宁说，是分节方式中的相同对象。

在对象的第一个未构成的感知中，对象的部分也被意向，但只是隐含地被意向。在一个分节的、专门的意向中，它们被明确地意向；可以说，它们站在了前台。我们的兴趣朝向对象在其中被呈现的感性内容：我留意玫瑰的颜色和香味、叶子的沙沙声。在每一个持续感知中，我的注意力在一个接一个地呈现对象的因素间徘徊。

从对对象的未构成感知到对象的分节感知的过渡可以被解释为对相同感性内容的“双重统觉”，这里我们有同一个对象和相同的统觉的直观模式（即这并不是导致另一个对象的统觉的改变）[③]。二者都是素朴行为，但在特定的“部分意向”（Sonderwahrnehmungen）中我们通过对门的颜色的意向而意向门，而在最初对同一个对象的未构成的感知中我们只是隐含地朝向颜

---

① 在《逻辑研究》第六研究中，胡塞尔区分了各种部分－整体关系：整体与独立的部分（Stücke）间的关系，以及整体与不独立的部分（Momente）间的关系，参阅 *LI*，792 页以下［《全集》XIX，680 页以下］，231，*EU*，第 50－52 节。在《经验与判断》中，关于“S 拥有部分 P”和“S 有特性 m”这两种形式的构造结构，他解释为相等的，参阅 *EU*，262。

② 在《观念Ⅰ》中，胡塞尔将认为使一个意向明确的可能性是视域-意向性的特征。参阅《全集》Ⅲ/1，57，71ff，212f。

③ 在统觉模式上也没有改变，例如在直观的、图示的、符号的意向间。

色。在第一种情况中，感觉内容作为一个隐含部分意向的被代现者起作用；在第二种情况中，相同的感觉内容就是一个明确的部分意向的被代现者。

正如我们在持续综合的例子中已经指出的，在从对整体的未构成意向到明确的部分意向的转变中有一个所谓的“同一性的综合”。在这个“同一性的综合”中，我们既知道我们在意向相同的对象，也知道这个对象——门不仅具有颜色一般，而且这个门是蓝色的。一个重要的意见：这两个奠基意向都直观地被充实，因此证明了被感知的对象是一个“实在”对象的这个论题。[①] 因此从一个到另一个的综合的转变也适用于证明关于范畴直观的“实在性”的主张。这构成了知识和纯粹传闻的差异。

奠基行为的转变以及在这个转变中发生的“相合的综合”以某种方式提供了我们获得知识所需要的一切。但对真正的知识而言，也必须有一个综合行为以执行对“相合综合”本身的范畴统觉。显然，在日常生活的每种情况下我们都经验这种“相合综合”并因此“执行知识所需的一切”，但是尽管如此我们实际上只能在非常有限的程度上从事这种执行。通常讨论中的对象的重要性是决定性因素。坐在一列火车上或一辆小汽车上，我们可能每一刻都在判断“这是一辆红色的轿车”，“那是一辆绿色的轿车”。但如果做这个没有相关的用处，那么我们就不会这么做。[②] 知识的获得是行为（Handlung），因此它依赖于日常生活中的相关性结构。

在范畴直观过程的第三个决定性步骤（3）中，我们在新的范畴直观中综合地意向专门的分节感知的对象（gliedernde Sonderwahrnehmungen）。我们可以在奠基行为的对象间，或作为整体的未构成行为的对象与一个对象的不独立因素（“门是蓝色的”）间建立一种关系。在这个被奠基的行为中，在范畴关系中以综合方式得到联结的元素具有一个新的特征：它们在句法上由范畴行为构成。

在所有综合的范畴直观中我们会发现这三个步骤：（1）对整体的最初的、素朴的感知；（2）专门的、明确的分节感知；（3）真正的范畴上的综合直观。

在门及其颜色的例子中，门就成了承载特性的“基底”的范畴形式，

---

① 参阅《观念Ⅰ》，《全集》Ⅲ/1，239。

② 然而，新的见解有迹可循。发生现象学最重要的主题之一是这个（被经验的但不是被概念化的知识的）“踪迹”在前述谓经验的不同形式（联想、类型）中的被保持或保存在人类主体中的那种方式。参阅《经验与判断》第一节，及 D. Lohmar，*Erfahrung und Kategoriales Denken*，Kap. Ⅲ，6－8。

而“蓝色”则成为基底（基底/偶然性）的一种“特性”。这个范畴形式不仅是对被感知对象的另一种素朴统觉的运作。范畴行为意向“门是蓝色的”，也许它甚至是对这个事态的充实。在范畴意向之内，“能够承载特性的基底”和“基底的特性”是不独立的因素。

范畴行为是更高阶的，因此它在意向类型上必须被区分：范畴行为要么**综合地**意指素朴奠基行为的对象，要么**抽象地**意指对象的一个抽象因素，它仅仅意味着某个普通东西的一个直观范例（后者就是所谓的本质直观）。因此范畴意向的充实总是依赖奠基的感知和它们的直观充实。但是依赖更进一步：感知意向的充实反过来又依赖于质素（hyletic）内容。

但是范畴意向的充实不仅依赖奠基行为的直观特征（“明见性”）。[①] 这种普遍化，即范畴意向的直观特征完全依赖奠基感知的直观特征的论点，将会导致矛盾的结论。例如，结果之一是公理的数学不是明见的知识，因为它的结论完全在符号意向之内被确立。

因此感性感知至少可以在最简单的情况中有助于范畴意向的充实。但有许多范畴直观的对象只与感性感知有着非常松散的联系，例如纯粹数学和代数学的命题，在那里感性几乎没有任何帮助。但另一方面，范畴直观中肯定有些元素可以在感性直观的帮助下被充实——如门的“蓝色”这样的东西——并且，在每一种情况下都有不能单独在感性中被充实的元素，如“是蓝色”。

这个知识概念决定性问题之一涉及范畴行为的直观性中范畴过程的前一个层级的功能：在何种程度上，它们的运作在第三个层级仍然“有效”，或者“显现”？另一方面，这个问题关涉奠基行为的直观性和质性（各自的，设定特征）。但它也关涉“相合综合”：我们必须弄清楚奠基行为是什么，我们是否能以某种方式让其在知识的复合过程中运作。

再让我们回到蓝色的门这个例子的细节上。在进行了对整体的素朴感知之后，门的蓝色因素成为明确分节感知的对象（*LI*，793［《全集》XIX，682］。但在对“蓝色”的明确感知中，我们并不是第一次意向和感知“蓝色”。对隐含意向来说，“蓝色”已经在最初的、对整体的素朴感中发生了。这个隐含的部分意向对应于一个明确意向的可能性。在从对整体的第一个

---

① 胡塞尔自己从奠基行为的明见性写到——虽然是在《逻辑研究》第六研究有问题的第七章中——总体行为的相即（明见性）对奠基性直观的相即的功能性依赖，*LI*，811［《全集》XIX，704］）。参阅 D. Lohmar，“Wo lag der Fehler der kategorialen Repräsentanten?”，179 – 197。

素朴感知到明确的分节意向的过渡中，发生了这两个意向间的“相合综合”（*LI*，765［《全集》XIX，651］“Deckungseinheit”，参阅 *LI*，697，698，764，766［《全集》XIX，569，571，650，652］）。相合在对“蓝色”因素的明确意向和在整体意向中隐含的部分意向间发生。

对理解“相合综合”概念而言，决定性的是进入相合的东西是各个行为的意向因素。充实的相合不是基于相等的或类似的实项材料（reelle Bestände）。这种相合会发生，但是它并不支持范畴直观的直观性。在范畴直观这里，直观性的基础是行为的意向因素间的相合，即，部分意向间的相合综合。①

这些在部分意向间发生的相合综合现在有了一个新的功能：它们被统觉为新的综合范畴意向“门是蓝色的”的代现或者充实内容。在贯穿诸分节行为的主动过程中出现的相合综合——就是说，使得对象的所有部分意向变得明确——现在代现了门的“是蓝色的”。

在现象学的知识理论决定性的这一点上，我们发现了立义/被立义内容模式。因此我们必须承认，胡塞尔接受了如何理解范畴直观与感性直观的直观性这一模式。在《逻辑研究》和许多后期著作中，我们发现这个模式多次在讨论的关键时刻被介绍（参阅 *EU*，94，97－101，103，109，111，132f，138ff）。② 对我们有限的目的而言，我们不需要处理胡塞尔关于立义/被立义内容的模式的自我批判，它首先只是指出了这个模式的局限而没有否定它。③ 胡塞尔批评了在内时间意识中最深层构造和想象行为方面对这个模式的使用（参阅《全集》XXIII，265页以下，《全集》XIX，884（手抄本 Handexemplar），Ms. *LI* 19，B1. 9b）。对构造意向对象和范畴对象的行为而言，这个模式不是有缺陷的，而是不可避免的。

但理解和被理解内容的模式留下一些没有回答的问题。显然，充实范畴直观的“被给予”内容的那个特别特征，即相合综合，需要批判的分析。

现在我想要更进一步地分析相合综合是哪种内容。关于作为一个被给

① 胡塞尔写道：“同时持续有效的总体感知根据隐含的部分意向与个别感知相合”，*LI*，793［《全集》XIX，682］。强调这个“相合综合”也可以在象征的（因此“空乏的”）意向——它对数学知识的基础十分重要——间发生，这很重要。又见《全集》XXIV，282。

② 在《笛卡尔式的沉思》中，胡塞尔谈及类比立义（analogisierenden Auffassung），参阅《全集》Ⅰ，第50节。

③ 不是每一个构造都有内容/统觉的结构这个明察在《内时间意识讲座》1928年版的一个脚注中被阐明，参阅《全集》X，Anm. 1。

予内容的相合综合这个特殊特征，首先我将提出三个否定的见解。对三个否定见解的讨论反过来会揭示出一些对相合综合——它将直观性给予范畴对象——特征的肯定见解：（1）我们不能将范畴性（即相合综合）的代现内容等同于感性感知的代现内容（既不涉及对整体的素朴感知，也不涉及对分节行为的明确感知）；（2）相合综合根本不可能是外感知的感觉内容；（3）它也不可能是内感知的内容。

关于第一点，人们可能会认为一个被感知对象的代现内容可以作为范畴直观的充实内容起作用，如果它以一种新的方式即在“范畴统觉”中得到立义，而之前它只被用于“感知统觉”中。一个被感知对象的代现内容可以作为范畴直观的充实内容起作用，如果它以一种新的方式即在“范畴统觉”中得到立义，而之前它只被用于“感知统觉”中。但我并不认为范畴直观的情况是这样的。考虑一下感性感知中明确的和分节行为中对象的代现内容。如果是这样（它们也可以作为范畴行为的内容起作用），那么我们就不能讨论范畴直观的主动进行中的三个本质必然阶段了。我们在原则上本该只在感性感知的基础上就拥有（或者能够拥有）范畴直观了。

关于第二点，同样的论证表明范畴直观不能被外感知的感知内容所充实。

关于第三点，这个论证仅仅基于外感知的感觉内容；因此为了包括代现内容的所有可能来源，我们必须考虑内感知及其内容。在其发展的某个时期，胡塞尔自己认为这种解决方法可能是有希望的。在《逻辑研究》第一版中，准确说是在第七章“对范畴代现的研究”中，胡塞尔提出这个论点：范畴直观可以被对所谓的“反思内容”的立义所充实。[①] 既然如此，被立义的内容就是在内感知中代现了范畴行为的进行的同一个内容。统觉的转变采用以下的方式：在内感知中，感觉内容代现了行为本身的现时被给予的进行（aktueller Vollzug），因此可以被称为反思的内容（Reflexionsinhalt）。在范畴直观中，这些相同的内容以一种范畴方式得到立义，因此可以充实范畴直观。这个理论就到这里。

这一解决方法的主要问题是，我们总是不得不对直观上**不同的**范畴直观使用同样的**感觉内容**（范畴行为的“现时进行”的经验）。例如，我们将

---

① 参阅 *LI*，814［《全集》XIX，708］及 D. Lohmar，“Wo lag der Fehler der kategorialen Repräsentanten?”，179 – 197。图根特哈特所持的观点是范畴综合的真正进行充实了范畴直观。参阅 E. Tugendhat，*Der Wahrheitsbegriff*，118 – 127。

无法指出充实范畴意向“门是红色的”或“门是棕色的”的内容中的差异。要解决这个困难，我们必须宣布范畴行为的进行（行为本身的进行！）以某种方式依赖于感性被给予性。[①] 既然我们可以拥有相同但空乏的范畴意向来进行相同的范畴行为，那么情况就不简单是这样。因此对范畴行为进行的内感知并未解决范畴意向的直观性问题。后来，胡塞尔批评在《逻辑研究》第一版中的这个尝试，认为这是有缺陷的。[②]

现在我们可以提出相合综合的一些肯定方面。我们在蓝色的门这个例子中看到，门的代现内容以双重方式起作用：首先是在对整个对象的素朴感知中，然后又在明确感知中——其中门的颜色被专门地意向。在这两个行为间的过渡中出现了对蓝色的隐含意向与明确意向间的相合综合，这一明确意向在主题性地瞄向颜色的分节行为之内。现在这个相合综合表明可以作为门的“是蓝色”的范畴直观的代现内容起作用（参阅 *LI*，793［《全集》 XIX，682］）。

在这个情况下，被立义的内容根本不是一个感性内容——尽管它建基于被感性内容充实的部分意向的相合，它是两个或更多行为的意向因素间的综合，它在行为间的过渡中施加给我们。[③] 在两个行为中经验“蓝色”的意向因素的相合首先仅仅意味着我们“经验”这些意向的相等；它并不意味着我们把相等这一事实或相等性当作主题，也不意味着我们把事态“是蓝色”作为主题。相合综合以被动的方式施加给我们，即使这是在一个主动进行的行为框架中发生的。内容（材料）被给予我们——我们必须接受这个看起来矛盾的表达——在一个与感性无关的“感觉”中，但它是行为的意向因素间的不可还原的关系。充实“门是蓝色的”这个意向的是对这种内容的立义。相合综合是非感性的代现内容。

显然，非感性内容这个概念在一门由对感性感知的分析开始其知识理论的现象学框架内是有问题的。然而，我们应该不仅论述这种理解范畴直

---

① 对这个论点，图根特哈特宣布“感性上不独立的”现时进行（den “sinnlich bedeingten” aktuellen Vollzug）是范畴直观的被代现者。参阅 E. 图根特哈特，*Der Wahrheitsbegriff*，123 页以下。

② 参阅《逻辑研究》第二版前言，663［《全集》 XIX，535］。

③ 相合（Deckung）概念在胡塞尔对意向充实问题的论述中有双重意义。在《逻辑研究》中胡塞尔常用相合概念指意向和它们所充实的空乏意向的相合。但这是一个不重要的充实概念，因为它根本没有回答被充实的意向如何被充实的问题。相合概念被使用的另一个语境是在对被奠基行为的部分意向间的相合综合所充实的范畴直观的分析中。这个概念的这一并非不重要的用法弄清了范畴直观如何被充实。

观的方法的困难，而且指出它的优势：非感性内容以某种方式充实范畴直观这一事实清楚地证明了胡塞尔的直观概念扩展到了感性领域之外。素朴的（奠基的）行为和被奠基的、复合范畴行为不仅在结构上有本质的不同，而且在使它们成为直观的内容的特征上也不同。此外，关于如何与在其他所有知识形式中一样用相同的模式（即相合综合）理解数学中的知识，我们有了一个清楚的线索。而且，关于为了达到直观充实而贯穿范畴活动的整个三阶段过程的必要性，我们有了一个清楚的论证。没有范畴活动前两个阶段的执行（即，对整体的素朴感知和对部分意向的分节展显），必然充实的相合综合就不能发生。我们甚至可以假定，在范畴直观的每种情况中非感性内容都有必然的贡献。现在我将更进一步地分析最后这个论点。

四、范畴直观中感性的作用

在表明对范畴意向的充实的一个决定性贡献来自非感性内容（它在行为间的过渡内发生）之后，我们必须弄清楚奠基行为主动进行的正面贡献——虽然我们也必须弄清这个进行的局限。

在这么做时，最重要的是注意范畴直观形式间的差异。例如，当我们（稍后在本文中）关注集合的范畴形式时，有一些范畴行为的形式仅仅通过对范畴意向本身的主动进行就已经得到充实。这可能导致怀疑：范畴直观是某种秘密的“超感性”的经验和知识。以这种方式看起来范畴直观似乎完全独立于其奠基基础，即感性感知。[①] 但这显然是一个对从范畴直观的特殊例子（集合）到所有形式的属性的不恰当的责难。要解除这个怀疑，我们必须更详细地思考范畴直观充实之中的感性感知的功能。

第一个任务是确定范畴行为的任意主动进行所具有的贡献，及这些行为的局限。一方面，决定性的相合综合在任意得到执行的行为中发生，但另一方面，它们被动地发生，即，我们不能随意地获得我们所期待的那种充实。这里，在任意的主动性和被动被给予性之间有一种张力，必须被弄得更清楚。

这种张力甚至在非主题同一化的第一个例子中就能感觉到（*LI*，691页以下［《全集》XIX，678页以下］）。“流畅的同一与相合”被动地出

① 胡塞尔的范畴直观概念与“智性直观”完全不同。这个误导的怀疑是由一些康德主义的代表开始的。参阅 D. Lohmar，*Erfahrung und Kategoriales Denken*，Kap. Ⅲ，2，c。

现，相合综合不能任意地被产生（参阅《全集》XXIV，279）。另一方面，如果我们想在对同一性的范畴直观内拥有这个具有主题形式的同一，那么我们必须再次执行这些引起一致性综合的行为。我们在这个贯穿实在对象不同视角的、对行为的任意主动进行中再次拥有对事物的持续感知。在这个过程内，有一个相合综合，但它是被动的，即它不是通过行为本身的任意进行而被达到的东西。我们能做的一切就是以某种方式“指导”行为序列，而正是在行为间的过渡中才会发生相合综合；但这不一定发生。我们可以任意地指导行为序列，但我们不能任意地指导在行为序列中被动发生的综合。胡塞尔在1906/07的一个讲座课中提到这个差别：“显现同样被带入相合方式……”（《全集》XXIV，283）。我们可以以某种方式将行为安排进综合能够发生的情形中，但我们没有权力去制造被动被给予性。将行为安排到相合可能发生之处确实预设了自我的关注；但任意的主动性并不足以保证相合（参阅《全集》XXIV，283）。在考察了非感性内容对范畴直观的作用后，我们转向这个问题：在对范畴直观的充实中感性究竟有什么功能？一方面，非感性内容概念优点之一是它在形式公理的数学中使得知识得到理解。公理的数学是一种知识，因为它有与其他范畴直观情况一样的结构，并且因为它有赖于相同的（非感性）内容。但另一方面，如果在澄清知识对感性的依赖性上有困难，那么这对知识理论来说就是一个明显的缺点。

但胡塞尔对范畴直观的分析并非如此：感性直观的贡献在范畴直观的三个阶段中的许多不同的关节点上被发现。最初的对整个对象的素朴感知是对感性被给予性的立义。在发生现象学中，立义在感性被给予性的基础上得到经验类型的协助。在多数情况下，复合的、更高阶的判断（理论）结构逐步回溯至感性直观，这一感性直观为整个理论的有效性奠基。最简单的意向在感性感知中被充实。

感性的最重要功能在（奠基）意向的设定因素（实在的、可能的、假设的、不确定的等等）的合法化中。对行为的设定因素的辩护依赖一个对象的感性被给予性；只有对象直观地被给予，它才能被称为“实在的”。如果被给予性模式是不完善的并且被给予性的明见性被削弱，那么我们只能宣称这个对象是“可能的”或“不确定的”。如果我们在这种奠基行为的基础上进一步进行判断，那么对具有这种设定特征的对象的判断也只能是“不确定的”或“可能的”；认为有关这种对象的事态是“实在的”将是不合理的。根据公理系统，我们熟悉这种后来判断的设定特征对前面判断的依赖性：如果这些公理只是“假设的”，那么我们只能够达到“在……前提下有效”的设定特征。判断一个“实在”的事态需要所有相关对象的奠基行为也具有“实在”的设定特征。

现在我们已经看到感性感知通过奠基行为的设定特征而对范畴直观有所贡献。但也有这种可能性：感性可以直接对范畴行为的直观性有所贡献。胡塞尔在范畴直观的纯粹的和混合的行为间做了区分；在后者中，范畴意向的直观性也依赖感性感知。如果一个对象或领域 A 与 B 相连（在一种直接的团结性中），那么有一个被感觉的因素“相连”在感性中联接两个领域（参阅 *LI*，795 页以下［《全集》 XIX，684 页以下］。但在感知相连这个被感觉因素时，范畴意向“A 与 B 相连”并不因此被充实；需要一个范畴行为，它基于朝向“A”和“B”以及朝向“相连”的奠基行为。在从一个奠基行为到另一个奠基行为的过渡中，有部分意向间的相合综合，但也有促成这个“混合的”范畴直观的感性内容。纯粹范畴直观的直观性完全依赖非感性的一致性综合。

到此为止，我们仅仅分析了范畴直观的最简单形式。但我们也获得了一些对范畴直观一般的特点的明察。我们看到了明确的、分节的行为必须具有素朴的、单束的意向的形式。现在如果我们思考更高阶的范畴意向，我们就面临一个问题：范畴对象——如判断——如何能以作为奠基行为的这种方式为一个更高阶的范畴意向起作用。从这个观点看来，我们必须能拥有所有种类范畴对象的素朴的、单束的意向，这似乎是必然的。胡塞尔对范畴对象的这个单线意向的解决方法是所谓的称谓化行为。[①] 我可以意指一个具有单线意向“这个”的判断（“汽车刹车有毛病”），然后我判断这个事态“这是危险的”。[②]

第二个可以被称作实践性问题：范畴意向——如果它们具有为更高阶判断奠基的功能——为了保证被奠基直观的直观性必须总是完全直观的。在由判断组成的复杂理论的情况中，我们本该将所有不同层级的奠基行为回溯至最底层的奠基感知行为。这在实践上是不可能的，如果我们看一下公理的数学很容易看到这一点。为了以直观方式证明一个给定的命题，我首先本该再造所有对那些促成相关命题之命题的证明。

---

① 关于称谓化概念，参阅 *LI*，796 页以下［《全集》 XIX，685 页以下］及 *EU*，第 58 节。

② 胡塞尔在“第二感性”概念论述复杂范畴意向的单束的、回返的意向；参阅如《全集》 XVII，314－326（Beilage Ⅱ）。第二感性是已提到的范畴对象的直观性的功能性替代品。

因此关于直观性程度，必须有一种功能性的代替物（替代品），它与称谓化判断相协调；否则我们就完全不能达到更高阶的范畴知识。没有代替物，仅仅是尝试直观到更高阶判断都会是复杂而不实际的任务。我们已经指出，一个可能性是奠基行为的设定特征作为一个代替物可能有用。感性直观证明奠基行为的某种设定特征，例如“实在的”。那么被奠基的行为——比如意向事态的行为——也将假定这个命题是“实在的”。

我们对范畴直观的理解将变得更明确、明晰，如果我们进一步讨论范畴直观的两种形式：本质直观（Wesensschau）和集合。

五、本质直观——胡塞尔的“Wesensschau”

胡塞尔的本质直观理论始于这一点：人类心灵具有认识不同对象中的共同特征的能力。在《逻辑研究》第六研究第52节中，胡塞尔将知识的这一形式理解为范畴直观的一个特殊形式。在这个文本中，胡塞尔把这种范畴直观形式命名为“观念的抽象”（ideierende Abstraktion）；在其他文本中他使用的术语是“本质直观”，或者用德文“Wesensschau”（本质直观）。本质直观的现象学方法试图发展并加强人类心灵认识共同特征的原初能力。胡塞尔想为先天知识找出一个方法，这一先天知识基于意识行为以及思考和感知的对象的特征。

本质抽象或“Wesensschau”的方法[①]对现象学要成为哲学的科学的宣言来说具有极高的重要性。在《逻辑研究》中，胡塞尔仍然把他的现象学解释为一种“描述心理学”——至少他用这个名称——但另一方面，现象学并不意味着成为一个仅仅收集任意事实的经验性学科。因此，现象学必须找到并建立方法，使它有可能达到独立于已知的特定事实情况的先天明察。拥有被作为现象学方法发展的本质直观，胡塞尔宣布现象学不仅是收集关于个别事件或个别事件的有限集合的明察，而且它能够达到关于每一个可能事件的普遍的先天明察。例如，现象学宣称达到关于意识一般的特征的普遍知识；胡塞尔必须表明用现象学的本质直观方法这是可能的。

因此，现象学是科学的主张依赖于本质直观是否可以作为范畴直观的

---

① 用“Wesensschau”来指本质直观似乎是一个术语上错误的选择，因为它暗示了一种对柏拉图主义的接近，而这并非胡塞尔的意图。参阅 R. Bernet，I. Kern，E. Marbach，E. Husserl，*Darstellung seines Denkens*，汉堡，1989，74－84。J. H. Mohanty，《E. 胡塞尔哲学中的个别事实和本质》，载《哲学与现象学研究》XIX，1959，222－230；E. 图根特哈特，*Der Wahrheitsbegriff*，137－168。

正当形式被建立。我们也可以从胡塞尔为现象学所追求的自身-证明观念的观点来看：要建立作为范畴直观的正当形式的本质直观是《逻辑研究》的决定性目标。

本质直观（Wesensschau）以一种类似于我们已经看到的范畴直观的其他形式的方法被奠基于素朴直观中。我们只能在感知或想象（fantasy）中通过浏览蓝的对象的整个系列拥有对像“蓝”或“人类”这样的一般特征的直观（参阅 *LI*，337-40，391ff，431 页以下，799-802［《全集》XIX，111-115，176ff，225 页以下，690-693］）。本质直观理论的目的是不仅要弄清我们如何能够获得对象的一般概念，而且要弄清一般特征的直观如何起作用，即，我们如何能够拥有对被不同对象共同具有的特征的直观。在“共同对象”这一点上，并且就我们通常将这种共同对象同一于“概念”而言，我们可以说这也是对我们的概念直观的合法来源的研究。因此在完成关于“蓝”的本质直观时，为了拥有对共同的“蓝”的直观，我们必须浏览一系列被感知或想象的蓝色对象。这个过程不是循环的，因为在奠基行为中主题是单个的蓝色对象，而在被奠基的本质直观中我们在相合综合基础——我们已经知道它是一个非感性内容——上立义蓝色的共同特征。

作为范畴直观的形式的本质直观的更详细分析可以在《逻辑研究》第六研究第 52 节发现。分析沿着在范畴直观每种形式中发现的三个阶段的路线进行：首先，对作为整体的对象的素朴感知；然后，明确的、分节行为；最后，范畴综合。在第二个阶段，即贯穿明确指向与不同感知或想象对象有关的颜色因素的分节行为时，发生了带有特殊类型的相合综合。

为了达到对一般对象的直观，对第二阶段中的分节行为而言我们有直观的或想象的行为是至关重要的。本质直观不能被奠基在符号行为本身上（参阅 *LI*，728ff［《全集》XIX，607ff］。但另一方面，如果只有一个直观上显现的对象被给予，本质直观也是可能的，因为我们可以在想象中变更这个例子。[1] 在《逻辑研究》中，胡塞尔说，对本质直观的直观性而言，第二阶段的分节行为是直观行为还是想象行为并不重要；即，想象行为是可采纳的（参阅 *LI*，800ff，784［《全集》XIX，691ff，670］。在他的理论的进

① 在本质直观内变更的过程中，任意变更性的范围必须被限制。一个限制由直观在场的对象完成，如一棵树，它作为可能变更的“引导”（Leitfaden）起作用。但这并不足够。限制的第二个来源产生于我们对像树这样的概念的模糊的日常理解。由于本质方法是达到概念直观上被充实的、清楚的意向的一种方式，我们通常开始于模糊的概念并且在变更中它们也作为有限的“引导”起作用。

一步发展中，胡塞尔秉持这一见解：想象行为不仅被容许，而且它们还是优先的——他甚至断言想象的或“自由”的变更对本质直观是必要的。[①] 自由变更确保我们在本质变更的过程中不束缚在仅仅带来偶然普遍特征的事件的有限领域中（参阅 *EU*，419－425）。[②]

在本质直观过程的第三阶段，我们立义在贯穿第二阶段的不同行为中发生的相合综合。我们将这个综合立义为对普遍特征的代现，即我们意向的一般对象。正如在其中实在事物主题化地得到同一化的行为中，在第二阶段的分节行为间发生的相合综合就是作为同一性的对相合的立义。但现在它不是被立义为代现个别实在事物的同一性，而是被立义为代现一般特征的同一性。一般特征，（相同的）颜色，是通过一系列蓝色对象和指向颜色因素的行为间的相合综合而直观地被给予的。在本质直观中，我们发现了第二阶段的分节行为间的一种特殊类型的相合综合。这种综合的特殊属性很难描述。它们展示了一种伴随着混合着差异的一圈松散相合的清晰相合的“中心”（参阅 *EU*，418 页以下）。这个圈产生于作为分节行为主题的蓝色对象间的个体差异。

我们可以用同样方式理解更高等级的本质直观：我们可以进行奠基于范畴行为中的本质直观。例如，我们可以在对不同颜色直观的基础上拥有对一般性这一方面“颜色”的直观，而且我们可以通过贯穿对意识的不同形式（回忆、感知、希望等）的本质直观而拥有对“意识行为”概念的直观。

本质直观也有成问题的方面，它首先是反思的一种试验形式。借助本质直观，我们大概可以对我们概念的界限有一个清楚的观念：通过对一般概念的特殊情况进行想象变更，我们会发现一个点：在这个点上变更程度超出概念界限，并且在这个点上我们在想象着其他东西。[③] 我们由此可以学着承认我们概念界限——并且把它们经验为非任意的。但即使在承认它们

---

① 参阅《全集》Ⅲ/1，146ff，这里胡塞尔谈及想象的优先性（“Vorzugsstellung”），又见《全集》XⅦ，206，254 页以下以及 *EU*，410ff，422 页以下。Seebohm 指出想象变更在《逻辑研究》中已经被发现（Th. Seebohm，“Kategoriale Anschauung”，14 页以下）。

② 本质变更中单一事件的现实实在性在这一点上不相关。参阅《全集》IX，74。

③ 胡塞尔在他的发生现象学中分析了他的类型理论中界限的获得和确定。参阅 D. Lohmar，*Erfahrung und kategoriales Denken*，Kap. Ⅲ，6，d. 对这个问题又见 K. 黑尔德，《Einleitung》，载 E. 胡塞尔：《现象学的方法》，Stuttgart，1985，29；及 U. Claesges，*E. Husserls Theorie der Raumkonstitution*，Den Haag，1964，29ff.

是固定的东西时，仍然不清楚它们的界限是如何被确定的。

这个问题的全部外延只有在试图直观具有某些文化意义的对象的本质时才被实现。在一种文化中我们会直观到神的本质是复数的，而在另一种文化中我们可能直观到神的本质是单数的。妇女、荣誉、公正等的本质也是同样的情况。没有办法找到一个共同的答案。

要部分地解决这个问题，我们可以试着在不带有文化意义的“简单”对象和带有文化意义的对象间作一个区分。意识行为——胡塞尔现象学所偏爱的主题——可以被证实是第一类的对象。另一方面，只能在共同体的交互主体构造中拥有它们全部意义的复杂对象——像文化世界、神话、宗教等这样的对象——全都超出这个界限。多数日常概念都是由我们每一个人在我们共同体的交互主体一致意见中的漫长形成过程中学习到的。因此，我们的日常概念拥有与我们各自共同体的信念密切相关的起源和“历史”。

六、集合（Collections，sets）

对集合的范畴直观的分析涉及专门的问题。范畴形式“a 和 b”的充实依赖指向“a”和“b”的奠基行为的进行，借助这一进行集合的成分被当成明确的主题。但只要对二者一起的、对“和”的综合直观没有得到执行，这就是不充分的。既然这样，充实因素将不能在相合综合中发现，因为我们可以把没有共同的部分意向的对象联合成一个集合。

有人可能反对说，这只描述了集合的人为形式。我们也可以指出，在感性被给予性领域中，会有集合的前构形（Vorformen），它独立于集合的范畴形式而发生。这种思考是由此引发的：现实中，类似对象间——它们形成以某种方式独立于我们的综合行动的群组，像街道边的一排树——有相合综合。感性感知中集合的前构形的这个模式意味着，对象可以根据它们自身的一致形成一个群组。

胡塞尔在他的《算术哲学》中已经分析了集合的这个模式：“多的感性标记”或“构形因素”（“sinnliche Mehrheitsanzeichen” resp. “figurale Momente”）是与形成“统一的感性符号”（参阅《全集》Ⅻ，689）的结构、类似性或共同运动一致的群组，例如在群、排或街道中（参阅《全集》Ⅻ，193－217 及 *LI*，799 [《全集》 XIX，689]）。在第六研究中，胡塞尔将这一点弄得非常清楚：这种多的感性符号或感性标记只是线索或微弱的符号性暗示，并不代现集合的范畴形式（参阅《全集》Ⅻ，689）。这些微弱的符号性暗示不能具有直观的特征，它需要范畴综合的行动（参阅《全集》Ⅻ，690）。

从发生现象学的观点，我们可以将多的感性符号理解为集合的前述谓形式，它可以指导使前述谓形式“新生”的范畴行为的完成。[①] 但并非每个集合都有一个前述谓的前身，因为我们可以完全自由地把完全不同的对象集合成一个集合。另外，我们必须意识到，即使在指向类似对象（如一群鸟、街道边的树等等）的行为间发生的相合综合也不足以充实多的范畴意向。例如，我们可以在相合综合的基础上判断那些鸟或树是类似的，但在它自身之中它不是一个集合“a 和 b”的意向。

这表明在集合这样的情况中我们不能没有综合的范畴意向“和”本身的促成。集合单单把它们的直观性归于这一事实：我们综合地联合所集合的对象。只有在综合地联合“a”和“b”时，我们才在直观上拥有集合。但这导致一个奇怪的结论：范畴行为促成了它自身的直观性。这至少使我们可以理解为什么我们完全自由地将对象联合为集体，甚至是从不同的存在领域中——例如“7 和公正和拿破仑”——因为我们不依赖于共有的部分意向。

促成意向自身充实的意向的观念可能会留下循环的印象。但我们必须更准确一点：产生充实的是将奠基行为的对象联合为一个新对象、集合的综合行动。这个奇怪的情况引起了疑问：何种充实的或“代现的”内容在集合中被发现。我们可以假定作为被代现者起作用的是（内感知中）进行集合行为的经验。但似乎接受这个事实更合理：范畴意向“和”本身可以被看作一个非感性内容（像相合综合一样），一个可以作为集合的意向的充实内容起作用的非感性内容。

在意向和范畴意向领域中这显然是一个非常特别的情况——事实上是一个重要的例外：进行综合意向的意愿足以充实一个意向。但它仍然是一个例外，因为对作为狭义上知识的意向的充实依赖于在从一个奠基行为到另一个的过渡中被动发生的相合综合。因此，集合本身根本不促成知识，尽管它可以成为知识中的一个重要元素，如果我们继续进行关于集合的判断。如果我们考虑到胡塞尔在《逻辑研究》中给出的关于集合方面的特别缺乏独立性的暗示：关于集合不是“事态”的陈述（参阅 *LI*，798［《全集》XIX，688］和 *EU*，254），那么集合和狭义上的知识行为的对比就更为明晰。集合的元素可以完全地异于彼此，甚至来自不同的存在领域（“红和三角形”）。在《经验与判断》中，胡塞尔更明确地表述了为什么这些形式

---

① 参阅 D. Lohmar，*Erfahrung und kategoriales Denken*，187ff。

缺乏知识（事态）的独立性：没有充实范畴意向的相合综合（参阅 *EU*, 135，254，297，223）。一个集合的直观性并不植根于综合地被联合的对象的特征。[1]

我希望我的分析清楚地显示了胡塞尔范畴直观概念的优点及问题。

---

① 参阅陈述：集合是“keine sachlich, in den Inhalten der kolligierten Sachen gründende Einheit”（非实事的、在所集合的实事的内容中的奠基性统一），参阅 E. 胡塞尔，“Entwurf einer ‘Vorrede’ zu den ‘Logischen Untersuchungen’”（《逻辑研究》前言草稿），载 E. 芬克编，*Tijdschrift voor Filosofie* 1，1939，106 – 133 及 319 – 339，尤其是 127，参阅《全集》XII，64 页以下。

从胡塞尔发生现象学的角度看气的现象[①]

山口一郎

气的概念在远东地区（中国、韩国、日本等）的伦理（Ethos）观[②]中扮演了决定性的角色。首先要清楚地指明的是：Ethos 被译作日语为“気風”（气风）。“风”意指显现、看见、风格等，也就是说，“气风”意味着气的显现方式。

在中国古代自然哲学中，气本身首先作为包含有精神和物质力量的宇宙论的基本概念而被使用。在气一元论精致的形式中，宇宙中的所有本质仅仅是气的流变运动。在《易经》的基本图式中，这种气的运动以下面的方式表现出来：太极→两仪→四象→八卦。

在伦理的主题下，我所感兴趣的是身体—心灵关系的显现、立义方式。因此，我想在上面简单勾画的气一元论的基本图式的背景中，于此讨论心灵—身体，或者更确切地说，精神—物质二元论的基本问题。胡塞尔发生现象学的发端（Ansatz）能够对此问题的厘清做出决定性的贡献。发生现象学的基本原则是“时间和联想”。这一原则与气的运动一样，在我们的全部生活中起作用并隐密地影响着我们。

首先，二元论的问题将在被动综合的领域中得到回答，由此，隐密地产生效果的时间和联想的规律性将得到最清晰地显示。在这里，身体—心灵二元论在我们前述谓的和前反思的基本体验的无底深渊中失去了自身的立足点。

其次，在人的最高创造性的领域中，二元论的问题得到了扬弃，一方面是通过对集聚起来、联合起来的气的训练（Schulung），另一方面则是通过胡塞尔人格主义的观点。

---

① 山口一郎为日本东洋大学教师。本文经张宪教授校读，特此致谢。——译者

② Ethos 来自古希腊用词，意为风土人情、风俗习惯、道德风气等，即今天泛指的伦理道德现象。——译者

一、作为气氛（Atmosphärische）的气与被动综合

（1）在气的自然哲学里，身体被看作缓慢流动的气，而个别的器官，比如心脏，被看作是由于阻塞而构成的缓慢流动的火气（Ki von Feuer）的形态，肝脏则被看作缓慢流动的木气（Ki von Holz）之形态。而灵魂则是快的易于流动的气，它常常会以强烈感受的形态，如以暴怒、狂喜或良心谴责的形态，毁坏气流的完全和谐，从而引发各种不同的疾病。但这样一种明察和描述却并非来源于对宇宙的一种纯理论的或隐喻式的观察，而是建基于具体的生活、充分的生活、贯穿的生活、延续的生活之上，用胡塞尔的概念来说，建基于古今中国人的天地之间的生活世界之上。气的流动之和谐与毁灭，直接影响人类的全部生活，人可以健康地生活，或也受疾病之苦。

但是，气流如何适切地流动，对于效果或者影响而言，各种不同的气如何共聚、相容或相克，对这些产生效果之方式的说明碰到了特殊的困难。这种效果就在这里，它被寻找、遭遇、又被摸索地寻找，一再地被感觉到、被加强或被削弱。在依据气的原则的中医治疗中，效果的关联一直得到了强调和检验。而仅对产生效果之方式进行生理学—化学即所谓因果关系的说明，还不足以清楚地描述它。实在—因果描述总是只能在作用的直接感觉之后进行，而后再尝试着从作用遗留的踪迹确定其时间并量测它。然而直接的实际经验根本与这些作用踪迹（Wirkspuren）无关。它们仅集中关注作用自身，而这作用以越来越可感觉和可同感的方式被接受，并产生相应的影响。

另一方面，人们不能以观念论的方式把气的运动回归为某一表象，无论是一个病人的更好的身体状态，或者一个更大的舒适感受。中医治疗与纯粹祈祷很少有关联。

气的运动在如下领域起作用，即在实在的因果关系和观念的动机引发关系二者尚未发生分离的领域。对这一领域确切的特征描述是非常重要的，因为阴阳两极关系的活跃变动总是比不动的实体二元论更险于被误解。我们首先要对气的隐密的起作用的运动与在活动的二元性中清楚显现的作用结果这二者加以区别，其后再研究二者的关系。这些区别与胡塞尔绝对意识流的构造与被构造的区别相符合，但这种区别只有在造成差异的同一化的伴谬中才可把握。

流动的气的一个重要方面还在于：气不是每次都被封闭在自身躯体内，

而是流动地穿过宇宙的整个本质。在人之间，流动的气作为交互主体性气氛的身体间的原立义而向我们显现。这种气氛的直接的原立义既非实在的因果立义，亦非他人意向的动机引发的立义。它是前述谓的、前反思的直接被给予。这里仅存在一个渐次的（graduellen）差别：可感觉的、甚或说在病理学形式上根本不可感受的气氛是如何在先被给予每一个人的。

（2）被动—联想综合的领域是这样一个领域，在其间“我思”的主动意向仍未开始起作用，作为我思对象（Cogitatum）的质料的被立义仍未开始和我思活动（Cogito）同样原初、同样规模，同时也还没有实存的权力（Existenzrecht）。

当胡塞尔试图搞清楚时间意识的构造时，这个领域曾被清晰地思考过。如果立义行为的矛盾的、无限的回归没有处于持续现象的直接的预先被给予性中，某一特定声音持续的现象通过胡塞尔现象学构造的基本模式：“非意向的原素瞬间—立义行为—立义内容”不能被说清楚。时间构造之实事的相应分析表明，印象的时间内容自身通过作为独特的、非主动的、非意指意向性的滞留样式构造自身，也就是说，通过时间内容的自身相合，这种自身相合通过滞留的纵意向性（Längsintentionalität）而出现，作为内在（immanentes）时间意识的绝对意识流构造自身，而这种内在时间意识恰好意味着如此被构造以及纵意向性的自身相合的客观化，即滞留的横意向性（Querintentionalität）。

那么，这种时间内容的自身相合意味着什么？一个起初发出的声音作为声音（当然不是作为颜色）与随后发出的声音相合。在后一种情况中，没有持续的或连续发出的声音出现。在个别的、视觉的、听觉的、触觉的等等以及其他感觉场，感觉质性是统一地预先被给予的。这种感觉质性的统一性是自身相合的，因为作为这样立义的个别感觉素材不需要主体。因而，胡塞尔把这种自身相合的统一性称作“被动综合”，因为在这里自我主动性还没有起作用（这种自我主动性指以主动意向性的立义行为完成立义行为）。但尽管如此，一种正形成统一的相似性通过联想原本地造成了综合。

对于这类滞留之自身相合的被动综合来说，一个清楚的例子就是，在意识背景中无意识地保留着一段旋律（《胡塞尔全集》，Ⅺ，第155页以降）。这样的例子来源于触发现象领域，或者来自日常对某特定之物开始变为注意的无意识的领域。当某人带着特定的主动性（比如读书或看电视）正全神贯注时，他突然注意到，外面天变暗了，门铃响了，或者他的脚冷了。现在，重要的问题在于，为什么他能特别注意到在他全神贯注时没意识到、没注意到的某特定之事态。对存在的注意，或者对某事态变得注意，设定了一个变化或者更确切地说是与之前的感觉的差异。也就是说，对于感觉而言，差异至少是两个彼此区别的必要的瞬间。然而，在前面提及的例子中，每一之前的环节（即视觉中“黑暗之前的光亮”，或者听觉中“声音响起之前的安静”，或者触觉的“冷之前的温暖”）都恰好没有被意识到。这些未被意识到、但却还是现成在手的，也就是说在先前保留的，随后辨识出差异，这一差异动机引发了意识注意力的朝向。感觉场中的无意识和意识被这个未意识到发生作用的、前触发的—联想的特定意义质性的统一化所综合。因此，如果没有这些被动的、未意识到发生作用的综合的背景，那么任何意识、任何“我思”都是不可能的。

在胡塞尔的发生现象学中，还得进一步依据发生的说明，根据个别感觉的**空乏表象**（Leervorstellung）的形成——两者都在联想的、在先构造的方面无意识地联系在一起——去追问或探究这里提及的感觉场的被动综合。婴孩的时间化（Zeitigung）体现于此，即通过在本能的、原素瞬间的意向性和在单子的本能的原联系中的本能和合本欲的意向性之反复充实之间的相互引发，“空乏外形”（《胡塞尔全集》，XI，第326页）交互单子式地、逐渐地得以被构成。联想的、反复的意向联系及其充实，即在交互单子的原联系中的本欲意向性的充实是基础，由此，空乏的外形首先被构成，然后它作为空乏表象被原本地意识到。

因此，感觉场的空乏表象——它们一方面无意识联想地、滞留—前摄地整合（时间）之流，另一方面又在本质方面超越地支配活的当下的原结构——均来自于空乏的外形，这些空泛外形自然既非实在质料，亦非观念上的表象。

（3）当某人有意识地回应或行动时，作为气氛的气（气氛在人们之间变成诸如呼吸的空气）总已经在起作用（am Werk）。一种气氛持续的流溢，同时与其他的气氛一起发动，就造成了一种像在二者之间共同发动的响应（Echo）。在日语中，“雰囲気”就是气氛的意思，从最初就意味着人际间的、包围着人的、渗透的、情绪般的环境的某种东西。

在精神病学的治疗中，人际间气氛的直接感受扮演着决定性的角色。但这些感受并非仅与医生或病人某一方有关，而总是与身体间的双方有关。

“精神病”在日语中称为“気違い”[1]，即气的别样性（Andersartigkeit），确切地说，人们可直接地感受到从相关者中流出的这种气的别样性。但就像前面指出的，当至少两个不同的种（Arten）可以形成一个差异时，在根本上仅仅如此的别样性就是可感受的。二者之间未被意识到的起作用的联想综合阻滞了对方，同时二者之间的被动的滞留的—前摄的综合的未充实性被直接的“叫人害怕地”（unheimlich）感受到。但种类和方式（感受的这些不一致性如何得以实现）不是直观地被给予，因为联想—结对的被动综合的激发，既不能因果—实在地，又不能动机引发—观念地被直观到。形成的被动综合的身体际性虽然已在起作用（am Werke），但是身体—心灵二元论的原则仍未出现。

气氛之气以及被动的身体际性（它通过结对的被动综合预先构造地产生）的效应与作用，恰好通过这些意识生活成效的取消，或者确切说，通过随意发生的撤除（Abbau）而昭然若揭。在孤独症（Autismus）病人中，那种可被称之为被动的交互主体性的身体际性的同感缺失了。孤独症儿童的被驱动状态（Getriebensein）（通过对一特定行为，如以头撞墙的反复强制行为，事后一结对的相似性逼迫着感觉素材）清楚地显示，在孤独症儿童中，无意识地被动—联想的结对之综合的在先形成（Bildung）还未起到足够的作用，因此儿童还不能通过感觉素材针对混乱的威胁保护自己。尽管如此，这些形成（Bildung）事后亦没有能被促进和推动。这已经发生，但自然并不是经由反复强制运动的抑制，而是经由这样一种状况：即通过撤除，也就是直接称谓的述谓意向性的**行为执行**（Aktausübung）和主动意向性的所有种类的放弃，对被动的身体际性而言一个自由的空间被获得，在此空间中，未被意识到的起作用的本欲意向性（比如入睡或唤醒，或者另一人的单一的在场存在）被反复充实，同时身体际性的基地被充足地育成（genährt）。

二、在使之统一的完整性的训练中的气和人格主义的观点

（1）佛教的无我（Nicht-Ich），道教的无为（Nicht-Tun），或者肯定地讲，《易经》中的太极、大乘佛教语境中的大我（Großes Ich）、真如（Echtes）自身、如性（So-heit）、纯意识，这些都涉及一唯一的共同。但这种共同（Gemeinsame）不是理论研究的客体，而是具体地实现的（或者更

---

[1] “気違い”中文的翻译就是气不合，可以引申出气氛不好或性情不好等意思。——译者

确切地说是通过训练的实践而体现的）无目标的目标（ziellose Ziel）。“无目标的目标”这种表达并非语言游戏，而是一个必要的表达，这一表达仅仅如此并且恰好如此地符合于共同的实现过程。

当人们尝试着共同执行实现（Verwirklichung）的训练过程时，人们注意到，通过附着在训练上，目标的表象（目标一旦可表象已不再是本真的）带来的仅仅是困难。在大多数的训练方法中，被要求的共同任务在于去空（entleeren）本己的精神、克服朝向虚无因而仅仅专注于实事本身。这样的任务是具体的，例如是在一没有表象，没有思想，仅与自己的呼吸完全同一中。这些说起来很容易，但仅仅只专注于呼吸而没有特定表象（表象常常在练习中袭来），这几乎是不可能。然而，不将表象附着其上以及不在表象中通过产生的联想链失去自身，这已经将训练带向前了。

当欧根·赫林格尔（Eugen Herrigel）说：“我学习在呼吸中如此不关注而失去我自己，以至于我偶尔有过这种感受，自己并未呼吸，而是——可以听起来如此奇怪的——被呼吸”时（欧根·赫林格尔：《禅宗与射箭的艺术》，第32页），人们看到，在他那里与呼吸达成完全的同一逐渐地生长（erwacht）。而当他反思他的活动（拉开弓箭）并通过对目的—手段之间技术关系的表象开始克制自己时，这一生长受到了阻碍。他反驳他的阿瓦大师（Meister Awa，阿瓦大师要求他具有一种忘我的、游于目的之外的孩子式的态度）说，他不再是孩子，即便他是孩子，有关发射箭并射中目标的表象并不能被抹杀掉（参见欧根·赫林格尔，第41页）。

然而，赫林格尔能够摆脱对表象的附着，尽管正是通过完全面向本己呼吸。由此，坐禅（ZaZen）的种类和方式（即禅定）非常有帮助。在禅定时，人们静静坐着，仅仅保留缓慢的腹式呼吸运动以及保持与呼吸完全的同一。当对着呼吸的确定表象未能出现（vorbeibesuchen）时，人们根本不需要有所关注，他会忘记自身（vorbeigehen）。但当某人恰好在练习中，偶尔看到似乎非常有趣的明察或者侵袭而来的景象时，他会抓住这些，就像在平日习惯中已很好的被自身理解的那样，并且他会展示出他的思想世界并享受之。当然与呼吸的同一也早就消逝，但不是对已形成表象的否定（Negieren）（这种否定正是形成表象的行为），而是表象所忽视的、往往重又开始的对本己任务的关注，仅仅由此把训练推向前。

在训练过程中，仅通过持续耐久的练习的自身展示，就非常有助于某一个别训练对反复练习的意义和作用的明察。大乘佛教的瑜伽学派对这种明察做出了非常重要的贡献，在此禅宗大师总是一再反复地指明禅的练习。

这里涉及到种子（Potenzialität）和习气（Habitualität）的概念。在每一瞬间人的所有行为，无论是训练实践、伦理中立的、或好或坏的行为，都会在同一行为的种子形式（在阿赖耶识 Alaya-vijnana 中被称为无意识）中留下它的踪迹，并且积淀的种子如此形成在无意识中的特定行为的习气。

在瑜伽学派，习气属于习惯概念，这就是变化的气从属于习惯。严格的准确的意识变化的认识论分析，或者更确切地说在瑜伽学派中，意识的变化在禅宗—佛教的训练实践中通过习气之气的概念的使用被完全整合起来。习气必然起作用的习惯激励了训练者，并且引发了非自我中心的，也就是平常所说的无己的行为。

无己的行为和与呼吸的完全合一是平行地（parellel）展开着的，也就是说，呼吸越专注，自身意识就越自由。这种平行关系通过在坐禅（ZaZen-Sitz）中对呼吸的专注练习变得更为清楚。对躯体运动的克制（这些克制大都被导向某个特定的目的）同时意味着对自我中心化的克制，而日常生活中大多数行为伴随有自我中心化。但这种在自我中心化和本己躯体运动之间的关系真的是绝对必要的吗？对此，胡塞尔的发生现象学说得非常令人坚信不疑。

（2）发生现象学的方法包括拆解（Abbau）的方法。通过对构造层的所有的系统整体中某一特定构造层的拆解，达到对我们隐密地产生效果的、部分地失去活力或被压抑住的动机层进行清晰地反思。这种新发现的层面（Schichte）被称为没有自我主动性参与的被动综合的构造层，它使诸如个别的感觉场在质性上联合起来。这种发现同时表明，主动意向性即关于某物的意识包含有自我主动性的那种“属于我的东西”（Meinen）。比如说，主动意向性的动觉（运动的感觉）的构造必然包含有自我主动性（这就是“我自身运动”中的“我”）和自我中心化（自我—极化）。所以，当某人对某物感兴趣并有所行动时，自我主动性已经在起作用了，这并不是什么奇事。因此，本己躯体运动的撤除意味着自我主动性和自我中心化的撤除。

在基督教的一则格言中，躯体运动和自我中心化的密切联合被从另一种视角描述出来：“……你施舍的时候，不要叫左手知道右手所做的……”（《马太福音》，6：3）如果人仔细地加以思考，谁真的能这样做？这几乎是不可能的。因此是这样，当某人为了做成某事而动手时，意愿（自我主动性的意向）必然地渗透入整个躯体意识。当某人自己挠痒痒时，他不会感到特别的痒，而当其他人挠他时，他会感到痒。因此说，挠自己痒的意愿早就为全身所知。如果人右手做的行为不让左手知道，那么作为整体的行为应当完全忘我地发生，没有自我中心化，没有自我主动性，但当然还可意识。所谓失去意识，当然既不是指某人喝的酩酊大醉，也不是指沉迷于音乐或忘我。

在交互主体性理论中，胡塞尔通过被动—联想的结对概念铺设了被动交互主体性的基础。如若仅仅在主动的交互主体性的层面上，这个问题出现了，即他是否给予他人的他者性（换句话说是我—你关系中你的本质）以一合适的理论框架（Rahmen）。在被动的身体间交互主体性的领域内，其他存在的他者性以素材预先构造的原偶然性（Urzufälligkeit）为基础，这种原偶然性与胡塞尔的超越论事实性（Faktizität）的基本明察密切相关。关于单子共同体的主动的交互主体性，理性目的论扮演了决定性的角色。

根据胡塞尔超越论现象学的立义，单子共同体的理性目的论意味着一种朝向所有人都必然参与的理性之普遍性的意愿。朝向理性意愿之共同体包含着意愿自由和个别人格的自由决定。当人们宣称一种作为严格科学的哲学之超越论现象学的普遍性，他必须检验，在其中他人的自由意愿是否居于正确的位置。在自由意愿的层面上，他人的他者性首先作为对我而言不可触及的，对他人的主动动觉（Kinästhese）不可感受的某物而显示。我可以促动我自己，但却不可以促动你。其次，他人的他者性显示为自由的决定，比如对于婚姻生活的爱的共同体来说。在整体的意愿—决定中，我—你关系中某一人格的整体化—同一化越来越被要求。

由此，胡塞尔确切地指明了决定性的一点，即在向其他人格的完全朝向中的这一人格没有在自身反思的形式中对自身进行一种回返关涉（Rückbezogenheit），也就是说，不再保持一种超越论的旁观者的本己立场，换句话说，不再保持一种对本己行为的无兴趣（interesse-freien）观察的第三者立场。任一创造性行为，都包含有对自我中心化的解放，像诸如绘画，像在赫林格尔所说的忘我的射箭中（他说：“是我射中目标，或者目标射中我？〔……〕所有这一切——弓、箭、目标和自我——缠绕在一起，我不再能分辨它们。甚至分辨的必要也消失了。”）。梅洛-庞蒂（Merleau-Ponty）引用一位画家 A. 马利坦（A. Maritain）的话说：“在树林里，我反复地感觉着这画面，而不是我注视着树林。在那么几天，我感到那些树木在注视着我，在对我说话。”（梅洛-庞蒂，《眼与心》，第 21 页）

（3）自我的概念——近代西方哲学中的中心的基础概念——对于佛教来说不是基本的核心概念，而是想象的、建构的概念。在对缘起（Dharma）之不自主产生的看的最高层面上，建构的概念的种类和方式完全被看透，

因而被扬弃。对缘起产生的看在行动中通过气的聚集的训练被实现。在这种范围内，自身意识的角色不是决定的，毋宁说变成作为想象的（或者更确切地说，使流动名词化、客体化）自我—意识，形成的无意识的习气不仅是被看到，而且是在训练中活跃或消解。

与胡塞尔超越论的现象学相符合，自我的超越论统觉首先被证实为一种形而上学的想象，取而代之的是通过绝对的时间化而建立起来的使单子论共同体化的单子论的立义。在此情况下，人们不会对这一点认识错误，即绝对的时间化是一条形式的原则。胡塞尔从开端起思考与时间内容不可分地结合的时间意识。感觉素材或者原素瞬间形成了时间意识的内涵。绝对的时间化不是在本我论的而是在单子论的背景下产生，在单子论背景下，原初的“所有单子的本能原联系”已经在入睡的（Schlafenden）单子的原始层面上发生。在此情况下，本我论通过发生现象学在单子论中被统一起来。

理论与实践之间的二元性在远东哲学中没有特殊的意义。只有通过实践，理论才产生。如此产生的理论虽然影响实践，但在整体的被变为的创造性的训练实践中，对关系之觉察的理论兴趣却丧失了兴趣自由的（interessefreien）旁观者的立场。通过实践本身，理论一再地被更新。

胡塞尔在他的生活世界的基本概念之下所理解的“逻辑谱系学”的东西，恰好表明这一点：逻辑实体并非超时间地掠过生活世界并偶尔地与逻辑的开端（Kopf）开始接触，而是在单子共同体中通过实践常常产生于生活世界，并且逻辑只能如此产生。在此，理论与实践的二分不再适用。胡塞尔在其晚期思想中，不仅摆脱了这种二分，而且正如欧根·芬克所关注到的那样，早就摆脱了传统的形式/内容、本质/事实、主体/客体，当然还有心灵/身体，或确切地说，精神/质料的二元论，然而这也不是芬克所遵循的在黑格尔思辨哲学的意义上，而是在静态的和发生的现象学的构造分析的意义上。

三、总结

（1）在胡塞尔的意识生活构造分析中，单子共同体化的发展在不同的生活世界中被显示出来，这个构造分析有一个朝向超越论现象学的理性目的论的清楚方向。在这种构造分析中，静态分析使用了本质直观的方法，与个别的精神—自然科学的研究相比，这种本质直观具有一种原则上开放的、整体的观点。发生的分析使被动的、前述谓的和前反思的构造得以可能，更确切地说，这种发生的分析澄清了前构造，即在生活世界的未被意识到的、身体感性的原交往（Urkommunikation）中已经起作用的前构造。对现象学分析所做的具有解释学取向的限制，就像海德格尔和德里达对现象学分析所做的限制，以糟糕的方式误解了被动综合的论题和发生现象学的方法。

（2）气—风，即气的运动种类和方式，这个伦理难题无法在身体—心灵二元论框架下得到探讨。在此，气的无意识地起效用的运动以及同样无意识地起作用的联想综合，得到了观察者（Beobachter）的考察。在实践中完全沉没了的气和对其他人格的完全的朝向冲破了（sprengen）这一框架。

（3）当然，心灵和身体的二元论领域，或者说，主体和客体的二元论领域，自有其位置价值（Stellenwert），这种价值始终是在逻辑层面和语言层面得到评估的。如果通过极富创造力的、并且也是最严格科学的构造分析来对逻辑中心主义和自我中心主义的特有的来源以及它们的隐蔽地起作用的朝向进行研究，逻各斯中心主义和自我中心主义就可以从这样的中心化中被解放出来，同时在胡塞尔的超越论现象学中找到其适当的位置价值。

耶格施密特修女与胡塞尔的谈话（1931—1938年）[①]

阿德尔君迪斯·耶格施密特修女

在胡塞尔生命的最后几年中，随着国家社会主义悲剧的最初迹象已经变得可见，在弗赖堡，甚至在我回君特施塔尔的圣利欧巴修道院（das Kloster St. Lioba in Günterstal）的有轨电车上，我在每一次会面后立刻以日记的形式把我们的谈话记录在散页的纸上。作为一个老练的史学工作者，我清醒地注意到这一事实：我是唯一的联系人和胡塞尔以出自其人格魅力和对人的信任而传达给我的内容的“传播者”（*traditor*）。我想把他的话保留给新的时代。

胡塞尔去世后5个月的1938年9月，他的遗孀马尔汶（Malwine）女士让比利时方济各会的神父H. L. 范·布雷达（鲁汶胡塞尔档案馆的创始人）来找我，因为他正为他的博士论文搜集有关胡塞尔个人的信息。考虑到当时世界政治的危险局势，范·布雷达神父坚决要求我在第二天晚上用打字机记下我的回忆。这些回忆是一份历史文件、一个小小的原始资料，没有文学的加工——而且也不指望它们成为别的什么。

1931年4月28日

访问到将近晚上，差不多两个小时。我试着很快地让胡塞尔在谈话中占据主导。有时我提出反对意见，由此迫使他澄清困难的问题。

“修士的生活，一般而言基督—宗教的生活始终游走在危险的边缘。它容易堕落，但总是再次挺立。它有一个目标：看到上帝那里的世界，它没

---

① 关于这个文本的形成背景，耶格施密特修女（Adelgundis Jaegerschmid, O. S. B.）在文章开篇有清楚交代。这个谈话录最开始分两部分在期刊发表，分别题为：《与胡塞尔的谈话（1931—1936年）》[Gespräche mit Edmund Husserl（1931—1936），in：*Stimmen und Zeit* 199 Band（1981），48－58] 和《胡塞尔的最后岁月（1936—1938年）》（Die letzten Jahre von Edmund Husserl [1936—1938]，in：*Stimmen und Zeit* 199 Band（1981），S. 129－138）。其后两文被一并收入文集（*Edith Stein. Wege zur inneren Stille*，hrsg. von Waltraud Herbstrith，Aschaffenburg：Kaffke-Verlag，1987，205－222，223－239）。本译文译自文集版本，并对照了最初发表的期刊版本。

有否定世界。当然，这是有危险的：人们可能由此变得太着迷于这个世界（weltselig）或者把爱的事工同样还有虔诚置于庸碌之中。”

他接着谈到**印度宗教**。他热情地向我推荐他刚读过的罗曼·罗兰论甘地的书。“与基督教相反，印度宗教有涅槃；它否定世界。每一个主动性都招致被动性，因此有停滞不前的危险。但每一个被动性——作为出发点：上帝那里的静止——再次要求主动性：爱的事工。”我说：“就像托马斯说的。”胡塞尔接着说：“对，世界上所有的伟大人物都这么说。每一个决定都已经是意志的主动性。通过主动性而获得的一切带来被动性，因此是危险的。因此这意味着一切获得物都须再一次地激活。”

我们谈论**宗教生活**以及修会生活的感召。我说：“要过宗教的生活，人们必须被感召。”胡塞尔说：“更好的是：人们必须被召唤。这是纯粹的恩典。我没有达至这个领域的通道，尽管我自从年轻时起就始终是上帝最热情的追寻者之一。真正的**科学**是真诚的、纯粹的；它具有真正谦虚的优点，但同时有批评和决定的能力。如今的世界不再了解真正的科学；它堕入了最狭隘的专门化。这在我们那个时代是不同的。讲学厅对我们来说是教堂，而教授就是传道士。”

我告诉他我们年轻时如何在大学中、在考试和生计之外追求真正的科学，并以纯粹的热情服务于它。当然，识得比考试更高追求的只有非常少的人。于是我得出结论：“我们也为科学燃烧过。但您对科学可以拯救我们世界并将我们的世界引向更高是怎么想的？因为它始终只对少数人存在。”

胡塞尔说：“真正的科学引出无私和善。如今甚至完全唯物主义的或自然主义的学者（自然科学家）都可以献身于他们的科学，甚至毫无信仰的数学家。因为科学是好的，即使它不引向宗教。另一方面，不可能声称最终导向宗教和上帝的科学就不是真正的科学。任何形式的教育（不只在学校里的）都必须推进真正科学的成果并实践地转化它们以更新世界。这是您必须做的，阿德尔君迪斯修女（Adelgundis）。灵魂的困苦是巨大的。最好的事情始终都是爱——对邻人真正的、实践的爱，它的基础在对上帝的爱那里。后者并不总在忏悔中被发现。宗教经常声誉扫地的原因是信教的人根本不是内心虔诚的。有多少次仅仅是假装，就有多少次例行公事和迷信！

真正的科学一定是普遍科学，它包括基于自主性的全部明见性，宗教也被包括在内。在这个领域中基督教也有其位置。从这样一种现象学已经领会的普遍科学出发，人们最终获得一个导向上帝、绝对者的目的论的

发展。”

对于我的问题：他是否真的相信绝对者（他之前否认过），他回答说：“那些是相对性，而我们必须有勇气正视相对性。它们也可以是明见性；例如，对原始民族的人来说逻辑学具有与对我们来说完全不同的明见性。最终我们可以限制自己并理解这一事态；我们可以设身处地地去想。这终究就是，我如何在意识中体验没有在我自己的身体中经验的另一个人的痛疼。作为科学的现象学就是为无法像您这样通达信仰的人存在的。许多在晚年才遇到宗教的人怎么办呢？他们不再发现与宗教的人格性关系。”

我对**礼拜仪式问题和现象学**感兴趣，因为毕竟礼拜仪式是恩典的力量（*opus operatum*），并且可以展现为像现象学还原这样的东西。胡塞尔不能回答这个问题；对他来说，宗教的效应只有通过个体和他们对神圣性的追复体验才可想象。他对阿维拉的特蕾莎（Theresia of Avila）比较熟悉，他在埃迪·施泰因由于特蕾莎的作品而转宗天主教时，对之做了一些研究。胡塞尔始终把托马斯和神秘主义者理解为宗教生命的主观表达，就他们是宗教的一种表达和反映而言。胡塞尔对于我的异议——正是在其客观性中（在圣礼中）礼拜仪式与现象学一致——回应说：

“最危险的错误在于相信主观错误最好是通过客观真理来克服。不，只有彻底的主观主义可以克服主观主义，只要我们完全严肃地对待它，而不对它视而不见。”

他接着谈到卡尔·巴特，并且给我看了一期《在时间之中》（*Zwischen den Zeiten*）杂志。我们也谈到**希尔德布兰德**（Dietrich von Hildebrand）和**埃迪·施泰因**，他们的生命成长特别地感动他：“即使人们在世界观上分道而行，人们还是可以继续喜欢彼此。就像埃迪［·施泰因］转宗后所表现的那样。相反，希尔德布兰德在他转宗后退隐了。非常奇怪的是，我的一些学生都进行了彻底的宗教抉择，他们或者变成了非常虔诚的新教徒，或者皈依了天主教。他们与我的关系并未因此而有任何改变；这个关系还是具有相互的信任。另外，我随时愿意为真理而彻底争辩。我始终准备好认清我的错误并背弃自己。”

在我要离开的时候，我们谈到《**新约**》和《**旧约**》。他指向他的书桌，上面有本《圣经》，然后说：“还有谁能理解《旧约》？如今我喜欢的是先知耶利米和以赛亚。在我年轻时的某一刻我就不再想理解《旧约》了。它在我看来如此的无意义，但情况并非如此，不是吗？”

1933年12月5日

胡塞尔说："殉难是**教会**的原则。在我看来，对于教会来说，它是无与伦比的，而这本身是需要教会再次反思的。但如今教会是否仍可得到民众的支持，以致它可以在一场新的文化斗争中引领他们？或者它是否不再敢进入这样一场斗争？教会是不是也许不应该选择两个恶中较大的恶并且不应该与德国缔结宗教协定？对于**科学**，殉难也会成为通向拯救的唯一可行道路。只有精神的英雄、彻底的人也许可以再次拯救科学。教会始终通过理性和信仰的综合来替代合理性。但相当多的人只是表面上虔诚；确实，他们曾内在地相信并且在他们的天主教信仰上坚定不移，但如今他们都沦丧了！同样地，科学不再是人们内在关注的事情；否则他们现在不会那么随便地把它抛弃！在科学中也会有殉难者。因为如今如果任何人想致力于纯粹科学，那他必须有勇气成为一个殉难者。

"您看，**教会和科学**拥有相同的目标：上帝。一些人在敬神和仁爱之路上达到祂，另一些人则在精神探求和一种道德生命之路上达到祂。但二者都被怀疑论和这种或那种形式的诡辩所威胁。教会由此变得过于政治化、世俗化；科学则堕入唯物主义以及无基础的理性主义。如今在每一个秩序的歪曲和欺罔中，结果是显而易见的。"

1934年2月23日

胡塞尔说："一个**基督徒的价值**总是在他可以成为一个殉难者时被决定。但你们（天主教徒）中的许多人把精神生命看作天堂中一场有赞美诗和熏香的首演的包厢座位的免费门票。因为神职人员严重缺乏教育，宗教改革作为急需改革的天主教会的最大幸事而获得如此轻易而迅速的成功。今天，神职人员确实已经大量地学习，在拉丁语和希腊语以及其他领域中受到很好的教育，但却在神学院里事务太多，而对个体中的神性之充满责任的人格性生活和体验太少。——一个问题：埃迪·施泰因一定充分认识到经院哲学明显被平衡过的精神约束。这从哪儿来的呢？在阿维拉的圣特雷莎那里真的一点痕迹都没有吗？"我说："这对局外人来说无疑是一个谜：每一个真正的经院哲学家差不多也都会是一个神秘主义者，而每一个真正的神秘主义者差不多都会是经院哲学家。"

胡塞尔说："奇怪，她（埃迪·施泰因——作者注）在其美妙的透明和活泼中极尽视野的清晰和广袤，但同时她拥有别的转向、内心的转向和她

的自我的视角。”我说：“是的，在上帝那里这是可能的，但只在祂那里可能。”胡塞尔说：“她（埃迪［·施泰因］——作者注）是完全真诚的；否则我会说这一定是被谋划的、矫揉做作的。但最后——在犹太人中存在着彻底主义和对殉难的爱。”胡塞尔这么说时提到作为加尔默罗会修女的埃迪·施泰因的生活及其心性（Mentalität）。

后来他问：“我也可以有时不去柏意龙（Beuron）吗？”我说：“当然。”胡塞尔说：“噢，我可能是太老了。我不能再转宗了。”我说：“但您不需要这么做，没人期待这样的事或者试图促使您转宗。毕竟，就像您曾告诉我的，您处在恩宠中。这是根本的东西，而且它完全够了。”事实上，他曾极为严肃地向我提出这个奇怪的问题（这对他确实是一个萦怀的事情）：“阿德尔君迪斯修女，我不也处于恩宠中吗？”

1934 年 5 月 3 日

胡塞尔造访圣利欧巴的修道院（在君特施塔尔）。这是他的一个恳求：与他妻子一起为了感谢我给他 75 岁生日所写的一封信来拜访。他带了花。他特别想多听一些关于施泰因在科隆的加尔默罗会隐修院的授职仪式（Einkleidung，1934 年 4 月底）。我朗读了一个参与者寄给我的报道。胡塞尔听得很专心投入。他不时打断我，提一些关于教会机构和习惯的问题。让他真正满意的是施泰因被尊重，既被教会、也被修道会尊重。在我看来他就像一个对女儿嫁入一个新家庭而忧虑的父亲。他不无父亲般的自豪地补充说：“我不认为教会拥有具有施泰因这种素质的新的修女——感谢上帝，她被允许在科隆的加尔默罗会隐修院继续她的工作。”

我注意到他很遗憾没有出席科隆加尔默罗隐修会的授职仪式。他真诚地说：“我本应该是新娘的父亲。阿德尔君迪斯修女，真遗憾至少连您都不在那里！”当我回应说我完全付不起火车票时，他立刻说：“我会很高兴给您钱的。”接着我不得不给他看圣特雷莎的照片，［这样他可以看到］修会的衣服。他拿走了一张小照片，以及我们本笃会修女在圣利欧巴的授职仪式和修道誓言（Profess）。接着他说：“我想非常仔细地研究这个。”

我们接着谈到了当下，尤其是我们时代的精神低谷。但他突然这样打断自己：“但不，我们怎么能在这里在修道院谈论这些事呢？这是另一个世界，它自己的世界，处在这个罪恶的时代之外。这里就像在天堂。”

然后我不得不为他打开图书馆的书橱。他尤其对教父产生了极大的兴趣，拿出一卷奥古斯丁的书。在参观圣餐礼拜堂和唱诗班时，他显然很高兴并且在内心被感动。我们走入花园。胡塞尔好像在沉思；他甚至丢下我们，过了一会才回来。他突然抓住我的手，急切地问道："您也为人们提供灵魂上的帮助吗？"我说："是的。"胡塞尔说："噢，太好了。阿德尔君迪斯修女，现在我知道了，在我灵魂受忧心和烦恼所困时我可以去哪里了。我会去圣利欧巴，您会安慰我。那时我会与一位教父一起在花园里一个安静的角落里的某个地方坐下来。实际上，我还根本不了解他们。"

1934 年 12 月 31 日

胡塞尔说："您的来访是结束这一年的好办法。"他谈到贝尼迪克塔修女（Benedikta，即埃迪·施泰因）的来信——她写到了邓·司各脱，并说："现在他是一个神秘主义者，比托马斯·阿奎那更有过之。现在，教会在成长，而且神职人员正从世俗化和政治化中向真正的内在性发展。至此为止教会避免了文化斗争，因为它为了确定有其信众首先想完成去世俗化过程。教会想要的，我也想要，那就是把人性（Menschheit）引向永恒（*Aeternitas*）。我的任务是尝试通过哲学来完成它。我至今为止所写的一切只是准备性工作；它们只是方法的创立。遗憾的是，在生命过程中人们根本不能抵达中心，抵达根本的东西。如此重要的是，哲学再次从自由主义和理性主义被引向根本的东西，引向真理。关于终极存在、关于真理的问题一定是每一真的哲学的对象。**这就是我一生的工作**。

"我会继续是一个离经叛道者。如果我年轻 40 岁，那么我可能让您领我去教堂。但您看，我现在这么老了，而且因为我一直做每件事都那么彻底，每一个教义我需要至少五年。您可以算算要达到目标我得多大年纪了。您仍然会保留对我的友谊吗？

"您可以看到在我的书桌和工作台上总是放着不同版本的《新约》。在许多年前我病得很严重时，贝尼迪克塔修女坐在我病床前，为我读《新约》。"

我说："是的，您也可以叫我来，如果您生病的话，即使是您最后一次生病。"胡塞尔说："哦，我完全可以想象在我死的时候您会在那里，并且在永恒开始时为我读《新约》。"

1935 年 4 月 8 日

为祝贺胡塞尔 **76 岁生日**而造访。他非常感动，泪水湿润了双眼，几乎说不出话来。这时许多朋友和学生已经不与他来往——第三帝国中反犹太

人态度的后果。他对我将在5月1日进行的修道誓约非常感兴趣且十分热衷，当我向他发出郑重的邀请时，他说："八天前您不会看到我这么高兴。因为，为了即将在维也纳和布拉格进行的演讲，我非常焦急不安到底能不能在这个节日场合出现，而在那里对我而言非常重要。不，我应该推迟演讲；无论如何我都要参加您的这个仪式。但现在一切都是好的。直到秋天我才会去那里。"他恳求我解释誓约仪式（Profeßritus）。随他所愿，我留给他一个副本，他想留着它仔细地研究。

1935年5月1日

胡塞尔和他的妻子准时来参加我在圣利欧巴永久**修道誓约**仪式。他们从优待席可以清楚地看到一切，而且后来我听说，他们也以最大的兴趣和最深的敬虔跟随着神圣的行为。在大约两个半小时的仪式结束后，我被叫到图书馆，他们——被感动而情绪激动，胡塞尔几乎落泪——向我致意并表示祝贺。他给了我一张他的大的签名照，而他的妻子给了我一朵极美的，盛开的马蹄莲。突然他摁住自己的心口，开始眩晕。我们给他喝了一杯葡萄酒，艰难地扶他起来。他带着温和的微笑，低声说："我是太高兴了。这太美了。"

1935年9月4日

胡塞尔说："在宗教中是情性的正直，在哲学中就是**智性的真诚**。我一生都在为这种真诚而战，实际上是搏斗。别人早就满意的地方，我一再重新追问并仔细检查背景中是否确实没有一丝不真诚。我所有的工作，即使是今天的，也只是一遍遍地检查和审视，因为我提出的一切毕竟都是相对的。人们必须有勇气承认并且说那些人们昨天还认为是真的，但今天看起来是错误的东西就是这样的错误。这里没有什么是绝对的。我在许多年前对我的学生方济各会教士P. 君说过这些。他非常聪明，在哲学上也紧跟我的步伐，不过只是到某个点上。但他没能发现转身宣布某些东西是错误的勇气。对他来说，即使在哲学中，也只有绝对之物才是有效的。在此我们分道而行。

人们如此不理解我让我感到深深的遗憾（这时胡塞尔变得非常严肃和坚决，几乎有些激动）。自从我的哲学发生巨大变化以来，自从我的内在转向之后没有人再与我同行。1901年出版的《逻辑研究》，只是一个起步者小小的开端——而如今人们只是根据《逻辑研究》来评价胡塞尔。但在它出版后的许多年我真的不知道该往哪里走。我自己都不清楚，但是若如今每个人仍还在这本书上停滞不前，那将是不幸的。它只是一条道路而已，尽管是一条必经之路。即便是施泰因也只陪伴我到1917年……人们甚至声称我后退到康德那里。人们如此地误解我！因为人们看到，我的**现象学**是唯一与经院哲学有联系的哲学；也因为在许多神学家研究我的《逻辑研究》时——但遗憾的是也没有研究后期作品——他们声称我起初转向宗教，而后又堕入无信仰！

无论如何，我曾相信——今天这不只是信仰，今天它是知识——就是我的现象学，只有它是**这样一门**哲学，这样一门**教会**可以使用的哲学，因为它结合了托马斯主义并扩展了托马斯哲学。为什么教会如此固守于托马斯主义？如果教会有活力一些，它一定也能在现象学上进一步发展。上帝之言始终都是一样的：它是永恒的。但哲学解释依赖于每个时代各自生活的人，因此它是相对的。请您想一下，托马斯的背后是无信仰的亚里士多德，他建立在亚里士多德之上。托马斯自己那么聪明又富有创造力，他独立推进了很多。但没什么比新托马斯主义更没有创造力了（胡塞尔几乎没说法国新托马斯主义什么好话）。它的背后只有托马斯，因此变得僵化了。天主教哲学有一天必须超越所有这些。我有一个任务、一项**使命**，这是上帝交托给我的。我必须实现它，我就是为之而生。我每天持续地进一步地、对新的东西进行研究，现在已经35年了。我几乎没有时间把我的手稿整理出版。除了芬克（Eugen Fink），过去四年来我没有能谈论我的想法的学生。当时我也完全不可能谈论我的想法。因此我很痛苦，但也无法避免。我70岁（现在76岁了）就没有学生圈或在大学授课的可能，我缺乏想推进我思想并出版它们的学派。先知是上帝之口。非常直接。他不是一位老师，他不工作。在真正的、通常意义上他没有任务。”

我回答说：“但先知也是一个人，上帝分配给他的指示充满他。他害怕地感到他人性的弱点（耶利米）并被净化（以赛亚）；因为在他之中不只感召和仁慈，自然也在起作用。他可以承担这个任务，或者自己拒绝它。您是一位先知，顾问先生（Herr Geheimrat），因为您对这个时代有话要说。您对人们有使命！”

胡塞尔说：“我的使命只是**科学**。我想用科学服务于基督教的忏悔。也许以后人们会认识到我后来不得不做些改动，而在这么做时我仍然对自身是真诚的。

“我的**学生**分成两类——公羊和绵羊。在忏悔或宗教信仰问题上，公羊

想把我看作与他们一样，但最终不是自由的、放松的、客观的、真实的、真诚的。绵羊——我与他们相处得相当好，无论他们是严格的天主教徒还是新教徒——在宗教方面给我拥有自由人格性的权力，因此把我看作如我所是的那样并且尊重我。因此我一直与他们相处得这么好这么久。阿德尔君迪斯修女，自 1916 年来的许多年间，我们的友谊从未产生裂痕，因为您从不试图在宗教上攻击我。"

在接下来的谈话过程中，他说到**洪堡**（Wilhelm von Humboldt）以及后期**歌德**："当时他们选择了这么精彩的方式来谈论事情，即深刻且聪明的、但又不是太深奥或科学化的。这是做哲学的好方法，但不是严格意义上的哲学。最终它是最佳意义上的表现主义。今天没有人再有任何精神的方式方法；一切都建立在感受、冲动和印象上，没有任何理性的基础。"我说："**帕斯卡**为处于感受和理性之间的东西留下了空间，他将之称为心的逻辑。"胡塞尔说："是的，不以冷酷的理性而以与性情（Gemüt）类似的冷静、清楚的方式思考和判断（不是一种感受）事物是非常好的。"

1935 年 12 月

我在胡塞尔家呆了一小时。他们热烈而愉快地谈论他们在布拉格演讲中感受到的好客和高度理解。然后我留下单独与大师在一起。在我打算离开时，他开始转向哲学工作并娓娓而谈，谈论他的哲学至少 45 分钟——整个的时间我们都站着。他最后简要地说："人的生命只是**通向上帝的道路**。我试图不用神学证明、方法或帮助达到这个目标，即**不用上帝**达到**上帝**。可以说，我必须把上帝从我的科学的此在中排除出去，为人们——与您通过教会拥有对信仰的信心不同——开辟通向上帝的道路。我知道我的前行对我可能是危险的，如果我自己不是一个与上帝紧密相连的人，不是基督的信徒。"1935/36 年冬季，胡塞尔病得很严重。他得了一种不是完全无害的胸膜炎。他恢复得相当慢。因为我整个冬天都在巡回演讲，所以直到他 77 岁生日那天，即 1936 年 4 月 8 日我才再次见到他。

1936 年 4 月 8 日

他看起来相当痛苦，尽管充满活力、容光焕发，他接受了我的祝贺，几乎带着年轻人的热情大声地说——实际上甚至在我说话之前，就像这热情已习惯于预先注入快乐一样："您必须和我们一起去拉帕洛（Rapallo）；我们八天后走；医生规定我去南方疗养。请求你们修道院的院长同意这次旅行。我需要一个护士和一个可以与之谈论我思想的学生。这完全会是一个美好的时光，我非常期待这几周。但您必须来。”1936 年 4 月 15 日，我和胡塞尔的女儿艾丽（Elly，即 Elisabeth——译者）一起经高特哈特（Gotthard）到了米兰。17 号晚上我们到达拉帕洛。

1936 年 4 月 20 日

雨天。关于**舍勒**和**海德格尔**的谈话。胡塞尔说：“我只是**现象学之父**。人们（新经院哲学家们）认为我被困住了。但对于新经院哲学家的源头——您不要告诉任何人——我只熟悉由施泰因翻译的《论真理》（*De veritate*）；但我又把它放在一旁了，因为我不会采用除了我自己的道路之外的其他道路。我花了很多年才看清，我是被引导的。我从未真正学习过哲学，而只学了数学和自然科学。面对绝对和启示时，我与经院哲学一样，鲜有止步不前。”

喝茶时他谈到他的工作，即，谈到他当时带在身边的工作。他把它称为“我一生工作的预备阶段”。他说，他毫无喘息地致力于此，从早到晚，更谈不上星期天或一个假期的空闲。我们一致认为这是错误的。

喝完茶和胡塞尔一起散步，他站不稳，由人搀扶着。他伤心地说：“我失去了我的祖国，我被遗弃了。真正的哲学与宗教的自身思义（Selbstbesinnung）一样。”

接着我们谈到**瓜尔蒂尼**（Romano Guardini），胡塞尔对他关于陀思妥耶夫斯基的书评价很高。瓜尔蒂尼是他所理解的基督教作家之一，他与他有一种内在联系。他带着极大的同情读了他的书《上帝》（*Der Herr*）。相反，他严厉地拒绝**特奥多·哈克**（Theodor Haecker）。晚餐后，讨论天才概念。胡塞尔也想接受破坏性精神是一种天才，不过他否认大多数圣徒是天才。这像是他心中的反抗，当那个下午他宣布他非常希望什么时候读一下写得很好的圣徒生平时我越发对此反抗感到惊奇。应他的要求，我给了他雨果·巴尔（Hugo Ball）的《拜占庭基督教》（*Byzantinisches Christentum*），它比许多圣徒传记写的好得多。

1936 年 4 月 21 日

当我和往常一样早上从教堂回来时，胡塞尔在花园里向我走来并说：“我坐在阳光下读《新约》。”他给我看了他儿子沃尔夫冈的那本《新约》，他（在“一战”中——译者）阵亡了。他微笑着补充说：“所以我得到两次

阳光。”

晚餐时，关于宗教法庭、修会、罗耀拉（Ignatius von Loyola）的对话。关于雨果·巴尔的书的讨论。胡塞尔的生命理想是斯多亚主义者的明智节制，他最严厉地拒绝过分的粗鲁和拜占庭式殉教者热切而无情的严峻主义。

1936 年 4 月 26 日

晚餐时，让我们大家都非常高兴的是，胡塞尔吃得很好，他变得相当活跃。买了一副黑眼镜很可能在精神和身体上转变了他的情绪。他大量谈及他的老师**弗兰茨·布伦塔诺**。尽管他确实作为一个神父结婚了，但在内心深处他仍然如此像天主教徒和神职人员，以致某天当胡塞尔声称对圣徒的膜拜是偶像崇拜后他真地冲向胡塞尔。在得到布伦塔诺的同意后，胡塞尔开了一门有关洛采上帝证明的讲座课。亚里士多德和托马斯是布伦塔诺除自己之外接受的仅有的两个哲学家。

胡塞尔反复坚称他高度评价**瓜尔蒂尼**。今天他声称在我给他的《镜子和譬喻》（*Spiegel und Gleichnis*）一书中，瓜尔蒂尼严格跟随着黑德维希·康拉德-马悌尤斯（Hedwig Conrad-Martius）。他再次因为没有创造性而拒绝**特奥多·哈克**，无论如何，他对哈克没有对瓜尔蒂尼感兴趣。

晚上我们更久地谈论象征主义以及圣经历史的和发生的诠注。胡塞尔接着谈了不少（直到 11 点）此世的静态末世论的一些方面，他称之为：“有限性，与上帝（无限性）分离，努力回到无限性。恩典是上帝的自由。”胡塞尔为人只有通过不断奋斗才能接近他的上帝、才能接近无限的观点做论证。没有恩典，这实际上也发生了。因此，人需要上帝，而上帝也需要这个世界和人。我对此持有异议。没有结果或达成一致，我们那天很晚才道别——有些沮丧和忧心，因为我们没能达成一致。[1]

1936 年夏

在从拉帕洛（Rapallo）回来之后，胡塞尔夫妇整个夏天直到深秋一直呆在新城的卡佩尔（Kappel bei Neustadt，黑森林地区）。那里的气氛对胡塞尔满是融洽和极大的友善。因其敏感性，胡塞尔对当时显现出来的所有对犹太人的敌视反应相当强烈。这个夏天他非常紧张地开始写作一部新的著

---

① 谈话录的第一部分“与胡塞尔的谈话（1931—1936 年）”至此结束。——译者

作[1]，作为该书的导论最近刚完成并在贝尔格莱德出版[2]。（因为德国出版社不允许接受胡塞尔的著作。）他的状况反复不定。高高坐落的村庄的与世隔绝、黑森林广阔的景色——这里特别具有高原的特征以及广阔的视野——在焚风的日子可以看到山脉闪着银光，所有这些对他那变得非常敏感的灵魂是很好的。我猜想他年轻时看到的摩拉维亚[3]景色又浮现在他面前。他反复强调他与施蒂弗特（Adalbert Stifter）[4]和里尔克（Rainer Maria Rilke）[5]的同乡渊源关系。清新而强烈的山间空气（卡佩尔位于海拔900～1000米高度）刺激了他的创作。有时，他似乎确实为可能不再能完成他的著作而焦虑。于是他会在他的房间里关着窗狂热地、不间断地工作，不肯出来散步。胡塞尔太太邀请我去住几天，以让他能有短暂的放松；他确实因为我的出现分了点心，并且被迫和我一起出去走走，于此期间他打破深深的沉默开始说话。不过，在我们一起吃饭时，他大多数时候心不在焉，比平常安静得多；一方面，他似乎被沉重的思想和担忧压迫着，另一方面，却又被内心的构图强烈打动着。

我可以回想起两次长时间的、单独的散步。他大量谈论他深爱的德国以及像可厌的肮脏洪水一样倾泻在德国犹太人身上的不应得的仇恨。这使胡塞尔极为痛苦，因为他是深入骨子里的德国人。这对他是完全不可理解的。我们一起在卡佩尔墓地时，他说他自己已经选定了这里的一个墓穴作为他最后的安息之处。他希望能平静地长眠于此直到复活。在散步时胡塞尔说：

“最近从美国寄来一本杂志，里面一个耶稣会会士——所以是你们中的一员，阿德尔君迪斯修女——把我写成一个基督教哲学家。我对这种过分热心的、轻率的作为感到震惊，我对此一无所知。怎么会有人做这样的事而不问问我呢！我不是一个基督教哲学家。请确保我死后不被假称为一个基督教哲学家。我常跟您说我的哲学、现象学只想成为一条道路、一种方

---

① 应是指《欧洲科学的危机与超越论的现象学》。——译者

② 这是指胡塞尔在贝尔格莱德出版的《哲学》（*Philosophia*）杂志第一卷上发表的《欧洲科学的危机与超越论的现象学》的第一、第二部分。——译者

③ 胡塞尔出生于当时属于奥匈帝国的普罗斯捷约夫镇，这里属于摩拉维亚地区。——译者

④ 施蒂弗特（Adalbert Stifter，1805—1868年），奥地利作家、抒情诗人、画家和教育家，他出生在波西米亚森林地区。——译者

⑤ 里尔克（Rainer Maria Rilke，1875—1926年），著名德语诗人，出生于布拉格，当时属于奥匈帝国的波西米亚地区。——译者

法，就是为了向离开基督教以及基督教会的那些人展示重回上帝的道路。”

1937 年 3 月 23 日

胡塞尔说：“基督教作为科学为奠基（Begründung）做了什么？它在自身内部具有明见性——当然，不是何时何地都有绝对的明见性。但我们也必须承认相对的明见性。否则我们就消解了生命，损害了基督教徒的生命——它终究在自身内具有对其可信性的明见性。当然，我们也可以通过科学接近基督教，而这就是经院哲学、教会法以及教会管理所做的事情——但相较于所有这些，活生生的生命更重要，而且那里相对明见性也乐于被接受。在宗教生命中有比祷告更确定、更真实的明见性吗？当然不是胡言乱语！不过祷告却不涉及终极、绝对的明见性。科学也同样如此。过去三百年来它的所有错误的根源正是在于——甚至经院哲学也无法摆脱这点——在全然的怀疑主义面前，它失去了本身为真的东西的基础。

1937 年 4 月 8 日

这时候，胡塞尔变得非常孤独。因为国家社会主义已经导致他的朋友圈变得越来越小，而且也使得官方科学机构与他保持距离。当我去祝贺他 78 岁生日时，他很孤单。我们进行了愉快的谈话：

“当基督教，即，教会接受了希腊哲学（亚里士多德）时，它就把自己交给了一个永远无法解决的灾难性的矛盾。因为永恒和启示哲学（*philosophia perennis et relevanta*）与自律哲学最终背道而驰。当亲爱的上帝创造世界时，他也创造了哲学（胡塞尔说话时带着温和而幽默的微笑），它当然不是恶的，而是善的。当人们以一种虔敬的方式去研究和思考——每一个哲学家都是虔诚的，并且不会不加考虑地接受被启示的真理，而是把此真理作为探究的对象时，或者，还有当人们为了在目的论上为真理奠基而面临‘完全怀疑主义的地狱’时，经院哲学家并不想一同前行，而且只有新经院哲学家感到他们必须在根本上超越托马斯（确实，托马斯是非常伟大的，是一个非凡的现象）。

“但新经院哲学家害怕去把所有的启示、教义甚至上帝置于一旁——即使只是在思想中（假设地）。我想通过一种普遍有效的认识方法把所有的哲学和宗教都只是汇聚在我的现象学还原中。本体主义（Ontologismus）是一种非常危险的错误学说。当我走到这步时新经院哲学家又来赞成我。但后来他们不能理解这只是我的道路上的一站。人们抽象出绝对的存在并排除意识——只是在意识中，存在才是活生生的，并且保持为活生生的。甚至物质也是某种精神性的东西，只不过它在精神秩序中处于最低层。”

这个夏天，胡塞尔因为“种族理由”被迫离开他们钟爱的位于洛雷托（Loretto）大街 40 号三楼的寓所。他们在这里幸福地度过了许多年，在这里，大师的大而壮观的工作室始终就像一个圣所展现给我们，也恰恰只有这里算得上一个圣所。他们住在这里整整二十年。之前他们住在拜仁大街（Bayernstraße）。两座建筑彼此背靠着背。我 1916 年在那里第一次见到胡塞尔。这件事是这样的：一天我收到一张胡塞尔寄的手写明信片，［大意是:］我可以去他的寓所拜访他，去拿走他的一个女学生在遗嘱中留给我的一些哲学书。胡塞尔亲自为我这个一年级的学生，从他死去的学生的大量藏书中挑选了这些书：文德尔班的哲学导论、包尔生（Paulsen）的概论和一个纲要简编（雷克拉姆出版社的）。

1937 年夏天住所的改变并不太坏，而我常常有机会惊叹上帝的智举，它赐予大师在人世的最后一站住在极美的在半山腰的屋子，它位于休内克（Schöneck）大街 6 号法斯特（Faist）宅。这房子看起来几乎像一个圆形大厅，无论如何，人们在这里可以看到各方向最美的风光和景色。从街上走来，会经过一座小桥到一块平地然后进入寓所，它包括几个非常大的房间。一个宽敞、连续的阳台沿着房子的全部三个面延伸，使房间彼此连接。从这里可以享受整个城市直到凯撒施图尔（Kaiserstuhl）和佛日山脉（Vogesen）的难以形容的风光，甚至可以在丛山间看到一点点莱茵河水道。

当胡塞尔太太负责搬家时，她的丈夫去了欣特察尔滕的布赖特瑙（Breitnau bei Hinterzarten，黑森林地区）大约两周。他非常喜欢这个 1000 米高的地方，因为它的与世隔绝和特点。十字架旅店的老板娘多年来都很喜欢胡塞尔夫妇，她甚至在 1937 年再次毫无顾忌地接待了他。不过，这必须秘密地进行，所以胡塞尔在隔壁房间独自用餐。我在一个阳光明媚的夏日拜访了他。他平静而愉悦地把我从公共汽车上接下来，我们一起待了一天直到晚上。我们大部分时间都在户外。满目繁花似锦的草地和硕果累累的田野使他充满惆怅的快乐。时代和德国正在发生的一切给了他很大的压力。他越发地紧紧抓住他还拥有的几个老朋友的忠诚和爱。可以理解，他对陌生人非常胆怯。大约中午，我们参观了布赖特瑙的教堂，它位于被白色矮墙环绕的墓地中间。我们在一排排墓穴间来回地走，经常停下来。胡塞尔心事重重地看着远方，他的灵魂因为悲哀而阴郁。

尽管很痛苦，他还是冷静地告诉我他被邀请去法国在笛卡尔会议上担

任主席，但文化部长鲁斯特（Rust）否决了他的旅行许可，理由是胡塞尔不能在国外代表德国哲学。正因此鲁斯特提议由来自海德堡的科里克（Krieck）教授承担这个任务。顺便说一下，科里克刚为新的布罗克豪斯（Brockhaus）[①] 写了一篇可耻的、甚至蹩脚的关于胡塞尔的文章，我们都觉得它是极其伤人的，如果不是卑鄙的话。尽管我们努力对胡塞尔隐瞒它，但他最后还是在某一天从其他渠道得知了这个事情。这个他倾注全部精力而为之工作的德国，现在却怎样地对待他啊，这深深地伤害了他。即使笛卡尔会议的主席位子因为法国当然地拒绝了科里克教授而空缺这一情况也不能排解他的沮丧情绪。"您看，阿德尔君迪斯修女，甚至我的骨灰也不配安息在德国的土地上。"他看了一眼墓穴，（第一次也是唯一的一次）并非完全没有痛苦地说："甚至在这里我也不被允许找到安宁。您看看德国已经走得多远了！也许即使在这里这个村子的墓地里狂热者也会亵渎我的坟墓，如果他们找到它的话。"

下午胡塞尔非常疲惫，我们在他住的小农社的花园里用餐。那一天我没能让他愉快起来。我们谈到他的同乡施蒂弗特，他深深地喜爱他，而且他与他一样具有高贵而庄重的尊严。在他生命的最后一年，他再次愉快地阅读了施蒂弗特，并常常谈论他所读到的。顺便提一下，《魏提寇》（*Witiko*）[②] 是胡塞尔读的最后一本书。

胡塞尔并未能长久地享受他新居里良好的工作条件。1937 年 8 月 10 日，胡塞尔夫妇非常平静地庆祝了他们结婚 50 周年。他们明确地不希望别人知悉，甚至是他们亲近的朋友。当日清晨当胡塞尔在浴室穿衣服时，他滑倒了并且似乎受了内伤。医生认为这一跤埋下了他致命疾病的种子。他得了渗出性胸膜炎，这始终消耗着他。它变成了一个极其漫长的、痛苦的、折磨人的疾病，持续了 8 个月。

奥托（Otto）医生——给他进行治疗的老家庭医生说在他多年的行医中从没遇到过类似的病例。在医学上说，病人不可能存活到 1938 年 4 月。他摄入的营养越来越少。发烧动摇了并且不停地消耗他身体的力量和根基。两次严重的渗出造成了必须穿刺。因为应胡塞尔的愿望和请求我有时也负责护理他，所以我也协助穿刺：这个病人沉默地忍受痛苦让人不安。在其

---

① 指《布罗克豪斯百科全书》（*Brockhaus Enzyklopädie*），它是由布罗克豪斯出版社出版的以标准德语来编写的百科全书。——译者

② 《魏提寇》（*Witiko*）是施蒂弗特创作的历史小说，1867 年出版。——译者

他情况下胡塞尔也很少抱怨，他对一切感到满意，除了他几乎不去吃东西，任何的劝说都会让他激动。他的身体在缩小，但他的精神却未受妨碍，仍过着其严格的本己生活。有时这给人们留下印象，似乎只有精神还在那里。他的生命对医生来说确实是个谜。无论如何，它与他们的医学经验背道而驰。这个精神不停地活跃着并提供它的财富。

1937年9月16日

当我来拜访时，胡塞尔已经起床了。有时在他感觉好的时候，他常会在晚上起床。[①] 我们在他的书房一起用餐。他握住我的手并且一直在谈话时抓着它。外面，早秋难得美丽的一天即将结束。非常宁静。太阳慢慢地落在佛日山脉背后。大教堂的轮廓在傍晚的金色余晖中在他所钟爱的城市的数百年的叠嶂的灰色屋顶上壮丽而庄严地耸立。他的眼中闪耀着傍晚的光辉。他的目光完全地全神贯注于在地平线上柔和地发光的山脉和他脚下的城市的图景。然后他打破了我们之间长时间存在的沉寂。他继续凝视着大教堂，轻柔而恳切地说："我不知道死是这么困难的。我无疑已经用尽一生让自己摆脱一切自负（Eitelkeit），现在，在走过我自己的路之后，我完完全全地认识到这个使命的责任，并且在最近在维也纳和布拉格的演讲中以及接着在最近写作《欧洲科学的危机和超越论的现象学》（贝尔格莱德，1936年）中，我首次从我自己走出来，完全自发地，并且有了一个小小的开端，现在我必须停下来，留下我未完成的使命。就是现在，在我结束的时候，我知道我刚从头开始，因为结束意味着从头开始。

"我曾想象，当我完成我的使命、我为世界的使命（Weltaufgabe）时，以及为了让人们摆脱他们的自负和他们的自我而通过现象学向他们展示他们责任的全新存在样式时，于我来说那是多么美好啊。哦，上帝，从我年轻时开始我确实就在与自负做斗争，现在我几乎完全摆脱它们了，包括职业的自负——年轻人没有它就不能工作：我的学生的尊敬和钦佩。是的，现在，在死前几分钟，我差不多完全献身于《新约》，并且只读这一本书。那该是多么美好的迟暮之年啊！现在在完成我的义务使命之后，我最终有这样的感受：现在我可以做那些借之我可认识我自己的事了。没有人可以不读《圣经》而认识自己。

---

① 此句在收入荷尔斯特赫特（Waltraud Herbstrith）所编文集的本文中缺失，兹据期刊（*Stimmen und Zeit*）中发表的文本补充。——译者

“我亲爱的孩子，您的使命，我认为首要是——哦，希望您保持它！——用爱去争取年轻人的灵魂来爱并保护他们免遭教会的巨大危险：无结果的自负和僵硬的形式主义。请您答应我，不要只因为别人说过什么就说什么。教会伟大而神圣的祷告始终处在变得空洞的危险中，因为人们不再使它们充满人格性生命。教会将拒绝我的工作——也许不是教会的年轻人，您的朋友——因为它在我这里看到经院哲学的最大敌人，至少是新经院哲学的最大敌人。”他带着宁静而嘲讽的微笑补充说：“是的，托马斯，我崇拜他——但他也不是一个新经院哲学家。”

冬天的几个月里他明显消瘦了。三月份情况变得如此严重，我常常整夜在他床边照看他。他睡得很多，躺在那里处于半沉睡状态，虽然不能说他完全失去了意识。他经常看起来沉浸在与自己的对话中或者好像他在与一个不可见的对话者谈话。通常，当我在傍晚到达时，他半沉睡地躺着，我无声地、相当安静地坐在他的床边直到他醒来。每一次他的眉目间都表示出非常高兴，它日益变得安乐幸福、超凡脱俗。他的嘴唇总是形成谢谢、友谊这些词的口型。现在他也渴望在表面上表达这些，而在健康的时候他非常少，只在某些极特别的情况下才这么做。

我可以回想起在这些天，因为他有时跟我谈到他年轻时，所以他会说出哈勒的弗兰科（Frankesch）孤儿院的格言。他这么做可能是与他科学生涯早期的困难年代有关联，因为这个他经常避而不谈的格言对他而言意义重大：“就是少年人也要疲乏困倦，强壮的也必全然跌倒。但那等候耶和华的必重新得力。他们必如鹰展翅上腾；他们奔跑却不困倦，行走却不疲乏。”（《以赛亚书》40：30－31）

1938 年 3 月 16—17 日

在我值夜期间，我们进行了以下谈话，我当晚直接写了下来。在我看来他似乎服从在另一世界有效的法则。没有任何的导引和对照，他突然开始说：“自我始终处于每一个开端之前，它存在着并且思考和寻求过去、现在和未来中的关系，但这恰恰是困难的问题。开端之前是什么？”

这些最后的对话不再是感到自己被召唤去完成世界使命的现象学家的对话，而是很快要走到上帝面前的、受爱戴的、将要离开人世的老师和朋友的对话。我多么希望他的灵魂能懂得摆脱一切烦恼，不受一切纯粹外在偶然事件的困扰。因此我回应他的话说：“开端之前是上帝——如约翰所说：‘太初有道，道与神同在，道就是神。’”胡塞尔说：“是的，这正是我们只能逐渐去解决的问题。”

过了片刻，他思忖着说：“对哲学研究来说前苏格拉底哲学家是极为重要的。您设法要让人们去读一读。亚里士多德说：开端是存在者，知识与意见的分离是存在者创造性的发现。——哲学就是获得关于存在者知识的强烈意愿。我的书里所写的东西是很难的。一切哲学都是关于开端的哲学，关于生与死的哲学。我们一次次地从头开始，越来越多地从头开始。我的哲学始终尽力从主观之物走向存在者。”大约一小时后，他好像深深地沉思着并说：“当我们思考这些时，自我始终是我们设定的东西，不是一个物，一棵树或一间屋子。”

接着他又睡着了。当我思考他的话时，我想到这些：在我们最近的一次谈话中我们谈到了他的哲学讲座。我提出一个在我做学生时就常常触动我的问题：“为什么您从不和我们谈论上帝？您知道，当时我失去了祂并在哲学中寻求祂。我在一次次讲座中等待着通过您的哲学找到祂。”对此他回答说：“可怜的孩子，我多么让您失望，我自己承担了那么多的责任以致不能给你们所寻求的东西。我从不在我的讲座中展现未完成的东西，我只对触动我的东西进行哲学思考。现在我最终完全足以举行讲座，真正地给予年轻人一些东西，但是现在太晚了。”

1938 年 4 月 14 日，濯足节①

过去两周，必须请护士不停地值班。柯雷瑞·伊密施（Kläre Immisch），一位红十字会护士向我报告了如下的谈话，这次谈话是为了给胡塞尔在美国的女儿艾丽·罗森贝格（Elly Rosenberg）回信而进行的。在下午两点半时，他说：“爸爸已经开始他第一百个工作学期（这事实上与胡塞尔的学术教学生涯大致相符），并且有了新的进展。富有成效的新的工作时期开始了，在根本上可以期待在今后两年会有新的认识。当然，富有成效的工作接着会逐渐终止。每一个在连续的精神性上与我一起生活的人都会知道，在最后这些年在我这里没有出现无意义的东西。它将是并且已经是：生与死，我的哲学的最后志向。我作为一个哲学家而生活，也想努力作为一个哲学家死去。我曾被允许做了什么并且还会被允许做些什么都在上帝手中。”

所有这些都是在他醒后就像独白那样而说的，他似乎想继续他在睡着

① 宗教节日，是复活节前的星期四。——译者

时看到的和思考的东西，说出声来可以让一圈听众听见。这些句子有明显的逻辑，即便完全不同于胡塞尔如此熟练并透彻使用的那种逻辑。他接着沉默了一阵，他的灵魂似乎从另一边再次回到他的身体。当他注意到护士在他床边时，他问她关于他的死——他很可能感到它的临近："人们也会舒适地死去吗?"护士说："是的，在安宁中。"胡塞尔说："那如何可能呢?"护士说："在上帝之中。"胡塞尔说："您不要认为我是怕痛苦，不过这痛苦把我与上帝分开了。"

他一定会为这些折磨人的想法而非常痛苦：他不能完成他的使命，自己承担着即将出现的新的哲学著作，却只能把它看作一个想法而现在不再有力量使它成形。直到此刻，他的生命、他的遭遇以及他自己对死的准备都带着富有尊严的古典生活方式的印记。实际上，人们完全可以说他像苏格拉底一样无畏而孤独地迎向死亡，只不过他的祖国发生的一切压垮了他。但现在他的生命进程极为缓慢地，起初还犹犹豫豫地，但接着就越来越确定而清楚地转入了基督教思维和信仰的领域。这位护士以非凡的机敏在这个伟大的灵魂中摸索前进，凭记忆以路德翻译的《诗篇》第 23 篇来引导他："上帝是我的牧者。"当柯雷瑞护士说到"我虽然行过死荫的幽谷，也不怕遭害，因为你与我同在"时，胡塞尔说："是的，这就是我的意思，这就是我的意思。祂应该与我同在，但我感受不到祂。"之后护士为他吟诵了一首歌："那么牵着我的手，引领我……你引领我到终点，甚至穿过黑夜。"胡塞尔说："是的，就是这样。我还能要什么、感觉什么呢？您现在一定要为我祈祷。"

在濯足节晚上九点，他对他的妻子说："上帝已经接受我蒙恩了。祂允许我去死了。"以特有的方式，他对那个他五十年的忠诚伴侣，出于真正的、夫妻间的爱而说出这些话。在一次长时间的、愉快的对话中，她曾在散步时，挽着我的手在病房前长长的露台上向我吐露："在我们的婚姻中，我只想成为他的踏脚石。"这是这位聪明、热情的女子对她在这位伟大男人身边一生任务的总结。

从濯足节那晚起，胡塞尔没有对他的哲学工作再说过一句话，之前几个月这一直占据他的思想。只有在他快死去时，他的整个生命多么受制于一个更高者的使命才被显露出来。现在他终于感到从他的使命中解脱并释放出来。

在此之后他最后度过的短暂时间里，他仅仅朝向上帝和天堂。现在总是显露出来了，他一直多么地被恩宠，他的灵魂实际上多么内在地与基督紧密连在一起，即使他在一生中隐藏和遮蔽了宗教的东西。

1938 年 4 月 15 日，耶稣受难日

最后的对话，告别。早晨他醒来时他的妻子跟他说：“今天是耶稣受难日。”胡塞尔说：“多重大的日子啊，耶稣受难日！是的，基督宽恕了我们所有人。”一整天他大部分时间以那种奇怪的半沉睡状态地睡着，这是将死的人独有的，因为灵魂在两个世界间来回徘徊。

我大约傍晚时到达。当我和胡塞尔太太一起站在他床边时，他抬起了手。认识的微笑掠过他的眉目。每一个动作显然都引起他的痛苦。但他仍然抓住我的手，以他特有的彬彬有礼亲吻它，并把它握在他的手里。

当我们独处时，他艰难地呼吸着要求直起坐起来，然后一直由我的手臂支撑着坐着。一片沉寂，直到他抱怨似地温和地说：“我们已经真挚地请求上帝能允许我们去死。现在祂已经允许了。但我们仍然活着，这太令人失望了。”我试图让他充满一个基督徒的强烈希望，我说：“就像十字架上的基督一样，您今天也必须受难直到最后。”于是他深信不疑且极为严肃地说——听起来像是“阿门”——“是的。”因为他内心充满焦虑不安却说不出来，所以我对他说：“上帝很好，上帝真的非常好。”胡塞尔说：“上帝很好，是的；上帝很好，但如此不可理解。现在这对我们是巨大的考验。”

之后他似乎在寻找什么。在他继续说话前，他的手在动，而他脸上的表情非常专注，仿佛他在不断地无声祷告。最后，他用手相互寻找的动作来解释说：“有两个动作不断地寻找彼此，找到彼此后再次寻找。”我试图将他的话提升到超自然世界中，并给它们一个基督教意义：“是的，天国和尘世在耶稣那里相遇。上帝在基督那里更接近人。”胡塞尔（欢快地）说：“是的，是这样。他是类比，在……。”他在寻找词汇，但他没能发现它们，这显然使他苦恼，所以我再次尝试结束由他开始的思路：“是的，耶稣是上帝和我们人之间的类比。这就是受难日：同时赎罪和复活。”胡塞尔（似乎放松并解脱了，带着深深的确信和完全超凡的对内在理解的注目，这深深地触动了我）说：“是的，是这样。”

过了一会——他早就又靠着枕头躺了一会了——他再次移动他的手，在空中画线，他也做出防御的动作，好像他看到了什么让他害怕的东西。我问他看到了什么，他似乎在梦一般的深度沉思中用我完全不熟悉的似乎来自那一边的声音说：“光和黑暗，是的，非常黑暗，接着是光……”

他的妻子后来告诉我，这是胡塞尔的最后一次谈话。此后他只是静静

地躺着，睡得很多。在最后的日子里，一天下午，他在睡觉醒来时容光焕发地注视着，双眼炯炯发光，他说："噢，我看到如此美妙的东西，快写！"在护士拿起本子之前，他已经因虚弱而倒向一边了。他把他看到的秘密一起带入了永恒，在那里他这位不知疲倦的真理追求者，很快会走近永恒真理。

他逝世于 1938 年 4 月 26 日。

第二部分

舍勒现象学

舍勒与康德，殊途同归：道德的善

曼弗雷德·S. 弗林斯[1]

以下是对康德的《实践理性批判》（1788，下简为《批判》——译者）和马克斯·舍勒的《伦理学中的形式主义与质料的价值伦理学》（1913/16，下文简称《形式主义》）二者之间一些基本差异的阐述，但在一篇文章的框架之内不可能详细阐述现象学分析和18世纪的理性思考。实际上，如果有人要对这两部伦理学巨著进行详细比较的话，那将需要一卷的篇幅来公正地评判每一本书，并在整体上得出没有偏见的并且至少是近乎客观的结果。

在两位哲学家之间的比较总有某些不足之处。基本上，在这种比较中存在着四个人：被比较的两位哲学家、比较的作者和读者。这种情况往往使看上去已经很难的主题更加混乱，有时留给读者的是对这一个或另一个哲学家的“选择”。

我并不认为比较与哲学有很大的关系，尽管它们对理解某一思想家、对一个哲学“学派”或对于理解对相关哲学家做出比较的那个时代有所贡献。我也不认为哲学领域中的学派、特殊利益群体与哲学有很大关系，除

---

① 曼弗雷德·S. 弗林斯（Manfred S. Frings）于1925年2月出生于德国科隆。“二战”后，在科隆大学学习哲学、英语和法语。1953年获得博士学位。1958年移民美国，其后在多所大学任教。从1966年到1992年荣休，一直在芝加哥德保罗大学（De Paul University）任教。2008年12月15日，不幸因病逝世于美国。

弗林斯曾是海德格尔亲自选定的作为其全集最初编者的六名学者之一，编辑了海德格尔1942—1944年论巴门尼德和赫拉克利特的讲座稿（作为《海德格尔全集》第54、55卷出版）。自1970年起，弗林斯成为舍勒全集的主编，在其努力下，《舍勒全集》15卷于1997年全部出齐。1993年，弗林斯参与创办“国际舍勒协会”，并一直任主席和荣誉主席（1999年后任荣誉主席），他还创办了“北美舍勒协会”。弗林斯除了编辑出版了《舍勒全集》以外，还将舍勒多部重要著作译为英语，大大促进了舍勒思想的传播。在舍勒思想研究方面，他出版了五部专著以及百余篇文章，大量作品被译成中文、法文、日文和德文等，是世界舍勒思想研究的一流专家，也是深受舍勒学者爱戴的领袖。

特别值得一提的是，至今弗林斯已经有两部舍勒研究专著和多篇文章被译成中文发表，对中国舍勒思想的传播和研究起了极大的推动作用。同时弗林斯本人还给包括笔者在内的多位中国舍勒研究者提供了无私的帮助，谨此我们深深怀念这位“全世界舍勒研究的父亲”M. S. 弗林斯。——译者

非所涉及的基本思考被指向或来自存在意义问题。

康德的形式主义伦理学和马克斯·舍勒的质料的伦理学之间的“比较”会引起另外的困难。康德与胡塞尔、舍勒、海德格尔所导向的传统现象学相距一个多世纪。让康德面对现代现象学的裁判是不公平的，尽管康德以其资格很可能经受得住考验。同样地，反之也是不公平的，即因为其缺乏律令而指责舍勒的伦理学。

因此，我打算以一种不同的方式处理康德和舍勒的伦理学：我不想以论证的标尺来衡量二者，而是想集中在一个不仅对他们二人是共同的，而且在任何伦理学中都是共同的关键点上，无论这一点是否已经被清楚表明：人的本质。因为必须坚持的是无论我们如何说明“善”与“恶”的存在，它们的载体正是**人格**。

但是，当我们考虑到自苏格拉底以来的道德意识的历史时，这一点也必须在一个有限的意义上被理解。因为有两种类型的伦理学在这一历史中产生并对人格的道德评价有直接的影响。（1）他律伦理学声称，道德的善被锚定（anchored）在人之外的某物上，并且人（在人类［der Mensch］这个意义上，且与性别无关）被置于依赖于这种外在权威的位置上。佐证之一是“神学”伦理学，在这种伦理学里道德的善不能与创造万物的上帝相分离；另一个例子就在马克思主义的和法西斯主义的社会主义之中。因为道德上善的行为是那些被限定于一个“阶级”并且仅仅“为了”那个阶级的行为，在无数情况下——甚至包括为了阶级利益的不道德行为——这些行为常常被这个阶级的理论家和领袖们证明是正当的。（2）相反，自律的伦理学声称，正是个人自身而不是个人以外的权威建立了道德的善。必须强调的是，无论康德和舍勒的观点有多不同，在这一点上他们的意见是一致的。道德自律在人的意愿（康德）或人的**爱的秩序**（ordo amoris，舍勒）中都可以见到。

无论在康德和舍勒之间可以发现何种差异，他们都属于自律伦理学。第一个差异是关于道德行动（action）、行为举止（deed）和行为（act）的实践。当我们问及道德经验的本质时，这个问题就产生了。事实上，我们如何经验善与恶呢？这个问题的答案又一次依赖于我们在伦理学史中所发现的若干立场：（1）有人提出道德的善处于理性、奴斯（苏格拉底）或心智之中；（2）有人提出道德的善处于意愿之中（康德）；（3）有人提出道德的善处于人的内心之中（舍勒）。结果每一种情况中的道德经验都不同。例如，在第一种情况中，道德的善是通过“明察”被经验的；在第二种情况中，它通过意愿的意向被经验；在第三种情况中，它通过人格的内在的趋向被经验。我们还可以看到，在第一和第二种情况中，道德经验允许公式化律令的功能的决定性作用，而在第三种情况中则不是如此。因为我的内在道德趋向是既不能被命令——更不要说加以明确阐述和定义了——也不能“遵守”的。他律伦理学和自律伦理学之间以及道德的善在理性、意愿或内心中的定位之间的历史差异本该在对康德和舍勒的长期研究中加以思考。

由于本文篇幅的限制，我们将集中在舍勒伦理学中的人格的本质上，因为它使自身区别于康德的伦理学。因此，为了确定事实上舍勒关于人格的观点是什么，我将以《批判》为前提。这将有助于我们根据康德的《批判》评价舍勒的立场，或者根据舍勒的现象学伦理学评价康德的《批判》。

“现象学伦理学”这个术语并不是舍勒的。这个词应当表明关于人格性本质的一些东西。康德和舍勒在人格概念上的一个基本差异是理性的作用。康德的理性观是，没有必要强调“理性”是永恒的、静止的和在历史上普遍的。对康德来说，理性被赋予一个不变的范畴装置，这意味着它对所有人、种族和文化在一切时代都是一样的。他暗含的主张是，实践理性也在一切世代拥有给予自身道德法则的能力。理性的这种能力在历史上既没有增长也没有减少。范畴功能和法则的稳定性——通过它混乱在纯粹理性中被综合地赋形（formed）——和实践理性中的意愿功能都意味着人格概念是“理性的”（Vernunftsperson）。理性人格处于人们以及群体之间所有文化的、宗教的、种族的和社会的差异背后。正是这个对历史上静止的、普遍的理性的假定引起了舍勒有时对康德的严厉批判。众所周知，舍勒有时通过引用奥斯瓦尔德·斯宾格勒（Oswald Spengler）的话来反驳康德的这个假定：“康德的范畴表只是一种欧洲式思维。”[①] 也正是这个假定容许康德的律令的“范畴”本质作为照亮活生生的人格的整个道德舞台的中介。我们几乎找不到“范畴的”一词比在康德对它的使用中更有示范性的字面意义（categorial，kata＝下去，agora＝市场）。

康德如此表明了一个理性组织的庄严的稳定性（启蒙运动时代相当典型），而舍勒的理性概念正与此相反。对舍勒来说，理性实际上是历史地变

① 舍勒：《知识社会学问题》，M. S. 弗林斯英译，斯蒂克斯（K. W. Stikkers）导论，劳特利奇和吉冈保尔出版社，1980 年，第 75 页。《舍勒全集》，德文版，第八卷，伯尔尼和慕尼黑，1980 年，第 62 页。

化的。它并不限于一个静止的装置，而是与群体、文化、种族和人有关。理性并不是只有一个，而是有很多，多数理性与人的共同体化（communalizations）有关。实际上，通过在明察和经验之间的累积功能的理性的“成长”可以在《知识社会学》中被找到。[①] 显而易见，对舍勒来说，不可能提出一个对所有人无论何时都有效的道德法则，相反，道德意识的命令受限于“时机的召唤”、时机（kairos）——人格正巧在这之中找到自身。我不想深入探究表面上在这里出现的伦理相对主义问题。在舍勒《形式主义》一书中，他很好地阐释了伦理相对主义的不可能性。我们的确想坚持的是，道德的善可以或者受限于“意愿”——因为善的意愿等价于道德的善业，或者受限于“内心”——因为道德的善在实现一个正价值的过程中，即在作为一种道德意识行为的“偏好”的过程（舍勒）中功能化自身。

首先让我们把“偏好”解释为与人格中道德的善的构成有关的行为。然后我们将能够看到，在现象学伦理学中，道德的善业不能与人格的行为—存在中的时间流相分离——这种联系在康德看来不会是重要的，因为时间对他来说是纯粹理性而不是实践理性的内感知的一种形式。

摆在我们面前的问题是：价值“偏好”如何在缺乏道德律令的情况下解释道德的善？或者，用现象学术语来说：与其时间性的意向相关项（价值）相关的偏好的意向行为在缺乏由理性行为构成的道德律令的情况下如何解释作为时间意识流中一个组成部分的道德的善？

我们在《形式主义》一书中找到了这个问题的答案。概括起来说是这样的：道德意识没有推论出道德的善，意愿也不是道德善的最初来源。实际上，道德的善既不是理性行为或意愿的意向相关项，它自身也不是一个“客体”。正如我们在后面会看到的那样，道德的善发生在人格的行为—存在之中并贯穿于其中，而在这个行为—存在之中“偏好价值”行为发挥着核心作用。“偏好”既与价值领域相关，也与事物、善业和实践经验中价值的实际表现相关。经验中显示出的价值（如事物价值和善业价值）之间的关系必须与价值本身之间（即区域间的）的关系区分开来。

关于这一点，舍勒为我们提供了一个有趣的、价值所具有的与感知本身之间的类比。就像“看”这个行为和颜色相关，“听”这个行为和声音相关一样，感受中偏好这个行为和价值相关。颜色、声音和价值不能彼此互

---

① 舍勒：《知识社会学问题》，M. S. 弗林斯英译，斯蒂克斯（K. W. Stikkers）导论，劳特利奇和吉冈保尔出版社，1980 年。英文版，第 39 页及以后各页；德文版，第 24 页及以后各页。

换，不能与它们各自的行为相分离。我不能听到颜色，也不能看到声音。我们可以超出舍勒的这个类比并补充说：我根据我没有看到的“光谱”颜色看到了在经验中显示出的颜色。这是一个特殊的光谱颜色秩序，它以从暗到亮的等级揭示可见的颜色。在这个意义上，价值领域也是“光谱的”：除了在它们在事物、善业和行动中的自身显示中以外，它们在实践经验中不能单独实存。光谱的价值领域可以说反映出爱的秩序——在它在价值领域的先天秩序中真正爱的和偏好的那些领域中——的光谱棱镜。例如，毫无疑问，加之于我的不正当这个负面价值在“人格的”感受中被感受到，而身体的不舒适这个负面价值在躯体中的感性和触觉感受中被感受到。这两种情况中的负面价值属于价值的不同“领域”。就像颜色对于看一样，价值与偏好感受的特定层面紧密相联。人格感受在其本质上已经和感性感受有着迥然之别了。

让我们回顾一下那些“客观的”价值领域（用舍勒的话说就是“样式”），即“爱的秩序”中先天的价值领域，它们排列如下：

（1）神圣的价值领域，
（2）精神价值的价值领域：
　（a）审美价值，
　（b）对与错或正当与不正当的价值，
　（c）认知和知识的价值，
（3）生命价值的价值领域，
（4）有用性的价值领域，
（5）感性的适意性的价值领域。

（上面的等级也包括了相应的相反的和负面的价值。）

在我们详细评论偏好行为之前，必须得出关于以上价值领域的另一个意见。因为“善”与“恶”都不属于其中。其原因在于只有人格才是它们的承担者，而以上领域中的所有价值都可以由其他实体所具有。例如，从“适意到不适意”或从舒适到不舒适的最低领域包括了我们和动物共有的“感性的”躯体价值。“有用性”这个价值领域也是我们和动物共有的（如，筑巢），并且在事物中发生；生命价值这个价值领域的跨度包括了整个自然；精神价值的价值领域也适合于物质——例如油画中的颜料，适合于财产的分配或适合于作为认知对象的实体本身；神圣的价值领域也可以在被

相信是神圣的善业和事物如太阳、月亮或神圣物中显示自身。

但唯独只有“善”与“恶”发生在人的行为的实行中；上帝不可能是善的和恶的，魔鬼也不可能是恶和善的。只有人是两者都有可能的。看起来人似乎处于道德世界中的那两极“之间”。在这个意义上，人格是在道德可能态之间的“运动”。舍勒在后期把这种运动称为“爱”（作为“恨”的基础，即，在价值领域及其显示出的价值中的错误偏好）。人的存在是“**爱的存在**”（ens amans），即，无论他会怎么偏离“有秩序的内心”，他的内心都注定首先是“爱”更高的价值。

现在我们可以开始来谈偏好行为了。不时有人质疑：“偏好”某一个价值领域胜过另一个究竟是否能在道德善的构成中发挥决定性作用。一种反对的观点常常且直到最近还宣称，舍勒低估了意愿。[①] 舍勒并没有低估意愿。在他《形式主义》一书中恰恰是意愿构成了“整个”人格。当舍勒对价值的“被给予性”的研究还没有被充分注意到，也就是他的论文《爱的秩序》还没有被看作是他的长篇巨著《形式主义》一书的核心之时，所谓的对意愿的低估就开始出现了。[②] 他研究的总的结果表明，在奠基秩序中，所有意识行为都预设了或“经历了”认之为有价值（Wertnehmung）的行为，或者是我所称之为的“价值-感”；“价值-感”先于“感知”，作为一种认之为有价值的行为的偏好行为必须严格区分于“选择”以及日常谈话中“偏好”这个动词的通常意义和对它的使用。有趣的是我们要指出一点，尽管胡塞尔在《形式主义》时期或者更早的时候就已经建立了他自己的价值理论（定位于布伦塔诺的价值理论），但他在读了这本书以后根本没有就此对舍勒进行批判。胡塞尔选择了运用算术句法对价值之间的关系进行算术的澄清。胡塞尔和舍勒在那些年里的通信表明，胡塞尔更希望在

---

① 罗马教皇约翰·保罗二世在他近期关于舍勒的文章中坚持这一观点，而且他还认为，舍勒的伦理学和基督教的伦理学是不一致的。关于这些观点的评述，请参见我在他的《精神的优先性》（*Primat des Geistes*，斯瓦特出版社，斯图加特，1980年）这本书的“导论”（第19-33页）中关于他的哲学作品的介绍。

② 见舍勒《爱的秩序》，D. 拉赫特曼（D. Lachtermann）英译，收录在《舍勒哲学文选》，西北大学出版社，1973年；舍勒《伦理学与认识论》，收录在《舍勒全集》，德文版，第十卷，伯尔尼和慕尼黑，1957年，第345页及以后各页。

1913 年 的《年鉴》中出版舍勒的《形式主义》。①

假定偏好行为就是胡塞尔所谓的“突出的意向性”，我们可以试着说明价值之中的偏好与道德的善（及恶）是不可分割的。一个价值领域的“高度”以及在经验中显示出的其价值的“高度”处于偏好行为“之中”。这一高度在偏好行为中揭示了其“自身”。也就是说偏好的情感行为并不在价值中进行“选择”。选择某物意味着至少有两个供选择的项。但是，在偏好行为中，两个项并不是其发生的条件。偏好行为揭示了一个价值在行为本身“内”的“定位”以及高度，就像在前面提到的不正当和不适意中的那样。价值的高度在“偏好”中被“感受”到。

让我们提供一些例子，尽管当前读者对它们的理解行为会修正相关事态。在我的日常生活中我发现自己不断地与我周围有用的事物打交道，也就是海德格尔所说的“器具”，我周围的以及手边的“东西”。某一事物的实用性，比如我厨房里的一只杯子，在我伸手去拿它并把它拿在手里时就在对它的偏好“中”揭示了它的有用性价值（海德格尔在这之中只看到了杯子的实用特性，而没有看到在它实用目的中所包含的有用性价值）。或者，我可能会一直忙于整理我的屋子，忽然发现自己在给我的植物浇水。在这一刻且在这一刻“之中”，植物的生命价值显然比“有用性”更受偏好。在这种偏好中并不涉及慎重的选择。植物的价值使自己与器具相“分离”。它在它的亲切性（amiability）这一清楚的定位中揭示了“自己”是某个“有生命的”东西。价值定位在“认之为有价值”中揭示自身，就像认之为有价值本身揭示这一定位一样。当然这些例子都来自于外感知。而在内感知，尤其在道德经验中更加是这样。例如，人类很能够在他们良心的适当定位中感受到罪的“痛苦”。在这些情况中，是我们“应当”做但没能做的事，以及“应当”成为但没能成为的那样处在对这种应当的偏好“之中”，即使这种应当没有被意识到。的确，“应当”的经验以及我没有成为的和没能做的经验为痛苦的定位打好了全部基础。“偏好”为之痛苦的负面价值的定位正是在对应当的偏好“之中”被“找到”的。因此，在偏好行为“中”必须有一个秩序，它反映价值和负面价值内容的等级和区域，它

① 参见舍勒在《形式主义》中对布伦塔诺价值理论的评论。英文版见 M. S. 弗林斯和 R. L. 方克（R. L. Funk）英译，西北大学出版社，1973 年，第87 页注释57；德文版见《舍勒全集》，第二卷，伯尔尼和慕尼黑，1980 年，第104 页注释 3。这一评论也适用于胡塞尔。见 A. 罗斯（Alois Roth）的《埃德蒙德·胡塞尔的伦理学研究》，《现象学丛书》，第 7 卷，海牙，1960 年。

是先天地贯穿于这些内容中并在其中的。无论多么困难，一个理性的、形式主义的先天都要在欠缺考虑和理性行为时指出对应当的偏好和对恶的痛苦的真正“开端”，坦率地说这是题外话。当对恶的痛苦出现时，它们已经被价值-感的情感开端所支配。关于这种情况的另一个例子可以在“一见钟情”中看到。这当中并没有与其他人格的“比较”。因为正是偏好行为发生的开端，被爱者的价值向我揭示“自身”。舍勒认为，爱不是盲目的，而是在它们的定位中揭示并打开了价值领域，爱“唤醒”了所有知识和意愿。

既然偏好行为、价值-感行为揭示了价值领域的定位以及它们在实际经历中显示出的价值，那么还缺乏形式的逻辑法则，它使至少两个项彼此相关成为必要。逻辑理解需要一个模型和形式主义来指出在逻辑意义上一个价值的定位。逻辑中的“思考”行为也需要有效的定义和固定，就像在算术中一样。无论价值何时被“思考”，它们都可以被操纵、纠正或调整，就好像经济上的商品和股票一样。但是，道德世界并不必然遵守形式逻辑，有时道德价值如此深奥地表现自己以致寻找它们发生的“理由”只是徒劳。一个人有时发现自己处在深刻的悲剧式的情境中就是这种情况，戏剧中这种情况经常出现，当两种正面价值发生冲突，英雄——他是善的——死去，以及我们的悲伤被命运的无法说明吞没时。“心的逻辑”与理性、判断和推论的逻辑完全不同。帕斯卡：**心有其理**（le Coeur a ses raisons）。

在这一点上关于价值欺罔必须做一个评论。显而易见，偏好行为容易受欺罔。毕竟，我怎么“知道”我的偏好在任何时刻都揭示了价值领域之内正确的价值定位呢？舍勒非常专注于这个问题；实际上，他的论文《爱的秩序》还未完成，它之后将是对价值欺罔——即“无序的内心”——的研究。但我们的确看到他关于怨恨的论文，它为我们提供了一些关于某种时间性欺罔的例子。[①] 在那里，其观点是无论人格何时出现身体的、精神的、社会的和心智上的弱点，价值欺罔就会发生。它们存在于情感的减损之中，存在于偏好中（正确的）价值“降低”到一个较低的水平上，存在于一个较低价值的情感的注入被降低的价值高度中。在妒忌、怨恨、恶意、敌意或嫉妒这些弱点面前，情况就是如此。在现象学上，这些情况相当有趣，应当在任何对“关于……的意识”的分析中考虑到它们。它们反映了通过弱点被破坏的偏好被引向不是一个而是两个价值：一个“被憎恨”因

① 舍勒：《怨恨》，W. W. 赫德海姆（W. W. Holdheim）译，纽约，1972 年；舍勒：《价值的颠覆》，《舍勒全集》，德文版，第三卷，伯尔尼与慕尼黑，1954 年，第 33 页及以后各页。

为它在有弱点的情况下不能被实现，另一个（错误地）被偏好和珍爱。在这种情况中，怨恨人格往往会轻视或嘲讽真正的价值（“这真的值得去努力吗?”），甚至可能会充满怨恨地对它进行诽谤。肯定价值的正确揭示可以说被弱点中可获得的较低价值——它然后表现为肯定价值——叠加于其上。在胡塞尔的术语中，这将意味着意向行为（偏好行为）能够具有两个价值-意向相关项，它们被包含在为激情所损害①的价值视域中。然而，使用胡塞尔的术语并没有益处。舍勒很少使用它。我相信，在相关情况中更好的是谈“矢量”（vectors）而不是“意向行为”。偏好行为（“意向行为的”方面）是不能被从“为价值所吸引”中分离的。但是，在价值欺罔中，偏好行为却与它正确的价值目标分离了，因为情感意识流太“弱”以致不能实现肯定价值。偏好行为屈服于并转向更易获得和实现的价值。的确，被瞄准的偏好行为的正确价值与实际上背离这个方向而朝向一个可实现的较低价值这二者之间的这种矢量的张力是怨恨人格中“令人痛苦的矛盾”。这是由于被憎恨的肯定价值仍是所涉及的恨的整个情感构成的一部分。因此舍勒可以说：“怨恨总是具有真正的、客观的价值在错觉价值背后的这种‘明晰的’存在的特征——通过那种模糊的意识，即人生活在无法看透的虚假世界中。”我不想深入探究他的论文中所举的例子。我只想提一点，舍勒非常反对尼采的论点——基督教是这一怨恨—价值—欺罔最鼎盛期，因为它涉嫌把贫穷、遭殃、受苦等否定价值提升到美德领域中，而把肯定的生命价值放到恶行领域中。

我们现在可以看一看价值和时间之间的关系了。我们认为，道德的善不是一个“对象”，而是一个我们只在人格中发现的现象。这意味着道德的善本身必须作为“行为—存在”属于人格的本质。人格存在于像思考、意愿、感受、爱、恨、记忆、期望、原谅、感谢、遵守、命令等这些施行行为中。那些类型的行为对所有人类来说都是一样的，但它们的施行有个体上的差别。例如，没有两个人会以同样的方式“思考”。也就是说，每个人都有他自己“如何”实行行为的风格和方式。正是这个实行行为的“如何”说明了每个人的个体性、唯一性和不可复制性。它被称作为人格行为的“质性方向”。因此，道德行为的施行服从于这种人格的质性方向，从而道德世界内价值的实现在人格之间以及群体之间是无限可变的，而价值领域仍然具有稳定的可偏好的秩序。从属于质性方向的不仅是在实际经验中显

---

① 此处原文为“poisened”，疑为“poisoned”之误。——译者

示出的以及在那些领域“之外”显示出的价值，还有那些在质性方向上被感受的“稳定的”领域。人格可能比“圣人”更“英勇”，可能比艺术家更“讲究生活”。这使舍勒建立了一个“理想的”人格类型——它们作为真实生存的人格的“模型”——来代表每一个领域。因此，道德的善也与这些领域理想的人格榜样紧密相连，这些榜样将人格的行为“吸引”到特殊的质性领域方向上。不管怎么说，舍勒主张，尽管道德行为有无限可变的施行，在理想上，所有事物、善业和行动在价值范围内都有一个唯一的定位，并恰好有一个有细微差别的心的运动与之对应。只要我们“符合”那些定位，只要心是它们的相应物，那么朝向最高价值的方向就存在于偏好行为之中，而我们的爱就是“正确的”。另一方面，假如所有亲切性的定位在激情的影响下发生改变，那么价值领域的秩序就被颠覆，而爱就是“无序的”。舍勒以此把自己和康德区分开来：我们的情感世界不是一个要由非人格的律令和“理性”法则加以有序化的一片混乱。更确切地说，它还是“有序的”。人的本质不是“理性的”，而是“**爱的存在**”（ens amans），一个在爱之中并通过爱被指向肯定价值的爱的存-在（be-ing）。

先于意愿、原谅、遵守、承诺等这些道德行为的偏好行为的本质是一种爱的行为：可以说是通过偏好而对更高价值标尺（rods）的爱。这意味着，道德的善自身通过这种行为并在这种行为之中“生成”。它“骑在”爱的偏好行为以及包括意愿在内的所有其他道德行为的“背上”而“生成”。道德的善只在人格行为中“发生”：在别的任何地方都不可能发现它。它似乎是对价值领域的价值的偏好以及对按其顺序排列的价值领域本身的偏好的道德回音。

因此，道德的善的这种“生成”（相反地，恶的生成）必须具有时间特征。“生成”的这一时间特征必须具有和人格本身相同的特征——如果道德的善是人格独有的性质。

人格的时间特征不可能是“客观的”时间，即一个人格在其中行动的时间的特征。比如说，这种时间就是日历时间，是人们可以在其中计划、约会或重新安排会议等等的空的时间。在这种时间中，所采取的行动以及所有内容都可以放在其中，即客观时间段和内容是可分的。与此相反，有一种“生成”时间，在这之中内容和阶段是一致的。这种时间是一切自身激发（self-activation）的形式。例如，它可以在所有的“涌现”现象中被发现。在意识主动转向“已经生成”的饥饿之前，饥饿感就在我之中涌现了。在这种涌现中开端和生成都是不可预测的。它只是现在或以后能够得到满足的出现了的真实的饥饿。同样地，“我突然想到”一个明察，在我“像”这样把握它之前。明察具有已经被“接受”的特征。① 甚至出生之前或此后不久的意识本身也正变成自我时间化并变成一个具有所有内容的“意识”。所有生物过程也都具有生成的形式，因此这一“时间”通常似乎根植于生命中心。在这个意义上，自我激发的形式是一种“生物的先天”，通常意义上的“时间”一词甚至都不适用于它。在后来的著作中，只要有作为“生成本身”内在形式的“时间”以及当内容和阶段一致时，舍勒都使用“绝对”时间这个词。在这个意义上，整个的人格行为—存在是绝对时间。人格不是客观时间中的“对象”，毋宁说，人格是在其通过行为（包括道德行为在内）并在行为中持续的生成中的绝对时间化。

由此，道德的善必须具有绝对时间的特征，就像所有行为的产生及其开端都具有这种性质一样。

结论与展望

从上面的叙述中我们可以看到，自古以来被称作道德的善的内容依赖于对人的本质的评价。

我们只是对舍勒早期的作品进行了讨论，其手稿的时间跨度大致是从1910 年到 1913 年。在那些作品以及他所有后期的作品中，人格是“精神”（这个术语中包括爱、感受、意愿、心智、意识、理性）的形式。只有某物的本质是人格的，我们才知道它有精神本质。若没有“人格”形式，那纯粹的精神、纯粹的意识、纯粹的理性对他来说都只是不可能的假设。

那么，如果人格被当作为精神本质的理性的载体，那么道德的善就不能与理性律令分离，当纯粹理性和实践理性被看作高于人格性时就更是如此（康德）。既然这样，人作为所有精神行为的统一整体就无条件服从于理性的道德法则，服从于责任和义务。

如果人格被看作为精神本质的爱的载体，作为有序的价值领域的载体——用舍勒的话说，它“拥有”人格，那么人格就不服从于道德法则，而是在通过爱而对价值的偏好（包括法则的价值和应当的价值）中的道德的善的施行者。

得出这个结论我们就接近了伦理学的形而上学基础：在缺乏人格性的情况下，实践理性本身的律令的自身决定对所有时代的一切人而言都是道

① 参见舍勒《形式主义》，英文版，第 189 页注释 22；德文版，第 197 页注释 2。

德的善的所在地吗？或者：善是由于每一个独特个体人格而以无限可变的方式和表现在其绝对时间化中的一个道德生成吗？

伦理学的形而上学基础——元－伦理学——在这儿面对着两个进一步的问题：有“一个”道德的善吗——自苏格拉底以来就是如此假设的——或者一个道德的善的统一是许多道德的善的理性本质吗？这个问题属于“一”和“多”的古老疑问。这就是在问：“这”所谓的道德的善只在人格的价值偏好行为和实践经验之间以生成的形式存在于功能的大多数中吗？在后一种情况中，为与具有独特的偏好价值之质性方向的人格一样多的可实现的道德的善留有余地。在这种情况中，“这”道德的善或法则或律令失去了它在日常生活的实践行动中的抽象特征：生活的世界。我并不乐意认为在偶发性地做好事的行为中有“这”道德的善或绝对律令的格言。这也将解释在生活的世界中常被忽略的事实，人格的无数善的行为，另外还有永远没有人知道从而非历史的行为，在道德世界中有着它们的位置，也就是那些没有特定的伦理学知识而进行的善的行为。

根据这一观点，道德的善的实存存在于多数个体的偏好价值的行为中。依此看来，人格的本质在于人格在每一时刻都作为爱的存在——即，作为“尚未”的实存——在通往道德的善的“途中”[①]，因为最高价值神圣必须通过无限之径来实现。

如果人格本身“生成”实存，那么无论怎么表达人格都不可能能够达到并实现到“这”道德的善。因为“这”道德的善的完全实现就是它的毁灭。

道德的善的这种多元论观点将深深的影响上帝这个概念。如果上帝是人格，那么在经验中被给予我们的人格的本质也必须在宗教行为中适用于上帝。如果人格在本质上是绝对生成，而非一个事物—对象，那么一个完全的、完美的人格就上帝来说也是不可能的。

这种严峻的可能性是舍勒1922年以后所有手稿的核心之一：一个人在绝对时间中生成世界、上帝、人和历史的问题。直到1928年舍勒在54年的悲剧生活之后心碎辞世，他一直专注“人的永恒”这个问题。

---

① 我已经在《人格与此在：价值存在的存在论问题》（海牙，1969年，《现象学丛书》，第32卷）中在舍勒的《形式主义》和海德格尔的《存在与时间》的基础上探究了价值－存在和人格的存在论地位的可能性。此在的“尚未”特征和价值—人格中的是一样的。

1927年马克斯·舍勒阅读《存在与时间》的背景

——通过伦理学对一个批判进行批判①

曼弗雷德·S. 弗林斯

过去十多年间关于在海德格尔《存在与时间》(1927)中建构伦理学的可能性有许多讨论。在这些讨论中，对于那些对这些问题来说可能产生重要(虽然是无意)的贡献的实事——它们先于这些正在进行的讨论——并没有给予足够的重视。②

我所指的是，在年轻的海德格尔亲自把《存在与时间》的第一稿送给在科隆的舍勒请他阅读之后，舍勒对该书的阅读。虽然我已经对这件事提供了各种分析，但我希望借此机会补充一些迄今未被人知的资料。③

就在舍勒1928年突然去世之前不久，他读了海德格尔的《存在与时间》，正如他早先——确切地说是在1913年——已经阅读了埃德蒙德·胡塞尔的《观念Ⅰ》一样。《观念Ⅰ》和舍勒自己的巨著《伦理学中的形式主义与质料的价值伦理学：关于伦理人格主义基础的一种新尝试》(以下简称《伦理学中的形式主义》——译者)的第一部分同时发表在著名的1913年《年鉴》④上。(舍勒的《伦理学中的形式主义》的第二部分也于1913年完

---

① 本文译自：Manfred S. Frings，“The Background of Max Scheler's 1927 Reading of *Being and Time*：A Critique of a Critique Through Ethics”，*Philosophy Today*，36，No. 2，1992，pp. 99－114. ——译者

② 在我提交了一篇关于胡塞尔的及马克斯·舍勒的通信——关于最近出版的胡塞尔关于伦理学的演讲以及舍勒的 Formalism in Ethics——的文章之后，威廉姆·理查德森(William Richardson)告诉我，我得出的关于舍勒伦理学的观点非常值得进一步探究。因此，我希望把这篇论文献给他，作为他七十岁生日迟到的礼物，并且我从他1963年关于海德格尔的巨著[指《海德格尔：从现象学到思》，《现象学丛书》(*Phaenomenologica*)第13册，海牙，1963年。——译者]中学到很多，为此尤其要感谢他。

③ 在我对这个问题所做的研究中，我想提到我的著作，*Person und Dasein*：*Zur Frage der Ontologie des Wertseins*，*Phaenomenologica*，vol. 32(The Hague：Martinus Nijhoff，1969)。

④ 指胡塞尔主编，舍勒等参编的《哲学与现象学研究年鉴》(*Jahrbuch für Philosophie und phänomenologische Forschung*)，1913年第一卷。——译者

成，但由于诸多原因三年后才发表在《年鉴》上。）舍勒在他那本1913年《年鉴》的页边评论表明，他多数时候对胡塞尔的《观念Ⅰ》都持批判态度，有时这种批判甚至很强烈[①]；然而在他那本《存在与时间》中，约200处的旁注却没有显示出对海德格尔的这种普遍深入的批判[②]。舍勒甚至提到了他自己的很多远早于1927年就已经得出的一些发现，这些发现通常地却是错误地被认为是海德格尔的初创，如“上手性”（die Zuhandenheit），“存在关系”（das Seinsverhältnis）以及“世界敞开”（weltoffen）概念——当它用于人类时。

让我也用这个机会来指出，有许多其他重要的舍勒的概念后来成为20世纪哲学的中心，而且它们很容易就可以回溯到他的《伦理学中的形式主义》。例如，“客观的”人的躯体和“活生生的身体”二者之间的区别。恰恰是海德格尔本人，在1928年5月19日听到舍勒突然去世的消息时声称，（当时）所有真正的哲学家在“本质上”都受惠于舍勒的无可替代的思想。

既然海德格尔当时崇敬舍勒，那可能会让我们感到奇怪的是，《存在与时间》仍然包含着对舍勒在1913年的《伦理学中的形式主义》中的许多明察以及舍勒继这部著作之后提出的许多概念的严厉批判[③]。

根据这一批判，我希望把注意力集中于两个概念，舍勒整个《伦理学中的形式主义》都基于它们：“价值”和“人格”概念。我将分三步进行。首先，我将简要地回顾在《存在与时间》中海德格尔自己对价值和人格的理解。然后，我将看一看马克斯·舍勒自己是如何理解价值和人格的。最后，我将简短地考虑在舍勒的《伦理学中的形式主义》这个背景下，《存在与时间》中所呈现的此在的本质。我这么做是为了让人们至少考虑去看看基于此在的存在论（ontology）的一种伦理学的可能基础，如果有人想在

---

① 舍勒读胡塞尔《观念Ⅰ》所做的页边评论现经整理编辑收入《舍勒全集》，第14卷，第423－432页。——译者

② 舍勒在他那本*Being and Time*（*BT*）上所做的边注可以在马克斯·舍勒的*Späte Schriften*，in *Gesammelte Werke*，vol. 9. ed. Manfred S. Frings（Berne，Franke Verlag，1976）中找到。自1985年以来，*Gesammelte Werke*（*GW*）由波恩的伯费尔出版社出版。其他各种有关舍勒对*BT*的阅读的材料可以在第9卷中找到。

③ 我在这里指的是的现象学上的和形而上学的“抗阻”概念，它对舍勒的思想来说相当重要，而海德格尔对此与舍勒意见向左，参见*Gesamtausgabe*中*BT* §43的b部分（pp. 277ff.）。我们在这儿不纠缠于海德格尔对作为实在的抗阻的批判，因为这需要一个独立而长期的研究，这要结合马克斯·舍勒后来的*Metaphysics*和*Philosophical Anthropology*（*GW* 11，*GW* 12，ed. M. S. Frings. 1979 and 1987 respectively）。

《存在与时间》中寻找这种基础的话。

二

在《存在与时间》中，海德格尔大体上对价值概念和人格概念有一个简单的理解。关于价值，他问了这个问题："价值在存在论上意味着什么?"[1] 他对这个问题的回答是一个断言：

> 价值是"现成在手"（*vorhandene*）之物的规定性（Determinations）。价值最终只在作为它们基础层的物的实在性开端的最初迹象中拥有它们的存在论起源。[2]

由此，海德格尔断言，整个价值领域是一个依附于作为实体的事物的客观现存的属性（property）。然而，这并不能使我们更近一步了解在海德格尔称为上手（zuhanden）样式的东西——以其被使用的样式被给予我们的事物和实体——中被给予人的实体样式。海德格尔在作为触目的"客体"的事物（现成在手的事物，vorhandene Dinge）——其中它们完全对我们唯命是从地被给予——和以更原初的被操持和被使用样式而被给予的事物之间划出了分界线，这条分界线与他对整个价值领域的理解有重大关系。

这样一个奇怪的断言忘记了上帝中的神圣价值或诸如阿西西的圣方济各（St. Francis Assisi）那样的圣人的自身价值（更不要说一个普通的、人类个体的价值了）。除此以外，这个观点还忽略了这样一个事实：包括善与恶的价值在内的这些价值不能在存在论上依附于作为它们必要基础的现成

---

① *Sein und Zeit*, (*GA* 2), §15, S. 91.

② Ibid., §21, S. 133（我的翻译）。

在手之物。[①] 而且，海德格尔的论断否定了在众多价值类型中的任何的等级顺序，它只是把这些价值类型全部合为一个且唯一的一个类别：事物的价值。

然而，舍勒已经表明，价值并不只有同一个类别。有许多种不同的价值。例如，海德格尔没有考虑到关于事物的价值（values of things）和事物价值（thing-values）二者之间的差异，这是在《伦理学中的形式主义》第一部分中确立的。海德格尔的这些在价值理解上的缺陷，以及我们在下文中将更详细看到的，海德格尔对人格的理解的缺陷是伦理学在重重难题中最终没能在《存在与时间》中为此在找到合适位置的原因。[②] 一个这样的缺陷存在于这一事实，例如当关于人格时，海德格尔没有把整个“自身价值”类别看作区别于关于事物的价值和其他价值。

需要补充的是，海德格尔对价值本质的讨论在《存在与时间》中只有一页，正如他对人格本质的讨论也只占了一页一样。[③] 但是，他对人格的囊括更为如实地反映出舍勒在《伦理学中的形式主义》中所确立的内容，即“人格”既不是一个事物也不是一个客体。“人格”只存在于其行为——这些行为既非事物也非客体——的施行之中，海德格尔对此没有反对意见。

但是他随后就问及这种施行的存在论意义。对这个问题他没有给出答案。毋宁说他只是宣称他所关心的问题是“人的整体”和“人的存在”，是

---

① 关于神圣，见 *Vorbilder und Führer* 第三部分，其标题是“Der Heilige”，载于马克斯·舍勒的 *Schriften aus dem Nachlass*（Band 1, *GW* 10, ed. Maria Scheler, S. 274 – 288）。英文翻译可见 *Max Scheler: Person and Self-Value*（ed. M. S. Frings, Dordrecht/Bosten/Lancaster: Martinus Nijhoff, 1987, pp. 125 – 198）。其中包括了至今为止舍勒著作英文译本的目录。

关于神圣的论文值得与鲁道夫·奥托（Rudolf Otto）对这个主题的论述（舍勒对此很熟悉）相比较。关于圣·方济各，参见马克斯·舍勒在他的 *Wesen und Formen der Sympathie*（*GW* 7, ed. M. S. Frings, S. 87 – 105）中对圣人的独一无二的阐述。英文翻译可见彼得·赫斯（Peter Heath）的 *The Nature of Sympathy*（London, Routledge & Keegan Paul, Ltd., 1954, pp. 77 – 96）。

马克斯·舍勒在他多产的第一阶段——这大致一直延续到1921/22年——中对天主教的倾向，主要是由基督教的“方济各精神”（Franciscan Spirit）和基督教的爱的撒马利亚人（Samaritan）特征——它无条件地援助一个又一个个体人格——所决定的。舍勒没有放弃基督教的爱的这个独特方面，而且很有可能如今他将看到特丽萨修女（Mother Theresa）示范的这种爱。在他关于怨恨的研究中（*GW* 3），舍勒把基督教的爱区分于现代的“人道主义的爱”——它有时在博爱中被伪装，而且它根深蒂固的怨恨遮蔽了现代来自个体并朝向个体的无条件之爱的无能（impotency）。

② 关于这一主题进一步的详细论述，参见我的论文：Is There Room for Evil in Heidegger's Thought or Not, *Philosophy Today*, 32（1988）: 79 – 92。

③ *Sein und Zeit*,（*GA* 2），§10. S. 63f。

要去除古代的和基督教的人类学概念的不充分定向的问题。[①] 因此，对海德格尔来说，在此在问题中“人格”没有实存的（*existentiale*）维度。

就历史而言，提及这些可能很重要，被舍勒认为是“实行其实存”的一个存在的人格之实存预示了海德格尔作为去－存在（ex-isting）的此在概念以及萨特后来的实存主义中人类的自身实现（self-execution）的概念。

然而，在我们对舍勒哲学中价值和人格的本质的各个方面进行叙述之前，一个技术性的评论似乎是有必要的。在马克斯·舍勒1928年去世以后，一些研究者在海德格尔的带领下给予舍勒的遗孀玛莉娅·舍勒（Maria Scheler）数年的帮助，在出版舍勒留下的凌乱的手稿方面为她提供建议，并且也对1933年第一卷——这一卷包括了一些以前出版过的作品和一些遗著手稿——的出版给予建议。海德格尔自己甚至曾告诉我说，他一直都对舍勒没有完成的《哲学人类学》（*Philosophische Anthropologie*）和《形而上学》（*Metaphysics*）很感兴趣。这两卷手稿最终都出版了，但因为其他卷次在编辑上的优先性，这对德文全集中这两卷（第11和12卷）的重构是必要的，所以这两卷只是分别在1987年和1979年才出版。[②] 但是，在海德格尔的后期著作中，他从未提及他曾读过舍勒关于人格本质的遗稿，而且似乎他在帮助舍勒的遗孀时也很遗憾地没有（也不能）这样做。

由于这个原因，我发现有必要采取这样一种对人格本质的叙述：它超出海德格尔从《伦理学中的形式主义》1913/16版中汲取的内容，这一叙述主要是从前面提到的《舍勒全集》的第11和12卷——它们在海德格尔1976年去世后才出版——中获得的。在这方面，我并不想对海德格尔做事后的批判。毋宁说，我想利用这个机会就在《存在与时间》中所看到的价值和人格的本质做一个如实记载。

然而由于舍勒的《伦理学中的形式主义》对价值和人格概念的分析差不多用了580页，本文的框架迫使我只能把自己限制在那些可能看上去只是表面解释的内容上。深入研究所有的细节很显然会超出我们当前的目的，而且很有可能需要一本书的篇幅的研究。

二

现在让我们来深入地看一看价值的本质。舍勒的价值理论很显然起源

---

① Ibid., S. 64f.

② 马克斯·舍勒的 *Erkenntnislehre und Metaphysik* 可参见 *GW* 11，他的 *Philosophische Anthropologie* 可参见 *GW* 12。

于他1897年的博士论文中的一段陈述，该博士论文总的主题是要探究逻辑原则和道德原则之间所具有的关系。其中，下面这段陈述对他后来关于价值思想的所有发展来说仍然是极其重要的：

> 至于“价值是什么?”的问题，只要“是”意指着某种实存的表达(而非作为单纯的系词)，我们便回答：价值根本不是“是”。价值的不可定义性正如存在概念的不可定义性一样。”①

价值既不单独地是一个实际存在的事物，它也不单独地实际存在于柏拉图的领域中。② 价值并不单独地实际存在。那么价值是什么呢?

在回答这个问题时，舍勒通过简要地提及价值和颜色间的一个类比而为我们提供帮助。③ 我们将比马克斯·舍勒更加详细地阐述这个类比，它将帮助我们解释价值的实存。

众所周知的事实是：当没有表面时，光和颜色不存在。在真空中传播的光线不能照亮真空。这和价值在没有基质时的非实存是类似的。它们就是不在那儿。

因此，价值像颜色一样，为了实际存在需要某种基质。光只需要延展的物质表面，而价值的基质可以在许多表面上实际存在。

例如，这些基质可以是有生命的和无生命的事物，它们可以是人的事态，它们可以是有机的和历史的，它们可以是人格的——比如在道德的和宗教的经验中，这里提到的还只是少数的可能性。不过，无论基质是什么，它们都独立于价值，就好像表面独立于它们恰好所具有的颜色一样。例如，蓝色这种特别的颜色自身就独立于蓝色可能出现于其上的天空中的空气、水或一面旗帜，就好像比如“适意”这种特别的价值可以有许多基质，如一把椅子、一种气候或一个聚会上的氛围。所有这些基质的例子都可以是“适意的”，但适意价值的“现象”无论它涉及什么基质仍然是一样的。

价值与基质间（反之亦然）具有的独立性遍及所有价值等级——舍勒

---

① *GW* 1, S. 98.

② Max Scheler, *Der Formalismus in der Ethik und die Materiale Wertethik*（《伦理学中的形式主义与质料的价值伦理学》），*GW* 2, S. 19-21；*Formalism in Ethics and the Non-Formal Ethics of Value*, trans. M. S. Frings and R. Funk (Evanston: Northwestern University Press, 1973), 28-30（下简作《形式主义》，并分别标出德文版和英文版的页码，以“/”隔开。——译者

③ 《形式主义》，第35页/第12页。

确立了五个价值等级，每个等级也都包括其否定的对立面。自下而上，每个等级都包含有价值的无限的细微差别，这些差别是在构成或定义一个给予的等级的两个极端之间被设定的。价值等级的范围从（1）适意—不适意，到（2）有用—无用，到（3）高贵—卑贱，最后到（4）关于正当、美和真理知识的精神价值的严格的人格价值等级，以及（5）最高的神圣价值。我们现在不去处理在实践中这些价值具有的许多复杂情况。不过，看看每个等级，价值对它们的基质具有的独立性原则仍然有效。甚至最高的神圣价值也可能适用于上帝、诸神或一个偶像。

看看海德格尔对价值的论述，在他断言价值依赖于事物而存在时，有两点他没有提到。第一是价值偏好现象，第二是上文提到的价值等级顺序。既然价值首先是在“感受”它们时被给予我们的（正如颜色在“看到”时被给予我们，而声音只在“听到”它们时被给予我们一样），那么使某人相信在价值感受中有先天的剩余要素或情感先天的实存（舍勒坚持认为它确在那儿）就总是有困难的。在解释这种情感先天时所涉及之困难的原因在于这个事实：我们的思想置身于一种理性的态度（就像现在），在这种态度中情感先天（它实际上发生在感受而不是理性中）处于仔细审查之下。反思的理性行为遮蔽了情感先天，正如强烈的感受，更不要说激情掩盖了理性行为一样。尽管如此，情感先天可以在各个不同方面展显出来。

让我们考虑一下身体的适意 - 不适意这个最低的价值等级。例如，正是“在”感受不适意“中”适意价值被经验为比不适意更受偏好。然而，我们往往把这些价值归于事物，比如，我们常常说一把特定的椅子是“适意的”。世界上任何地方都不存在独立于我们对它的被感受到的经验的，适意的或不适意的椅子。毋宁说，是我们“活生生的身体”使椅子“适意”或“不适意”。没有朝向“适意”的这个偏好方向——它最初是身体感受固有的，我们就永远不可能经验任何所谓的适意的或不适意的事物。舍勒说，所有生命都被有机的价值偏好——它们残留在活生生的身体的最低价值等级的感受中——的这种特殊的方向“注定”。我们和所有动物共享这一等级。

以类似的方式，情感先天在“人格”感受中被揭示出来。比如，每当一个人受到不公正待遇时，关于人格伤害的感受就被先天地指向作为被偏好价值的公正。也就是说，恰恰是在不公正感受——它要与身体感受明显区别开——的开端中，公正在关于人格伤害的那个感受中被感受为一种更高的价值。因此，舍勒说，所有理性的、合法的和政治上的对公正而非不

公正的偏好都已经穿过了对人格感受中起初的公正这种肯定价值的前判断、前反思的情感偏好（不是“选择”）之“窗”。也许，由于一个共同体中普遍的偏见结构而遭受最严重的不公正的人可能最有资格证明这种对人格伤害的感受以及其朝向在这种人格伤害中所感受到的公正价值的内在先天方向。

在论及海德格尔没有说明的价值的情感经验时，必须记住第二点。上文所罗列的先天偏好适用于在一个特定等级内偏好一个肯定价值（如，适意或公正）胜过对一个否定价值（如，不适意或不公正）的感受。我将把五个特定价值等级中某一等级上的这种对一个肯定价值的情感偏好称为“横向的”价值偏好。

然而，另外还有一个“纵向的”价值偏好。五个价值等级的各种感受先天的彼此分离，但是以它们自下而上的顺序而更“可偏好”。所有与身体和生命相关的感受一般都要与人格感受及它们的等级彻底区别开；而且我们可以进一步增加其他人格感受，比如罪恶的感受，良知的责备，或者神圣的感受，它们也是先天“更高的”并且不同于身体感受的价值等级。无论我们有时会经验到多少生命价值，如，健康的价值，在遭受重大疾病的感受中这种价值会更接近我们。事实上，在决定价值等级高度的标准中，有一个标准告诉我们：价值等级越低，则其价值就越可量化，并且越容易管理和控制。由于这个原因，与人格价值相比，它们很容易就似乎是对我们更为重要并且与我们更为接近。舍勒认为，可量化价值对任何社会都是典型的。器官的疼痛可以量化，而且在医学上可以得到一定程度的管理或控制，而人格的良知的痛楚根本不是这么容易治疗或控制的。至多，良知的痛楚可以在少见的、真正的懊悔行为中被消除，但不是通过像使用镇静剂和毒品这样的任何人为手段。舍勒在他自己的那本《存在与时间》上的旁注多次重复提到懊悔和他的那篇论文《懊悔与重生》——这篇文章毫无疑问是对情感先天和宗教经验的主题最有价值的贡献之一。[①]

以上我们对懊悔的简要评述表明，感受价值及其等级（包括关于价值偏好的情感先天）的结构在每个等级（即横向的）和自下而上的价值等级顺序（即纵向的）中都是有效的。因此，价值偏好中的情感先天要与坚定的理性的先天明确地区别开。相比之下，情感先天是一种横贯的先天。

---

① Max Scheler, *Vom Ewigen im Menschen*, *GW* 5. 英译可参见 *Person and Self-Value*, pp. 87 – 124 以及 *On the Eternal in Man*, trans. Bernard Noble (London: Student Christian Movement Press, 1960)。

很明显，马克斯·舍勒的价值伦理学（*Wertethik*）的意图和结论区别于其他伦理学体系——如亚里士多德、斯宾诺莎、康德、边沁（Bentham）、密尔（Mill）等人的伦理学体系——因为他的价值伦理学：

a）没有确立任何律令；

b）确立了被感受到的价值的情感内容的一个先天秩序；

c）确立了所有善业和生命价值应该在世俗中所有人之中被平等地分配（“世俗中的民主”），即使个体的人格自身价值由于其自主性、不可替代性以及它是“所有价值的价值”（“天堂中的贵族制”）而不能与其他人格的自身价值相等；

d）在所有人类行为（包括意志和理性的行为）秩序（但不是时序先后次序）中确立了爱的先天（偏好）。

因此，关于“爱”——对此海德格尔在《存在与时间》中论述价值和人格时也没有说明——我必须补充一点看法。前面提到的在价值和颜色与光之间所做的类比可能最能够帮助我们看到爱的本质。[①] 正如人的视觉不注意地且自发地被点亮的东西而不是黑暗所吸引，感受（在现象学上说，在其中价值作为意向关联物或意向相关项而被给予）也是如此，它自发地被更高的价值而不是已被给予的价值所吸引。其对立面，即感受被更低价值而不是更高价值所吸引是不可能的，即便是价值欺罔和病态的情况。例如，适意的感受不允许偏好不适意。进一步说，所有的人格感受都趋向于更高的价值，并最终朝向绝对（Absolute）或神圣价值，即便诸如在“怨恨”中的价值欺罔。这种前反思的、自发的朝向更高价值的趋向是情感先天所固有的。

正是所有感受越过已被给予的价值而朝向更高价值的这种上升趋向指向各种人类之爱（如，对人、对小孩、对国家、对家庭、对上帝、对正义、对知识等等的爱）的本质。但是，这种趋向在每一个个体中都是不同的。这是因为，每一个个体具有他自己独特的施行其所有行为的“质性方向”

① 关于马克斯·舍勒的爱的概念，特别参见他的论文 Ordo Amoris（《爱的秩序》）（*GW* 10，S. 345－376）。英译参见 *Selected Philosophical Essays*，trans. David Lachterman（Evanston，Northwestern University Press，1973）。（下引该文分别标出德文版和英文版的页码，以“/”隔开。——译者）这本书中的论文对理解舍勒的整个思想是不可或缺的。关于马克斯·舍勒的爱的本质和形式的进一步详细阐述，参考 *The Nature of Sympathy*。

(*qualitative Richtung*)[①]。也就是说，每一人格拥有他自己的“志向”（Gesinnung）或“道德趋向”。例如，一个人可能具有一个爱的、嫉妒的、仁慈的或无私的道德趋向。在每个情况下，行为的质性方向都受到个体道德趋向的轻微影响（tinged）。即使当两个人面对完全相同的道德情境时，这种个体差异也持续存在。舍勒令人信服地表明了，个体的道德趋向贯穿这种相同情境而持续存在。

尽管如此，在所有不同的个体道德趋向甚至良知中，仍然有一个清晰的“爱的秩序”——被舍勒称为人的爱的秩序（*ordo amoris*）的、贯穿价值及其等级的、隐藏着的、普遍的人类之爱的方向性。这种秩序横跨包括神在内的所有生命。由于这个原因，舍勒总是坚持认为，人类在根本上不是一种理性的动物，也不是一种使用工具的动物（*homo faber*），人类也不是进化的产物，而是一种爱的存在（*ens amans*），一种有爱的能力的存在。朝向更高价值的爱的方向，不是在时序先后次序而是在秩序上，先于对世界理性的和意志的经验。因为，正是隐藏在人心中的这种价值的萌芽感受第一次向我们揭示了一个世界：“有点自身呼告地（as with a flourish of a trumpet），这里某些东西很重要。”在一个婴儿“知道”或“想要”糖之前，这个婴儿首先感受到其适意的和令人愉快的价值。

我们可能会问，海德格尔对人的 *Da* 的深刻分析不带有任何这样的自身呼告，这可能吗？此在的“被抛”（thrownness）、支撑世界在场的不可动摇性（inexorability），是没有任何初始价值的吗？很有可能是这样：*Da* 不仅是一个纯粹的存在论的、明显的实是性，而且在其“向死的存在”中它也充满了**在那儿**（being-*there*）的价值。因此，舍勒这么说可能有一点道理：

> 人就好像被包在了一个壳（*Gehäuse*）之中，被包在了最简单价值和价值质性（它们展现了人的爱的秩序的客观方面）的特定等级之中，……无论走到哪儿他都带着这个壳，无论他跑得多快，即使他自己越来越远的到一空间中，他都无法逃脱这个壳。[②]

让我们来总结一下关于价值我们已经得出的观点。

首先，并不是只有一类价值，有许多价值。其次，价值的基质不是只

---

① 《形式主义》，第 385 页/第 385 页。

② 《爱的秩序》，第 348 页/第 100 页。

有一类，也有很多基质。像海德格尔那样把所有价值都归于一种基质（客观事物）的做法错误地取消了作为所有价值（尤其是善与恶这种价值以及第四个价值等级精神价值和第五个价值等级神圣价值）载体的人格，而且也没有认识到事物基质对价值的独立性，反之亦然。

现在让我们来看一看人格的本质。认为价值以已被描述的那种方式独立于基质这种论点看起来使舍勒的价值——作为在与这种基质的一种功能关系之中存在——的实存概念似乎更加合理。但明确地说，被称作“人格”——公正、美、真理知识、神圣以及善与恶这些价值（并不一定需要事物作为它们基质的价值）因为它而发生——的基质是什么呢？

在《存在与时间》中我们看到，海德格尔正确地解释了舍勒的立场：“一个人格只存在于其行为的施行中”。然而，他没有涉及这个立场最明显的含意。尽管舍勒只在他的第二个时期强调了这个含意，但不管怎么说，海德格尔没有注意到这一点是非常遗憾的。这个含意如下：

任何的行为“施行”——在我们这里，是指人格实存的自身施行——都是一种时间化行为。尽管海德格尔明显同意舍勒，认为人格（像此在一样）是“非事物”，但他没有由此得出结论：人格中事物性的这种缺乏必须伴有时间性的实存。情况的确如此，“此在的存在”（海德格尔的表述）并不像海德格尔在《存在与时间》中所暗示的那样与“人格存在”（舍勒的表述）相互排斥。但是，更确切地说舍勒用“人格”意味着什么呢？在我们的上下文中，有两点将足以回答这个问题。

第一，在舍勒的现象学中，“人格”不能作为一个第二性的现象从意识或从自我（比如在胡塞尔那里）或从纯粹意志中演绎出来，“人格”也不能从精神（mind）或理性中演绎出来，“人格”也不等同于意识、自我、精神或理性。这是因为，事实上，我们没有关于纯粹或绝对意识（胡塞尔）、精神（黑格尔）、自我（费希特）或理性（康德）的要求（claim）的经验。无论这些语词意味着什么都是在实践中仅仅并且始终以“人格”形式被给予及被经验。甚至上帝也不例外。舍勒说，上帝不是“纯粹精神”，而只是以位格（Person）的形式可让我们接近。根据这一原则，舍勒说所有我们的精神、理性、意识、意志等的经验都不能没有它们的人格形式。因此，舍勒不仅使自己与惯常的、古希腊的（非人格的）那些“精神”概念（例如，阿那克萨哥拉和亚里士多德的**奴斯**）区分开，而且也与费希特、谢林和黑格尔的德国观念主义区分开，更不容置疑的是，像海德格尔一样，与胡塞尔在其《观念Ⅰ》中所表述的“关于……的意识”的第一性区分开。就像

在海德格尔那里意识和自我可以从此在中推导出来一样，在舍勒那里它们也可以从人格的存在中推导出来。[1]

第二，对舍勒来说，所有意识、精神、理性和灵魂（spirit）只有一个存在论状态："生成"而不是存在。在他 1926 年为《哲学人类学》（*Philosophische Anthropologie*）所写的一份手稿中[2]，他通过他所谓的**精神的同构类比**（*die isomorphe Analogie des Geistes*）展现了这一存在论状态。他认为，只要其思想观念和概念不借助于实在和事态（"借助"这些它们至少可以部分地实现自己）参与一个功能，具有这些观念和概念的思想将仍然是完全无力的且在历史上无效的。例如，一个作曲家思想中关于一首交响乐的想法始终是无力且无效的，除非它"借助"一个交响乐团及其指挥被实现。这种类比适用于人类在任何时刻会有的所有想法、观念或计划。除非它们至少发现实在中使它们参与实在化功能的部分要素，否则它们就会像思想本身一样始终是无力的。这也包括上帝，他需要连续创造［*creatio continua*（圣・奥古斯丁）］来完成他的历史的实现。一个"纯粹的"神的思想至多是隐蔽的神（*Deus absconditus*）。

因此，在实际的实在中思想的观念的功能化始终是一个"生成"，而且它是"人格的"。人格在观念的相互渗透并伴随着这个功能化中发生的实在之过程中揭示了其自身生成的时间性。

在这种自身生成的时间性（这也发生在所有非人类自然中）的各个方面之中，有一个对我们来说似乎是唯一的时间特性——这是后期的舍勒所阐述的。这个方面就是"转变"（transition）的时间性，就好像发生在一个人格道德上的尚未存在（not-yet-being）和他将会成为或可能是什么样这二者"之间"。舍勒常常把这个以及转变的实践性的其他方面称为"绝对时间"。这将需要一些解释，但这会使我们更完全地看到人格本质，超过我们目前为止可能拥有的观点。

---

① 我也希望强调这一点，因为**胡塞尔主义者**（Husserlians）过去和现在通常都错误地认为马克斯・舍勒的作品大部分都是在胡塞尔的影响下完成的。甚至弗莱堡胡塞尔档案室主管维纳・马科斯（Werner Marx）在他的 *Ethos und Lebenswelt*（1986）一书第 6 页也不负责地断言舍勒的 *Formalism in Ethics* 一书是"当然地基于胡塞尔的明察"（*allerdings aufgrund von Husserls Einsichten*）而写成的。首先，就《观念 I》来说，从时间顺序上说这是不可能的，而且舍勒也不可能考虑到胡塞尔最近出版的关于伦理学的讲座。毋宁说，主要是胡塞尔的《逻辑哲学》第六研究对舍勒和海德格尔来说比较重要。

② 特别参见 *GW* 12（S. 148ff.）。

转变的绝对时间在从词语 A 到词语 B 的所有过程“之内”流逝。例如，自亚里士多德以来就知道，在所有过程中，这种转变是从潜能到现实或从不存在到存在的，反之亦然。转变的时间也在这样的日常过程内发生，比如在睡与醒之间（反之亦然），甚至在对一个对象的思考被另一个对象的思考所替代之间的特有的过渡。对舍勒来说，所有生命及其生物的进程都充满了这种绝对时间的转变性。这与被舍勒称为“空洞”时间的可测量的时钟时间相反。这是因为，我们能够把任何一个被置于空洞时间结构中的内容更换到另一个结构中（就像日历上的空格子一样），而绝对时间是“充满的”时间，充满了内容。[①] 而且，这些内容和绝对时间阶段完全协同，也就是说，内容和阶段是“联合的”。

尽管舍勒没有清楚地说明这一点，但转变中绝对时间的过渡极大地影响了他的意识观念。首先，他更喜欢用德语词 *Bewusstwerdung*（意识生成）代替 *Bewusstsein*（意识），即不停的“意识生成”而不是单纯的意识。如果散布在他身后出版的遗稿中的他对绝对时间的许多评价是正确的话，那么似乎胡塞尔的“时间—意识”就不仅仅具有“关于……的意识”的短暂意向相关项之内容的意向活动的“滞留”和“前摄”特征，而且是像舍勒独立于胡塞尔所描述的那样的一种事态。[②] 另外，在这种意向相关项之内容之间必定存在一个绝对时间的过渡。这一时间必须处在与关于……的意识的内时间、前摄 - 滞留时间相当不同的层次上。对舍勒来说，转变的时间不是“关于”某物的，尽管其特殊阶段与某内容联合在一起。毋宁说，这个内容似乎是转变的一个中性内容。例如，很可能一个昏迷的人的意识的“缺乏”，或者一个无梦睡眠中的人的意识的“缺乏”像一个完全中性的（极其荒谬的是）“转变中不变的内容”——它缺乏任何的意向相关项 A 或 B——一样漂移。

必须记住的是，我们刚刚讨论的绝对时间的一个特定模式，也就是在 A

---

① 关于“空洞的（empty）”和“充满的（filled）”时间之间的差异，可参见舍勒 1927 年的论文 Die Stellung des Menschen im Kosmos（*GW* 9，S. 9 - 71）的第 37、38 页。该文英译参见 *Man's Place in Nature*（trans. H. Meyerhoff，Boston：Beacon Press，1961）。在舍勒的论文 Idealismus-Realismus（*GW* 9，S. 216 - 236）中也有关于这个差异的详细看法，特别是 234、235 页。另一说明可参见 H. G. 伽达默尔 1969 年的论文 Concerning Empty and Ful-filled Time（*Southern Journal of Philosophy*，Winter，1970），它的德文版收录在 *Die Frage Martin Heideggers*（Heidelberg：Universitatsverlag，1969）。这篇论文显示出与马克斯·舍勒 1927 年的立场不可思议的相似。

② 《形式主义》，第 427 页注释 1，第 437 页注释 1/第 431 页注释 68，第 441 页注释 80。

和B以及与它们的阶段“黏合”在一起的任何内容之间的转变中的时间过渡，不仅一般地关于所有活动，而且尤其关于所有被给予人格的道德实存的因素。这一点更加适用于我们迄今为止只是顺便提及的那些价值；也就是说，善与恶的价值以及它们在人格良知中的位置。

因此在我们能够继续着眼于《存在与时间》之前，我们必须简要地考虑一下善与恶的价值的本质以及舍勒那里的良知——它们都在《存在与时间》中在此在的背景下被提出。在舍勒区别出来的为康德《实践理性批判》奠基的八个预设中，有两个对于理解任何伦理学中的中心概念之一——“应当”——极为重要：

> （1）任何人类“应当”或“不应当”做的事都在关于什么应当做或不应当做的价值中拥有其基础。因此，若不详细审查就接受康德的实践理性的义务命令——它说我们应当或不应当做什么的唯一基础在于理性的绝对命令——将会是一个错误。
>
> （2）道德实在被建基在至少两个因素之间的“抗阻”中：a）一般在肯定和否定价值之间，以及b）尤其是在善与恶的道德价值之间。

让我们首先阐释后一点。一般而言，抗阻意味着一个实体X拥有抗阻任何这个实体不是为了它而成为实在的东西的能力。舍勒把“丰足之地”（the land of plenty）故事中的乌托邦世界称为他所得出观点的一个合适的例子。[①] 在“丰足之地”中，所有欲望、希望、梦想和渴望都自动被实现。在这样一个世界中，没有什么可以作为实在的而“被给予”，因为没有任何与这些实现相对立的分歧因素。因此，在这些项之间没有抗阻。例如，如果饥饿总是立即得到满足的话，那么它就绝不能作为实在的“被给予”。在这片想象之地上，一切都完全是同时“在那里”的，但是它不能作为“实在的”被给予。这就是为什么某物被给予的实在性来源于它抗阻不一致的、分歧的对立面——它们是无序的——的能力。换句话说，实在性“就是”抗阻——这一思想的痕迹可以在不同的思想家那里发现，如邓·司各脱（Duns Scotus）、曼·德·比朗（Maine de Biran）[②]、狄尔泰（W. Dilthey）、

① 参阅*GW* Ⅸ，S. 278－279，以及*GW* Ⅶ，S. 90。——译者

② 曼·德·比朗（Maine de Biran，1766—1824），法国政治家、经验主义哲学家和多产作家，主要代表作有《心理学基础论》（1812）等。——译者

雅各比（F. H. Jacobi）、J. G. 费希特、F. W. 谢林以及苏格兰哲学家托马斯·里德（Thomas Reid）。

抗阻这个因素可能是生物的（细胞）、精神的、物理的（原子）、社会的（群体）、道德的或心理的（概念），不胜枚举。因此，正是通过抗阻世界中的不一致，世界的实在性才能够完全“被给予”。这一点也包括了存在与实体、上帝与人之间的不一致性以及舍勒也说到的“世界—抗阻”这个概念。

关于第一点，我们所关心的道德实在的例子可以在只发生在人格之中的“良知责备”的现象中看到。在这种良知责备中，我们是什么样或者已经做了什么抗阻我们觉得我们应当已经是什么样或者应当已经做了什么。在良知的经验中，例如在发生了这种良知责备的懊悔中，正是在一方面我们应当已经是什么样和另一方面我们事实上已经像什么样——或者在一方面我们本应当做什么和另一方面我们却没有做到——之间被经验到的抗阻的差异使内在道德经验对我们成为实在的。道德实在性存在于在应当和不应当——这与相对于任何恶的等级的任何可能的善的等级相关，反之亦然——之间的这种“良知责备”的抗阻中。在懊悔中，过去已经做了什么与我们本应做什么但没有做到之间是不一致的，同样地，我们在道德上应当已经是什么样抵抗着我们是什么样。因此，懊悔具有双重性，在我们懊悔自己的存在方面和我们所做的某些行为方面。换句话说，就我们已经是什么样（存在懊悔，*Seinsreur*）与我们已经做的（行为懊悔，*Tatreue*）相对而言，懊悔具有双重性。懊悔这两个方面中的每一个都是在我们之中产生自一个领域的，“从这个领域中”我们对过去的否定价值懊悔，它揭示了将来的肯定价值。懊悔是良知的这种双重结构的最突出的例子。我们的英语表达“良知责备”恰当地对等于德语词 *Gewissensbisse* 或“良知刺痛”——它同样很好地描述了道德经验中的两个抗阻的项：一个是产生刺痛的东西，另一个是抗阻的能力，这对舍勒来说总是意味着“遭受”刺痛的人。

准确地说，像懊悔这样的良知经验展示出人们可以于其上经验自身的各种道德水平。正是在对一个过去恶的自发的懊悔行为中，有两种经验水平在意识中。它们是：①“它”由其而去刺痛；②恶的位置和它被刺痛到的程度。这种良知责备及其价值位置独自地到来，而且先于以某人自己的自我进行的任何反思和考虑。

这种相同的经验对善与恶的价值来说也是有效的。我们说人格的“爱”和“偏好”是这样的：一个较高价值在一开始就被偏好胜过一个较低价值，

即先于意愿和选择。每当一个人在心里“准备好”接受一个更高价值时，善都在实现这个更高价值时“骑在这个行为的背上”[①]。相反地，当一个较低价值被偏好胜过一个较高价值时，恶的价值也会同样如此。因此，**善与恶是在实现一个较高（较低）价值的背上独自到来的**。善与恶是“回音”，不是这些价值实现的目的。这表明，善与恶这些价值独自地具有在人格中的转变的时间性，即它们具有绝对时间。

让我们给出一些例证来为着眼于《存在与时间》提供进一步的基础。一个在后院里玩玩具的孩子可以没有任何预先计划地、自发地摘一朵雏菊并送给他的妈妈说：“妈妈，我摘了一朵花给你。”被实现的善在偏好妈妈的价值胜过玩玩具的价值的转变时间性中把自身时间化了。被实现的这个孩子的善决不是依照于或预料到任何去摘花给妈妈的律令。

另一个价值的转变时间性的例子可以发生在一个人自发地感觉到卑微并深深地感激这个世界的不可抗拒的在场和他自己的实存时——**这被包含在他短暂的一生之中，与生命的常规和平淡的日常生活相对**。在这种时刻，人经验到了这个世界的在场以及他自己的实存两方面的不可替代的礼物的价值。从对日常生活的态度到对一个人人格存在的强烈经验的这种转换经验是任何一个认识那些晚期病人的人所熟悉的。在他们的被预先感受到的死亡前数天，他们会突然停下来看一看任何其他微小的事物，如一片草地，并经验它对他们而言仍然完全在那里的存在的价值。这种经验很少发生在日常生活的常规中。感谢和谦卑[②]的这些特殊的实存时刻把人从日常生活中提升到了他或她内心深处的存在——一种可以被比作（用海德格尔的术语来说）从非本真的到本真的存在的转变的转变。这种时刻被许多著名人物完美地描述过，而他们并没有必然地考虑到以上提到的转变的时间性。例如，看着“头顶的星空和心中的道德律”（康德），或聆听着“小路旁那最后的钟声”（海德格尔），或听着“山顶的寂静”（歌德），或处在《太阳颂》（*Canticle of the Sun*）中所描述的与上帝同一的宇宙感受的状态中（圣方济各）的这些时刻。当然，这种关于我们良知中可能的人格实存水平以及关于善与恶的价值的经验是关于自身价值的经验，它独有地在人格中发

---

① 《形式主义》，第 48 页/第 27 页。

② 关于感激和谦卑，参见我的短文“Humility and Existence”（*Delta Epsilon Sigma Bulletin* 19：4，1974：126－130）。这篇文章的德文版“Demut und Existenz”收录于 *Die Wertkrise des Menschen：Philosophische Ethik. Festschrift für Hans Reiner*（Meisenheim，1979，S. 3－7）。

生而不在事物上发生。

在1927年阅读《存在与时间》之前，马克斯·舍勒已经提出，绝对时间不仅内在于人的实存和不同个体的各个方面，而且内在于所有历史、生命成长，内在于原子世界和交互主体性的时间之中。他进一步提出这样一个问题：所有不同类型的绝对时间是否都必须最终还原为一个绝对时间——在其中过去、现在和将来都不再与任何特定的活的存在相关。他打算参考《存在与时间》来解决这个问题。但是他在完成这个计划之前就去世了，而且我们没有找到任何留下的手稿。[①] 然而，我们关于此可以说很多。绝对时间将必须同时跨越世界、上帝和人。这个论点在他的《形而上学》（*Metaphysics*）——其中人类已经被认为是在动物性和上帝之间、在善与恶之间的"转变"本身的位置，即人在自然之中的转变地位——一书中得到了支持。

三

虽然海德格尔的确从他"现成在手之物"的存在论（*der Ontologie des Vorhandenen*）[②] 的角度审视了善与恶的价值，**但是根据已在整个哲学史中被承认的善与恶问题的复杂性，他对善与恶价值的分析显示了他令人遗憾的疏忽**。尽管海德格尔在《存在与时间》中提到了恶的缺乏（privation）理论——这只是为了一举抛弃它，主要原因是它没有说明现成在手之物，但他甚至没有提到波墨（Böehme）、莱布尼茨、谢林甚至尼采关于恶的问题及其复杂性所说过的内容。只是到后来（1936年）他才对谢林对恶的解释产生了兴趣。不管怎么说，在我们所知的所有关于善与恶的理论中，没有一个哪怕是极少地支持海德格尔的预设——如果这不是偏见的话——道德的善与恶与其他所有价值一起依赖于现成在手之物。《存在与时间》中主张，善与恶不以事物性作为它们的基础。只有人格是，或者能够是善或恶的。而人格（如海德格尔所坚信的）并不是事物。

从同一个预设可以得出，还有另一个不可接受的含意遍及《存在与时间》。善与恶与所有其他价值一样被认为是依事物的现成在手状态（*Vorhandenheit*）而定，就此而言，必定会得出此在本身既不可能是善的也不可能是恶的，恰恰因为它不是一个现成在手之物。因此，此在必定既缺乏自身价

① *GW* 9, S. 235.

② *Sein und Zeit*, (*GA* 2), §58, S. 379-380.

值，又缺乏良知。海德格尔自己甚至在《存在与时间》的第 54 - 60 节在他对良知和罪欠的分析中认可了这一具有争议的含意。

此在的“良知”并不是一个道德良知。它是一个“实存主义的—存在论的”由此在——它被召唤（*aufgerufen*）至其最内在的自己——所构成的良知。被“常人”——通常“命令”（dictating）“一个人”做或不做什么——“拉平”（levelled）的非本真的（*uneigentliches*）此在“听不到”（*überhört*）这个召唤。（顺便说一句，一个在极大程度上存在于这种非本真的“常人”样式——它命令此在“一个人”做或不做什么——中的此在必定也缺乏善与恶，因为此在同样盲从和顺从于“陷入”“他们”所做的事情而不管他们可能具有的任何道德影响。）

然而，对海德格尔来说，存在论良知的呼声（*der Ruf*）会落到此在上并将此在召唤到它本真的能在上（*eigentliches Seinkönnen*），把它从“常人”中攫升出来。[①] 这与舍勒的道德良知相对立。舍勒的道德良知总是告诉我们一些关于我们自身的东西，而海德格尔的“召唤”并没有说出任何东西，因为它来自此在自己“无家可归的被抛性”（uncanny thrownness）根据；由此，此在必须处于它自己的根据之中，而绝不可能成为这一根据的控制者。因此，此在的根据是构成它的“一个不之状态”（*eine Nichtigkeit*）。

反过来，这解释了海德格尔对另外那个伦理学术语“罪欠”（*Schuld*）的使用。正是在被抛的不之状态中任何道德上的或法律上的罪欠——海德格尔所谓的“流俗的罪欠的现象”（*vulgäre Schuldphänomene*）——才具有其基础。在《存在与时间》第 58 节中，存在论的罪欠既不属于道德应当的“非本真的良知”，也不属于与法律有关的对与错的良知。而且，我们被告知，任何对一个道德应当（*einer sittlichen Forderung*）的违背都“属于”此在的存在论状态。[②] 然而，这与下面这种说法并不一致，即所谓的非本真的罪欠的现象（它包括了道德应当）只在存在论的罪欠中具有其基础。

---

① 传统翻译把德文单词 *eigentlich*（本真的）和 *uneigentlich*（非本真的）翻译为“authentic”（真实的、可信的）和“inauthentic”（不真实的、不可信的），我避免使用这种译法，因为它们使其德语意思变得模糊。“proper”（适当的、固有的）这个词被放在一个名词或一个动名词之后时，几乎等同于德语中 *eigentlich* 的用法。因此，“适当的实存”（existence proper）这个词和 *eigentliche Existenz* 是一致的。然而，海德格尔的术语 *uneigentlich* 在德语里根本不被使用，是海德格尔生造的。这个词的含义和英文单词“commonplace”（普通）最为接近，如果你愿意的话也可以说成“commonplace existence”（普通的实存）。（本文将“commonplace”统一译为“非本真的”。——译者）

② *Sein und Zeit*，（*GA* 2），S. 375ff.

最后，我希望提出一个更重要的例子来反驳海德格尔的论点：所有价值都预设了现成在手之物为其基础。尽管我已经在别的地方提出过这个例子[①]，但我希望在它与我们这里的目的相关的范围内提出其概要。

如果一个人要选择《存在与时间》作为伦理学的存在论奠基的合法基础，那么人类实存的道德样式和人类人格的自身价值都可以在存在论上只在“与他人共在”（Being-with-others）中被揭示。以《存在与时间》的语言，这意味着此在的“烦”（*die Sorge*）依赖于此在的“共在”（*Mitsein*）。海德格尔把这称作为“烦神”（*die Fürsorge*）或者“为他人烦”（care-for-others）或者“烦他人”（care-of-others）。海德格尔的对事物上手状态（通过它“在世的存在”被揭示）的大篇幅叙述对立于他对此在的“共在”（它也揭示了此在的“在世的存在”）相对小篇幅的叙述。因此，上手状态和与他人共在都为此在揭示了“世界”。[②] 海德格尔给出了一个关于一艘靠岸停泊的小船的例子，这个例子把他人揭示为“共同此在”（*Mitdasein*）——这艘小船既可能属于他，也可能属于任何可能使船停泊在那儿的人。海德格尔说，所有共同此在都与物相照面并且排他地与它们“成为一体”（*in eins*）。[③]

虽然他强调了共同此在的在先被给予性（pre-givenness）——它已经被舍勒在《伦理学中的形式主义》和《同情的本质与形式》中解释为他者比自我更具原初性，但事物和他人的同一（oneness）——世界通过它被揭示——只为在关于此在的“共在”的存在论中的伦理学建基留下很小的可能性。实际上，这种可能性将在唯一特殊的情况下，即当事物对一个善或一个恶的发生是必要的时，容许善或恶。例如，一个小偷或偷东西，但这些几乎不能穷尽善与恶本身的本质。如果某人偷了《存在与时间》中海德格尔的小船，那么很显然这将不会涉及恶，因为小偷和主人都只是成为一体地与小船一物照面，他们任意的照面不被规限为任何道德错误。

此外，现成在手之物和他人的同一也决不会使像谋杀这样的恶成为必需。谋杀了另一个人的人决意要杀这个人，而不是故意地用一个锤子或其他东西来杀人。毋宁说，谋杀的恶发生在纯粹的、交互一此在的关系之中。海德格尔把这个关系称为共同此在间的“距离性”（Abständigkeit）。正是在

---

① 在我的研究 *Person und Dasein*：*Zur Frage der Ontologie des Wertseins* 中。

② *Sein und Zeit*，（*GA* 2），S. 165.

③ 参阅 *Sein und Zeit*，§26。——译者

共同此在间的这种距离性之中一个人能够（或者也许是必须）找到善与恶的存在论基础。这可能更加重要，因为根据《存在与时间》的第26节，这种距离性——此在的“为他人烦”在其中起作用——具有五种不同的样式。它们是：

1）此在的“为”某人而“存在”（being-for）的样式；
2）此在的“反对”某人而“存在”（being-against）的样式；
3）此在的“缺失”他人而“存在”（being-without）的样式；
4）此在的与他人“陌如路人”（passing-by）的样式；
5）此在的对他人“毫不关心”（not-mattering）的样式。

海德格尔在《存在与时间》第37节中说，“为他人烦”的第二种样式“互相反对”（*das Gegeneinander*）渗透在距离性的所有其他样式之中。然而，在这一点上海德格尔没有做详细描述，但更重要的是距离性的前三个样式可以毫无疑问是伦理学的范畴。

第一种样式：“为”某人而“存在”将在存在论上使所有形式的同情、尊重、尊敬也许还有爱成为可能。

第二种样式：“反对”某人而“存在”反过来将在存在论上使所有形式的恨，从而像海德格尔会说的那样（但根据我们的观点，既不应该也不能说）使所有像人格伤害这样的不道德行为的“非本真”形式成为可能。这一样式也使海德格尔所谓的共同此在的“赶上”（catching-up-with）、“压制”（holding-down）或“拉平”（levelling）——我已经在其他地方表明，这可以为一种关于“怨恨”的存在论提供一个有趣的起点——成为可能。

最后，距离性的第三种样式：“缺失”他人而“存在”是一个最卓越的伦理学范畴，这不仅仅是因为它能够为被海德格尔不恰当地称为良知“非本真现象”的东西奠基，而且因为“缺失”他人而“存在”——与被说明的懊悔现象一样——是一种道德的（甚至是宗教的）良知本身。道德良知恰恰就是“缺失”我自己本应当是但却不是的人格之“存在”。为我们所不知的是，所有的相互共在在它对这种距离性的烦中是“焦虑的”（uneasy）。[①]

我必须承认，我们在这里为伦理学在此在的存在论中的可能基础所提供的一些建议没有特别地涉及任何马克斯·舍勒在他那本《存在与时间》

① Ibid., S. 168.

中所做的详细边注。实际上，我从一开始就完全决定不这么做。毋宁说，我宁可仔细阅读《存在与时间》中几乎找不到任何边注的许多页。在这些地方特别缺乏舍勒所做的边注的一个可能的原因显示：恰恰因为他的《伦理学中的形式主义》，他不需要在这里做任何注释。这主要是由于海德格尔对价值和人格的批判——我希望自己已经表明了——不适用于舍勒，这已经屡屡被暗示。因此，在我看来，海德格尔在《存在与时间》中对价值和人格的批判似乎不得要领。正如马克斯·舍勒自己曾在读了《存在与时间》中海德格尔对抗阻概念的取消之后所说的那样，"这个批判可能有其自己的观点，但它并不适用于我"。①

---

① 衷心感谢菲利普·克罗瑟（Philip Cronce）先生录入这篇论文。

通过榜样性的人格间的注意[①]

安东尼·J. 施泰因博克

导　论

大街上的某人是孤独的或受惊的：一个正专心于事务，另一个则上前搭讪。两个人正观看当地新闻中的战争画面：一个担心它将如何影响明天的股市，另一个则因爱国精神而兴奋不已。某人说了一个笑话：一个人不好意思地窃笑，另一人则带着共鸣的会意而狂笑，似乎已超出了笑话可笑的程度。在一间候诊室中，某人因痛苦而哭泣：一个人静静地听着，另一个继续读报，还有的人则忙于付款。

这些被描述的境况是独一的，不仅因为它们涉及到以一种特别的方式转向他人，而且因为每一种情况中都包含着一定的价值，这些价值指导着我们用以接近他人的方法。它们占据了我称之为人格间的注意的领域。

对注意现象的探究一般以与世界上的事物相关联的意识的本性为出发点。这条基本途径为经验—心理学的与哲学—现象学的这两种途径共同拥有。在前者中，注意被看作对一个客体方面的刺激的精神回应，这个客体也同样照亮了一个主题域。[②] 在后者中，注意被描述为一个生活亲历的过程，它是由对我们进行诱惑的客体的感触力"激发"的，而不是以其为原因引起的。这一注意导致了一种对于一个典型的感知者而言的前景和背景间的共生关系。[③]

---

① 安东尼·J. 施泰因博克（Anthony J. Steinbock，1958— ），美国南伊利诺伊大学哲学教授。本文经朱刚教授（中山大学哲学系）校读，特此致谢。——译者

② G. Th. 费希纳：《心理学的基本要素》，莱比锡，1860 年/1889 年。W. 詹姆斯：《心理学原理》第一卷，剑桥，1890 年/1981 年。T. 利普斯：《心灵生活的基本事实》，波恩，1883 年。W. 冯特：《心理学概论》，莱比锡，1896 年。卡尔·施通普夫：《显现与心理学功能》，柏林，1907 年。

③ A. 古尔维奇：《意识领域》，匹兹堡，1964 年。A. 古尔维奇：《现象学和心理学研究》，埃文斯顿，1966 年。E. 胡塞尔：《被动和主动综合分析：超越论逻辑讲座》，安东尼·J. 施泰因博克英译，道特莱希，2001 年。M. 梅洛－庞蒂：《感知现象学》，巴黎，1945 年。

我们将分析：我们如何把注意转向某物，世界如何吸引我们朝向这个或那个方向，某事物如何能改变我们感知的或认识的朝向性，思想的对象如何能被诱导而成为判断的明晰主题，感知对象如何在其他对象都退入背景时成为焦点，一些事物或事物的一些方面如何能通过竞争而在场，以及另一些事物如何能结合在一起形成一个突出的图像。这样的分析将有助于注意现象的展现。

本文并不关注事物如何以这样或那样的方式影响并触动我们，我的兴趣在于：我们如何能够谈及一个正被另一个人或事物（别人喜爱的事物）所吸引的人；一个人如何能够以明确的或不明确的方法获得或保持我们的注意；某人如何能引起我们的行动或行为（behavior）；某人如何能激起我们人格的成长和转化，或激励我们生活的使命。这些问题并不属于感知和认识生活，而主要属于经验的情感领域。这些问题甚至也建构了事物（感知的和认识的）由之而成为吸引人的或使人反感的方式，因此这一方式指导着什么将在感触上对注意的这些其他方式而言会成为重要的。相应地，人格间注意的领域不仅与感知的和认识的注意相区别，而且还为后者奠基，并最终对什么会成为感知上和认识上重要的东西产生影响。

在这篇文章中，我将讨论关于注意的人格间关系的一系列问题。讨论将通过以下几个方面来完成：（1）描述作为被给予方式的展示和启示的区别，并借此以现象学术语设立问题，（2）把情感生活作为人所特有的特征，并把人描述为本质上和原初地是人格间的，（3）在与引领现象的区别中，根据榜样性现象的效用，并参考榜样的类型以及各类型榜样间的相互联系，来清楚地说明榜样现象，（4）通过对感知的和认识的注意与人格间注意的区别的详细记述，以及表明后者对于注意现象学的重要性而总结全文。

一、展示和启示

无论是涉及世界上的事物、人类以外的其他存在物，还是涉及人，注意问题在传统上一直受到一种特殊的被给予形式、即我这里所谓的“展示”的主导。展示是这样一种方式，通过它，当对象或对象的各方面在与一个感知者或认知者的关系中进入现象时，它们就被诱入现象。当它们被给予，它们就进入一个相对于一个背景的感触突显（relief）之中，并且它们的意义只在一个“情境”之内被决定。这个情境恰恰就是感知者和被明确或不明确地感知到的对象之间的相互作用。由于对象的被给予方式或意义是根据显现和隐藏的相互作用来决定的，所以当其他对象在视域中消失的同时，

脱颖而出的这些对象就具有了“深度”（depth）的结构。[①] 在此，事物为获得它们明确具有的意义而从属于解释。

而且，被“展示”的对象是通过这种被给予的秩序本身所特有的功能和行动被给予的，即通过感知、感动、思考、相信、记忆、期望等被给予的。每一种情况下，对象都在与感知者或思考者的联系中被展示。感知者或思考者组织起一个关于可能展示的图式，这些可能的展示转而又与那些已被展示的方面或对象相协调。当它们相互协调时，我们就具有一种关于一个被给予的和随着时间而被如此肯定的同一事物的经验；我们就具有一个“正常的”感知；当它们不协调时，它们在相关的意义构造上就不正常。[②] 这里，对象的同一性意义可以凭借展示的发生类型而被理解，一如它在视角的变形中并通过这种变形而保持同一一样。如我们所知，这并不是单方面的作用，因为对象自身就有吸引我们的功能并在情感上推动我们转向它们，以致它们能被引入现象。事实上，某物为了成为突出的存在，它必须在感触上是重要的，并且能对感知者或思考者施加一种触发性的吸引力，无论它实际上是否作为明确的主题而存在。[③] 这种凸显和转向既可以是渐进的，也可以是突然的。

在这里没有必要进一步描述这个结构，因为，至少通过胡塞尔的发生现象学研究、海德格尔对此在和**无蔽**结构的描述、格式塔心理学的早期著作以及梅洛－庞蒂的感知现象学，这已经被人们熟知。就相关的被给予秩序而言，它自身就是合理的。

困难在于且继续在于，“展示”被认为是被给予的独一方式。这就产生了两个令人遗憾的后果。其一，如果一个人对于事物给出自身的方式上的任何不同都不注意，他或她就可以试图把展示应用于任何有潜力被给予的东西。因此，例如，不同于人的动物、他人、上帝等就会被描述为可展示的、可相信的，并且为了获得其意义就会从属于一个解释关系；它们就会被理解为易受到我们在感知对象的情形中所发现的同一种意向或充实、证明和失望的影响。

其二，如果某人注意到了被给予中的区别，他就会认为有些“事物”

---

① 梅洛－庞蒂在《感知现象学》中写道，深度是最具“存在的”维度（第296页）；在《可见的与不可见的》（巴黎，1964年）中，他提出深度正是存在的结构（第272页）。

② 参见拙作《正常性与非正常性的现象学概念》，载《人与世界》，1995年第28期，第241－260页。

③ 参见胡塞尔《被动和主动综合分析》，尤其是第二部分，第三节。

原则上不适合这种被给予，或有些事物原则上不会被感知或思想所通达（如猩猩、他人、上帝的心灵）。这种情况下，这些事物将被描述为以一种不可通达性的方式而可通达的存在，被作为不能被给予者而被给予，或者不能被经验者而被经验；因此，它们的特征就会是处在现象的被给予性的"界限"上。[①] 那么，如果还有人想谈论这些事物，他或她就会被指责为"思辨""神学""教条的形而上学""本质主义思想""基础主义""在场的形而上学"，或对"本原哲学"的怀旧等。

尽管在从传统现象学到后现代哲学的绝大多数研究中，展示的主导地位和对其他被给予方式的抹杀是那么明显，但对被给予整体秩序——要么包括一切，要么**通过否定**去定义不能当作被给予的东西——的坚持，在当代思想中已经受到置疑。

最初的尝试可以在扩展明见性领域的努力中看到。它要把道德和宗教经验包括进来——虽然其先决条件是有人扩展了展示领域以使之能覆盖当今宗教或道德主题，只有这样才有可能触及对这种研究的各种限制。这一研究的典范是阿道夫·莱纳赫，他写道："宗教经验，尤其是突然的那种，是不能被'理解'的。它们不是'被激发'的。"因此，他要求我们首先尊重这一观念：宗教经验是自愿的，"即使（他们的感觉）导向神秘"[②]。在这一大致的类型中，我们还发现了让·海林（Jean Hering）关于宗教意识的独一本性的现象学研究[③]，以及克特·斯塔文哈根（Kurt Stavenhagen）对相对于绝对领域的一个绝对人格表现的可能性的研究[④]。

这些尝试应该与其他那些仅仅从经验上描述各种宗教和宗教经验的尝试相区别——无论这些其他尝试是对它们的类型进行分类还是促进一种宗教哲学——因为这些其他尝试不仅预设神的性质，而且也无法询问神或他人如何能被给予。情况就是这样，尽管事实是如果这些其他研究产生（或将产生）一种对于被给予方式的探究，它们甚至可以提供一个真正的起点。

---

① 参见拙作《限制—现象与经验的阈限性》，载《别样的：现象学杂志》（*Alter*：*revue de phenomenology*），第6卷，1998年，第275–296页。

② 从1916年开始。阿道夫·莱纳赫，《全集》，卡尔·舒曼和伯利·史密斯编，慕尼黑，1989年，第593页。

③ 让·海林：《现象学与宗教哲学》（*Phénoménologie et philosophie religieuse*），巴黎，1926年。特别参见第87–140页。

④ K. 斯塔文哈根：《绝对的表态：关于宗教本质的存在论研究》，埃朗根，1925年。格林德勒（Gründler）的工作是早期现象学中企图把展示的现象学完全运用于"宗教"现象的一个很好的例子。参见奥托·格林德勒：《建基于现象学的宗教哲学的基本要素》，慕尼黑，1922年。

这一类的例子还有像威廉·詹姆斯[①]，和莱乌（G. van der Leeuw）及其《宗教现象学》等。

最终，这两种努力都不能令人满意，因为它们都明确或不明确地坚持展示，即使在它们试图挑战展示的界限时。

不过，还有另一些人已经能以一种更有力、更清楚的方式发起对展示的统治地位的挑战。最突出的是那些区分了作为启示的被给予和作为表明（manifestation）或揭蔽（disclosure）的被给予的思想家的著作，例如，米歇尔·亨利（Michel Henry）的巨著《表明的本质》（*L'essence de la manifestation*），它把这种对向着一种存在的被给出的限制（=一元论）批评为"本体论的一元论"，并把表明的真正本质理解为启示。[②] 我也记得伊曼纽尔·列维纳斯的著作《整体与无限》（*Totalité et infini*），尽管它把他者限定为不可被给予的，但却明确区别了作为揭蔽的被给予与绝对被给予或作为启示的被给予，这样它就把他者明确地描述为"教师"。[③] 跟随这一传统的还有让-吕克·马里翁（Jean-Luc Marion），在他的著作《没有存在的上帝》（*Dieu sans l'être*）中他作了一个类似的区分，把表明和启示区别开来。

但是，对这个问题最有力的阐述已经由现象学家舍勒在他20世纪头20年的著作中提供了。[④] 对舍勒来说，启示和表明的区别是从他的人格的概念中拣选出来的，人格则通过作为情感生活之一种行动的爱被最深刻地限定为人格（我将在下一个部分继续他的人格概念）。尽管他的写作风格和术语对今天的我们而言有些陌生，但他以如此深刻而一致的方式阐述这些问题，所以值得我们花时间去整理这些材料；此外面对我们当今后现代的（甚至后后现代的）感性，对于我们来说也有必要去担起他对问题的言说方式的重担。

---

① 威廉·詹姆斯：《宗教经验种种：人类本质研究》，纽约，1999年。

② 米歇尔·亨利：《表明的本质》，第二版，巴黎，1990年。参见《生命现象学中的遗忘问题》，载《欧陆哲学评论—米歇尔·亨利哲学》，A. J. 施坦伯克编，第32卷，1999年第3期，第271–302页。以及参见他的《我即真理：论一种基督教哲学》（*C'est moi la vérité: pour une philosophie du christianisme*），巴黎，1996年。

③ E. 列维纳斯：《整体与无限》，海牙，1961年。毕竟，列维纳斯自己写道，不是每一个超越的意向都有意向行为—意向相关项的结构（xvii页）！也参见xvi页。参见拙作《面孔和启示：作为徒步旅行的教义（Teaching as Way-Faring）》，载《谈列维纳斯》，艾利克·尼尔森编，埃文斯顿，即将出版。

④ 例如，M. 舍勒：《伦理学中的形式主义和质料的价值伦理学》，《全集》第二卷，玛丽娅·舍勒编，伯尔尼，1966年；M. 舍勒：《同情的本质与形式》，《全集》第七卷，M. 弗林斯编，伯尔尼，1973年；M. 舍勒：《人之中的永恒》，《全集》第五卷，玛丽娅·舍勒编，伯尔尼，1954年。

二、情感生活和爱：将人呼唤向人格（Calling Person to Person）

舍勒通过诉诸作为人的本质的情感生活（不是认识的或感知的生活），提出一种不同的被给予方式的独特性；他又通过把爱理解为情感生活最深刻、最具体的行动，即理解为一种人格在其中被限定和启示为绝对的运动，进一步地提出这一点；他通过描述榜样性的人格间的动态关系——它最终植根于爱中——而对注意问题（尽管他不会用这个词来表达）有所贡献。

古代的成见坚持认为人的精神被理性与感性间的对置所耗尽，或每一事物必定要么从属于理性，要么从属于感性。在这些成见的摇摆不定中，我们将会迷失。主张情感生活与感性相等；进而主张意义和明见性是理性生活的领域；最后，主张任何属于情感生活的事物（不管是如何设想的）都只是与理性生活"相反的"——所有这些主张与非理性、困惑、不清楚、盲目、"主观"以及没有意义和方向同样有害。

与此相反，舍勒借用了帕斯卡的一个明察，他主张有一个与众不同的"心的秩序"，一个为人格的被给予所特有的**爱的秩序**，一个拥有自己的明见性、错觉、欺骗、充实、明察、"清晰"、阴暗等风格的秩序。它并不涉及感知和判断的功能和行动——它们自身具有完整性，而是涉及情感生活的功能和行为，像同情、共感、爱、恨等。只在思维的情形中总结舍勒、进行哲学研究，以及把精神的剩余部分交给心理学，这完全是一种不公平的武断行为。[①]

在属于情感生活的许多行动和功能中，如可怜、仁慈、共感、同情等，爱最深刻，因为正是在爱中并通过爱，人格才能被启示为人格。对于爱，舍勒的意思并不是多愁善感、一种无目的的过分动情、某些被动地发生在我们身上的事情，如"坠入爱河"。而是他所谓的与"功能"明确区别开来的一种"行动"，因为这是精神层面特有的**运动**；它是被定向的、有意义的、"自发的"和原初的，不是在进行控制的、实行选择自由的和对另一个人施以权力的意义上，而是在有创造力的、或者说即兴创作的意义上，就

① M. 舍勒：《爱的秩序》，见《遗著》第一卷，《全集》第十卷，玛丽娅·舍勒编，伯尔尼，1957 年，第 362－365 页；英文版见《哲学论文选集》，戴维·R. 拉赫特曼译，埃文斯顿，1973 年，第 118－122 页。（下引该文分别标出德文版和英文版的页码，以"/"隔开——译者）也参见舍勒《伦理学中的形式主义与质料的价值伦理学》，《全集》第 2 卷，玛丽娅·舍勒编，伯尔尼，1966 年），第 82－84 页；英译：M. S. 弗林斯和罗格·L. 方克译，埃文斯顿，1973 年，第 63－65 页。

是说，在不受理性法则规范的支配的意义上。

当人格在情感生活行动中完全地但又非穷尽地被给予时，人格绝不是一个对象，而是一个动态的朝向，他在行动中并通过行动而生活，并且作为内在一致性创造性地、历史性地发展。[①] 因为整个人格完全存在并生活于每一行动中，而不必在一个行动或这些行动的总和中耗尽他或她自身，所以没有一个行动的施行不增加或减损人格存在的内容。[②] 进一步说，恰恰因为人格在对象的秩序上不可以被给予并不意味着人格不能被给予，而是意味着人格不能像一块手表、一个椅背、一个过去的事件、一个数字、一个几何图形等一样，以展示的方式被给予，所以只要我们企图使某人"对象化"，他或她的人格就将继续逃避我们的掌控（因此，在道德领域中就有了列维纳斯所谓的谋杀的不可能性）。这样的人格只能以启示的方式被给予，由此人格的绝对性（本质上动态的）或独一性［舍勒所谓的"**不可说的个体**"（individuum ineffabile）］——它不能用概念描述——只能在爱中被完全启示。[③]

人格在两重意义上在爱中被启示。严格地说，没有先于爱的行为的"爱人者"或"被爱者"。在这一意义上，人格在爱中被启示，并且爱可以被说成是"创造性的"：它在爱中并通过爱把爱人者和被爱者限定为它们本身。其次，被爱者不能像爱人者一样，被诱导成自身被给予、宽容等等，就像一个对象可以被引入显现，即当我开灯并招呼一个朋友注意烟灰缸时。但是，对一个人来说，引起作为人格的他人的被给予是可能的。不过，这就有了在道德或宗教经验领域秩序上的吸引的意义。启示的明见性、失望、错觉等内在于情感生活本身的经验，而且就是它所是的那种被给予（例如，绝对的而非相对的，直接的而非间接的）。这就是为什么为以下问题——为什么一个人爱另一个人或不爱另一个人——陈述理由（或借口）总是在爱、不爱、恨等等的经验之后。超出以下这种行动是不可能的，在这种行动中，某人为了从展示的秩序中证明那种被给予而被启示。最后，说人格在启示方式中是绝对的和被给予的，这就是说作为绝对的人格不向讨论、历史的解释和解释学敞开（这不是说我们不能描述人格状态的结构）。但

---

① 参见 A. R. 鲁瑟《爱中的人》，海牙，1972 年。

② 舍勒：《形式主义》，第 525 – 526 页/第 537 页。

③ M. 舍勒：《同情的本质与形式》，《全集》第七卷，M. 弗林斯编，伯尔尼，1973 年，第 163 页；英文版见《同情的本质》，彼得 · 希斯译（哈姆登，1970 年），第 160 页。（下简称《同情》，并分别标出德文版和英文版的页码，以"/"隔开。——译者）

是，坚持作为单个人格的人的解释学的可能性，将使人格的绝对性要么变成专断的，要么变成相对的：相对于一个事物在其中出现并变得有意义的情境；相对于我和我的支配，如果它以食物或工具为幌子的话。列维纳斯获得了这一明察，因为他说，面孔参与它自己的表明（毋宁说，启示），而事物或文本却不或不能参与：面孔会“教”，一个对象可以被解释却不能教。

作为一种运动和有朝向的行动，爱当然能被引向任何事物。于是，一个人可以爱思想、知识、美；一个人可以爱荣誉和高贵；一个人可以爱动物（如，我们的宠物仓鼠）、树（如，古老茂密的丛林），甚至车和用具（如，我喜爱的自来水笔）。正如我们会看到的，这对理解榜样性角色很重要。在每一种情况下，爱都是向着这个“他者”的一个动态的朝向，这使得“他者”的内在价值并没有在爱中耗尽；毋宁说，当允许爱显露自身时，它向无限如此敞开，以致这个“他者”实现了属于它自身存在的最高可能价值。但爱这样做，恰恰是在这一“更高价值”的特点还没有或不能被“给予”之处。[①] 更高价值绝不能预先“被给予”，因为它只能在**爱的运动**中并通过**爱的运动**被启示。我们在事物和人之所是的充实中爱着他者，这个充实同时也是各种可能性的开端和一个“去成为”的邀请。相应地，爱不是他者中更高价值之提升（这应被正确理解为保护或支配）的一个诱因，而且它不在他者中“创造”更高的价值。[②]

尽管爱可以被引向任何事物，但爱的最高形式是与那种承载了神的内在价值的东西相关。且这是**人格**领域特有的。

人格作为人格间的直接地被给予。我们惯常用下面这种表述去表示某些事情，比如，人在社会上总是相互在一起，我们内在地依赖于其他人，“没有人是孤立的”等等。然而，**在现象学上**，这种表述表达了一种基本的人格间关系，即我们作为有限的人，**被给予**我们自身，并且在这个自我被

---

① 舍勒：《同情》，第164页/第165页，第191页/第192页。

② 舍勒：《同情》，第151页/第148页，第161页以下/第158页以下。（当然，对列维纳斯来说，说动物或事物拥有一张“脸孔”（**面孔**）是荒谬的，因为它们拥有的只是“表面”（**脸**）。但这就指出了列维纳斯分析的局限，或至少指出了他的目的的限制。在我看来，为了理解有别于人格或他人之“面孔”的爱所特有的无限的运动，我们将不得不为从人格到人格的被给予（它全然是**道德**的）保留“启示”这样的表达，并描述被给予的不同方式，即我所谓的“揭露”和“表明”，它们是动物和地球元素与文化事物各自独特的被给予方式）。这就是我在目前的研究《垂直性和偶像崇拜》中要做的。

给予中，我们直接处在与无限的人格或神的关系（一种绝对的关系）中。相应地，自我发现也总是人格间的。在这点上，以一个孤立的个体开始是不可能的。基本的人格间关系是个体的自我意识的基础，它可原初地被理解为“召唤”（任命），理解为“为我的自在的善”（good-in-itself-for-me）。这种原初的人格间关系恰恰是人格间“注意”和“感触力”的主要例证——现在它不得不凭借生成的爱以及作为一种道德吸引力（invitational force）的爱的召唤，被最深刻地理解。

这种关系本质上是人格间的，这一点被具有人格间性的情感生活所特有的独一行动所证明。爱是生成的，所以它是这样一种运动：它没有任何明确限制地延伸到现在被给予的东西之外，以致从被爱者的方面来看，甚至那些至今为止曾被经验为“最高”或最充实、最饱满的（saturated）东西都会在朝向一个还要高的、当下是“最高”、最充实、最饱满等等的东西时被超过。举例来说，这就是神秘主义经验上帝之“在场”或被给予的方式。更特别的是埃维拉（Avila）的圣特丽莎（St. Teresa），她把这种经验比作水的过度或火焰的强度，后者把个体引向超越所有界限的独一人格所特有的“完善”。作为与被经验的人格的在场强度相关的人格，一个人在深度上（in depth）发展［自己］。①

通过这种与神的关系，我被给予我自身。这种关系凭借一种向我并仅仅向我发出的“应然”把我作为我置于这个直接的关系中；这种关系是一个“召唤”，一个“天职”，就与我相关而言，这种“召唤”或“天职”作为被经验者被经验为自在的**为我**的善。② 例如，在《圣经·雅歌》（Shir Hashirim）中，这种密切的、独一的关系这样被表达出来：所罗门/以色列对他的神耶和华（Hashem）说：“良人属我，我也属他”（2.16），或另一种说法，“我是为你的，你也是为我的”。这个关系是绝对的，因为它不局限在过去或现在，或某一时段，而是无条件的，永恒的。只有爱与这种无条件性相称。因此，我们可以把这一运动刻画为一种与一个绝对的绝对关系（an absolute relation to an absolute）。在这个绝对关系中，这种绝对性既不可能是数字上单一的，也不可能是多重的。恰恰因为这种关系的独一性，而不是它的普遍性，所以这种关系是**每一个**作为人格的人都拥有的。这就

---

① 参见舍勒“爱的秩序”，第358－359页/第112－113页。又参见《埃维拉的圣特丽莎全集》第1卷，K. 卡瓦瑙O. C. D.、O. 罗德里古兹O. C. D. 译，华盛顿，1976年。

② 舍勒：《形式主义》，第482页/第490页。

是人格间的凝聚（solidarity）的领域。

用舍勒的术语，这个“召唤”对我而言变成了“理想的”，因为它不仅存在于对神的爱的朝向中，而且存在于这个神圣的、**向我**发出的**被给予性**的朝向中；结果是，这把我置于道德秩序中的一个独一的（再强调一次，不是数字上的独一）位置上，并就行动、劳绩和工作来逼迫我。[①] 人类成为人格，亦即绝对、独一的人格的程度，就是有限的人相区别的程度。按照这个独一的人格“理想”，每一个人格都在伦理上表现得各不相同，而且是在其他方面都相似的情况下在人格上各不相同。这个被给予的凝聚的发展，在天职的本质多样性和绝对区别性中并通过它而发生。正是这种精神的或人格的多样性需要真正的民主，以为行动中的每个天职的实现提供物质条件。以这个方法，独一人格的绝对区别就将不会被各种相对而有限的善强制隐藏。[②]

而且，既然通过我的行动和人格生活，我继续历史地“去完成”这个个体化，那么这个独一性就不仅仅是作为时间中的一点或一个单一的起源而被给予。为此，就不是身体、感觉本质、时空秩序等在个体化，而是作为具有生成密度的**人格**定向的“精神”在个体化。由于前面提到的绝对关系源自作为爱的情感生活，同时，由于是情感生活而且最深刻的就是爱把人类规定为人格，所以这一关系不是被限定为躯体间的或甚至交互主体的关系，而恰恰是被限定为人格间的（也因此被限定为基本上是宗教的和道德的）关系。

一方面，一个人不能“把握”爱的行动的意义；另一方面，他又仅仅这样表现自己，仿佛这种意义没有被体验到。从某种角度说，我必须肯定或否定任何对被感受之爱的回应。例如，当我体验仁慈的行动时，我同时共同体验到一种对属于这一行动本性的爱的某种回应的要求。[③] 但这并不意味着在爱中有一个意向朝向一种对应的爱，因为爱不能被命令，这属于爱的本性；如果这一意向出现了，它就将破坏对于回应的真正邀请性的“需要”，而我们正在谈论的也就将不再是爱了。同样的，对爱的自动回应将是完全不充分的，因为爱是“原发的”（initiatory）而且不是被来自外部的逼迫所规定的。

---

① 舍勒：《形式主义》，第482页/第490页，。

② 舍勒：《形式主义》，第499－500页/第509－510页；《同情》，第136页/第129页。

③ 舍勒：《形式主义》，第524－525页/第536页。

就这一奠基性的人格间关系而言，以神秘主义为例，我们的人格表现将是：像上帝之爱那样去爱，不仅朝向对上帝的爱，同时朝向神圣的被给予——包括他人的爱和一种自身的真爱，于是他或她在自己的爱的行动中就将体验到神和有限之人的爱的交汇。[①] 这个爱是由他人的在场引起的，而不是，比如，从想要做某件好事的我引起。于是，爱预备着（instores）或表达了体验的道德领域，并为同样是人格的行动进行奠基：无论这些行动是社会的、政治的、经济的还是性爱的。

这一整个的动力学关系属于人格间的经验领域，被赋予宗教和道德色彩。如果刚才所描述的交互联系是一元论或泛神论的话，这一动力学关系就不会是一个问题。理由如下：

首先，爱的发生特性并不需要上帝在人类中思想、意愿、爱等等，正如人类的意志行动不仅仅服从神圣规则和命令。因此，作为无限人格的进行爱的上帝，在发生的爱中把我们给予我们自身，却不能与我们结合。这只是因为可以有一个经验的道德领域和道德活动。

第二，这样的人格是绝对的，也就是说，一个人不能把上帝假定为某种绝对而把**作为**人格的人类假定为相对的。这是绝对与绝对（人格与人格）的关系，而不是绝对与相对的关系。因此与米歇尔·亨利相反，在绝对生命与相对自身感触之间**不可能**有区别：前者作为自身感触把自我给予自身，后者则**只是**自身感触的绝对生命[②]；毋宁说，它必将表达为无限的绝对自身感触与有限的绝对自身感触之间的关系。

第三，因为个体化原则是**作为**情感生活的精神，而不是感觉本性或时空秩序，所以我们能够有意义地谈论个体的和集体的人格。

这里所描述的人格与人格间的关系使我们现在能够在一个人格间框架中提出注意现象，而不是仅仅把它限制在感知或智力所特有的展示方式中。我说“仅仅”，是因为最终甚至是感知的和认识的注意都将着上人格间经验、无限—有限（infinite-finite）和有限—有限（finite-finite）的色彩：人格间注意是感知注意的基础。第三节的任务就是通过对榜样性现象的论述表明这一情况。

---

① 舍勒：《爱的秩序》，第 347 页/第 99 页。

② 米歇尔·亨利：《我即真理：论一种基督教哲学》（*C'est moi la vérité: pour une philosophie du christianisme*），巴黎，1996 年，第 212 – 215 页。

三、榜样性

我们与榜样一起以其爱或恨的方式，爱榜样所爱，恨榜样所恨。对我们而言，什么是重要的，甚至什么使我们吃惊，什么冲昏我们的头脑，都可以通过我们爱或恨的方式来了解。所以，舍勒这么写道：无论谁拥有了一个人格的**爱的秩序**，就拥有了这个人本身。“如果没有人的**爱的秩序**的共同作用，诱发价值（依据该价值的种类和大小）就不会在任何既不依赖于人又作用于人的自然之作用上留下印迹。”①

我们在我们的榜样中了解我们的**爱的秩序**。榜样不是规范，而是“人格样式”——以榜样内容中所见的价值为基础。然而，榜样是前判断地并先于选择范围而被给予，它表达了一个特殊的价值维度（如，神圣、精神、生命、有用性、适意），以及那些价值如何被安排。

因为榜样性是理解人格间注意现象的基础，所以我把榜样现象分为几个层次。首先，我把榜样性与引领现象（人格间注意的另一个方式，但它最终植根于榜样性）进行对比，以此说明榜样的独一性；其次，详细说明榜样的效用；再次，描述榜样的秩序和层级；最后，提出榜样性的不同样式间的关系。

A. 榜样性和引领：榜样性的意义。在德国国家社会主义兴起前20年左右，舍勒对引领问题进行了反思，他看到了澄清引领现象对所有生活领域的重要性，这不仅仅与政治状况有关，还与宗教、经济、伦理、美学、市民生活等有关。他对引领者与追随者关系的分析不仅预示了许多明察——后来法兰克福学派在他们关于引领者—追随者关系的重要著作中提出的明察，同时也指向个体和共同体生活所特有的“权力”和效用的另一种形式，它比引领形式要基本得多。权力的这另一种形式就是榜样性。② 在与引领问题的关系中榜样性更为基本，因为榜样决定了我们选择的引领者。我不会深入舍勒对引领的分析，尽管引领是人格间注意的一种方式。我只会提及它的一些基本特征，以便把榜样性与引领充分区别开来，以及表明引领关系是如何植根于榜样性中的。

（1）引领关系是相互的，而榜样性关系却是不对称的。追随者通过知

---

① 舍勒：《爱的秩序》，第348页/第100页。
此处所引文字的英译文有误，现根据德文原文译出。——译者

② 参见舍勒：《榜样与引领者》，载《遗著》第一卷，第255–344页。

识和意志回应引领关系。如果引领者要成为引领者的话，他必须有追随者，而追随者必须同意追随，即便是不明确的。情况就是这样，尽管引领者经常试图伪装这一关系的相互性（这里我们只要想一下极权主义的逻辑以及它的伪装政治）。[①] 于是，引领者就只能是引领者，如果同时有愿意追随的追随者。

为了使一个引领者成为一个引领者，他或她必须认识到他或她自己是一个引领者。没有这一自我承认，引领者就不能像一个引领者一样起作用。而且，追随者方面也必须以某种方式承认这个引领者是引领者，即使他们不喜欢这个特殊的人或人们、不赞成他们所代表的立场、不喜欢他们的生活方式等等。于是，一个警官可以“引领”一个排，但他仍然会被他的追随者们所厌恶。

最后，引领者必须想要引领。这并不意味着引领者要明确地宣布成为一个引领者；他或她可能曾经或甚至现在就不情愿“站在聚光灯下”，但作为引领者，他或她必须扮演自己的角色。在这个意义上引领是靠意志的。

与引领相反，榜样性不是相互的；榜样没有“追随者”，有的是效法（Gefolgshaft）关系中的“效法者”。下面将会讨论追随者和效法者的不同。在这里，让我陈述一点，引领者必须认识到他或她是一个引领者，而榜样不必认识到这个事实，而且他们通常也认识不到；无论如何，认识到或认识不到都不构成榜样性关系。这不是一个建立在知识之上的关系，这一事实在两方面起作用。第一，榜样不必为了像一个榜样那样起作用而认识到他或她是一个榜样。一个人可以把另一个人作为榜样，而那个榜样却不必认识到这一点。第二，某人可以效法一个榜样，而他或她自己却不必意识到这个人或人物正像一个榜样一样起作用。这就是舍勒说榜样性关系比引领关系神秘得多的部分原因。事实上，舍勒说，我们很少把榜样看作一个我们能清楚地描述的肯定的思想；而我们越少承认之，榜样就越是有力地对我们的生活起作用。[②]

（2）引领是一种现实的、社会的关系，而榜样性关系，用舍勒的话来说，却是一个“理想”的关系。为了起引领者作用，引领者必须是一个现实的人，而且他必须此时此地地显现。教皇约翰·保罗二世可以像一个引

---

① 参见施泰因博克《极权主义，权力的同质性，深度》，载 *Tijdschrft voor Filosophie*，第51卷，第4期（1989年），尤其参见第621－630页。

② 舍勒：《榜样与引领者》，载《遗著》第一卷，第267页。

领者一样起作用，但作为一个引领者，他必须存在，必须对他的追随者显现，尽管他发挥引领者作用的“这里”可能远远超出了梵蒂冈的范围。

和引领者不同，榜样可以不受时空条件限制地起榜样的作用。例如，某个生活在我们之前的某个时代的人可以成为我们的榜样，如凯撒、苏格拉底、耶稣、佛陀、甘地，或现在的，家长、老板，甚至比尔·盖茨或迈克尔·乔丹。而且，一个榜样不必是一个真实的历史人物；他可以是一个文学作品中启示或表达了某种特殊价值模式的人物，如歌德的浮士德、莎士比亚的哈姆雷特、但丁的比阿特丽斯、陀斯妥耶夫斯基的阿辽沙·卡拉玛佐夫、托妮·莫里森的秀拉（Toni Morrison's Sula）、安德烈·塔科夫斯基的安德烈·卢布列夫（Andrei Tarkowski's Andrei Rubelov），更不要说《星际旅行》的“克科船长”（*Star Trek*'s“Captain Kirk”）或西尔维斯·史泰隆的“洛基·巴尔博”（Silvester Stallone's“Rocky Balboa”）[①]。

（3）引领是一个不受价值制约（value-free）概念，而榜样性则负载价值。例如，引领者可以是一个救世主或一个不正义的政治家；他或她可以引领着一群善良人，也可以引领着一群唯利是图者；一个引领者可以以积极的方式引领，拥有“正面”价值，也可以是一个骗子，一个“**误导者**”（Ver-führer），他把人引入歧途。无论如何，在这个“社会的”意义上，他或她是一个引领者。

但某种爱和某种有关价值的肯定的表现把人与他或她的榜样联系在一起。在人格中心要成为此一或彼一中心之前，爱便已经塑造着它了，我们的意愿和行动**最终正是通过爱而被决定**。[②] 只要某人效法他或她的榜样，他

① 托妮·莫里森，美国黑人女作家，1993年获诺贝尔文学奖。《秀拉》是其代表作之一。作品以1919年至1965年的美国为大背景，描写了秀拉（Sula，反传统美国黑人妇女形象代表）寻求自我的复杂历程以及寻求自我失败的原因。

安德烈·塔可夫斯基，俄罗斯近代最重要的导演之一。《安德烈·卢布列夫》（1966）被喻为史诗作品，影片描述俄罗斯15世纪著名画僧卢布列夫，遍历战乱生死离散后无心创作，幸被铸钟少年的热情打动重拾画笔，画下骄人力作。塔可夫斯基的作品强调心灵的力量，自我提升的重要，通过加入诗化的独白，以电影探讨人生及道德等问题。

《星际旅行》是由Gene Roddenbery于1966年开始创作的一部电视电影系列片，其构思精妙，思想深邃，堪称有史以来最为伟大和传奇的科幻巨著，它以星际飞船企业号（Enterprise）为主线索，描述其在广袤宇宙中探寻各种文明与各种生命形式接触的奇幻之旅。

西尔维斯·史泰隆，美国著名影星，创作并主演影片《洛基》（1976），该片演绎了一位出身卑微却不甘失败，为了尊严而勇于挑战的业余拳手洛基，他成为越战后一代美国青年的代言人，正是有了这种“洛基”精神，美国人才从创痛中走了出来，为了美好的生活而重拾信心。——译者

② 舍勒：《榜样与引领者》，载《遗著》第一卷，第267－268页。

或她就把榜样看作是好的。一个人可以厌恶引领者，即使后者在引领，却不会厌恶自己的榜样。当然，“客观地说”，榜样可以是好的，也可以是坏的；也能够出现一个与普遍榜样相对的反面榜样。但是人们能够喜欢坏的模型，只是由于某种与价值秩序相关的心的无序或欺罔。不过，无论哪种情况下，对榜样的朝向始终是一种肯定、热情的关系。[①]

（4）引领者在行为层面上影响追随者，而榜样则唤起“人格”的状况。[②] 引领者要求行动、成就、行为或直接行动，可以是好的或坏的。对引领者而言，关键不是让追随者改变他们的生活等等，而是让他们做某些事。例如，对环境有益的行动或事，或者相反的，可以不被环境控制者抓住而极大获利的行为或事；为葡萄农和移民更好的生活而工作，或者不顾工人们的健康或普遍精神福利而要求最高的产出。无论如何，引领者是朝向改变行动，并获得某些结果。

一个引领者要求行动的显示，而榜样则作为人格，即作为启示，对人起作用。榜样恳求人的改造，意志、行为和成就的独特行动将在这一改造基础上产生。[③] 既然榜样的力量明确或不明确地对我们所做的选择和承诺指导性地起作用，那么引领者的力量就奠基在榜样的力量之中。

（5）最后，追随者处在一种通过努力和意愿的行动模仿或摹仿引领者的关系中，而效法者则以效法榜样的方式生活——这奠基于对榜样的爱。这一特征与引领者和榜样的**被给予方式**有关。

就引领者而言，人们摹仿他所做的或他所想要的；并且模仿关系关涉外部行动和结果的显示。这里追随者可以“**像**”引领者一样行动，可以做得“像”引领者一样，等等。意愿和选择朝向服从和摹仿，而在榜样情况下，人则是“自由地”投身于人格的价值内容——这一内容必须是他或她亲眼看到的。所以，就榜样而言，没有什么心理传染、认同、服从等等。效法者在生命的朝向中**如同**榜样一样生活，或者变成**以榜样的方式**生活。他们效法生命的**意义**，在他或她的人格中心保持榜样的精神或人格的“状况”。[④] 对人的朝向和感觉的修正、人的道德趋向的形成、个体道德趋向的改造（我们所谓的“皈依”，积极或消极的），与其说植根于教育的指导、

① 参见舍勒《形式主义》，第569－570页/第583－584页（原文此处所标德文本页码有误，现改正之。——译者），第561页/第575－576页。

② 或者用舍勒的术语：“存在”的状况。

③ 舍勒：《榜样与引领者》，载《遗著》第一卷，第263页。

④ 舍勒：《榜样与引领者》，载《遗著》第一卷，第273页。

命令、建议，不如说只是人对榜样不断适应的结果。[1]

简言之，我们如榜样一样意愿，而不是意愿他或她所意愿的；我们变得像榜样一样，而不是榜样所是。效法者也许是以完全不同的“外部”工作和行动、在不同环境和历史状况中、用不同能力、责任等等，创造性地或有创造力地运用榜样的各个意义，这样效法者他或她自身就成为了榜样的方式方法的一种启示。然而，效法并不是仅仅做一个人喜欢的事情，如果这意味着忽视榜样的意义或榜样意义的方法的话；在启示性的效法必须得到“言说”这一意义上，效法并不是从历史行动中被解放。但在启示的核心可以以无数种方法得到“言说”这一意义上，效法确实意味着榜样性关系从对这些特殊行动的摹仿中被解放。榜样性的“如同”或“方法”是敞开的，而引领的“像”却有被限定的场所。

B. 榜样的效用。由于榜样的真正被给予，榜样被经验为一种“应该是”、被经验为**在榜样中**产生的一种**吸引**，或牵引力，或“引诱”（Lockung）。一个人并不是主动地向榜样移动，而是榜样把人们吸引向自己。榜样并不是某人奋斗的目标，而是榜样起了决定目标的作用。处于人格生成中心的榜样性的吸引性质与未来的时间维度和希望的经验相一致。但这种引诱并不像在引领关系中那样是逼迫的或通过暗示力量获得，而是通过让他或她自己通过榜样亲眼看到来起作用。否则，榜样性的效用就被破坏了。[2]

尽管榜样被经验为一种应然或吸引，但绝对的和独一的人格榜样不可能等同于一个规范，一个由于其有效性和内容而是普遍的规范。根据舍勒，所有普遍规范的基础就在于作为绝对价值的人格价值。他的意思也就是，没有一个义务规范不带有设定它的人格，没有一个义务规范的合理性不带有设定它的人格的本质善良。如果没有对其而言规范应该是有效的人格，并且如果他或她缺乏**亲自**看到什么是善的明察的话，就不可能有义务规范。如果一个规范或道德法则不奠基于对起榜样作用的人格的爱，就不可能有对它的“敬重”。榜样的效用不是在合乎规范的行动的层面上有效，而是关于一个人格的存在（或去存在）。效法者经验到一种吸引或要求（它以被认

---

① 舍勒：《形式主义》，第566页/第580－581页。引领以这种方式奠基于榜样性关系中。榜样为了爱会导致奋斗及意愿的行动，而且只有在这个情况下我们可以“追随”我们所爱的榜样，或甚至一个包含了那些价值的引领者（使这个引领者在这种情况下构成一个榜样）。但要把这个个体限定为一个值得爱的榜样，仅仅通过奋斗和意愿的行动追随引领者是不够的。

② 舍勒：《形式主义》，第564页/第578－579页。

为是在榜样中得到示范的价值为基础），在这个意义上，效法者趋向于与榜样一起爱，从而以榜样的方式**去生成**。而做到这一点，并不需要在“改进”另一个人意义上的“教育”的意向，而且必须没有这一意向才能做到这一点。[①]

尽管事实是效法者被榜样的人格所指导并以某种方式“被要求”，但他或她仍保有自主权，因为与引领关系不同，效法基于一种明察的自主权。而且，通过在爱的朝向上的改变（alternation），榜样性就成了人格改造的主要手段，如果这些改造是道德的、宗教的等等。这样，榜样就成了皈依经验和现象的基础。

C. **榜样的类型和秩序**。榜样包括价值领域的整个范围，包括圣人（神圣的价值样式）、天才（精神的价值样式）、英雄（生命的价值样式）、引领的精神（有用的价值样式）以及艺术家（适意的价值样式）。[②] 这些榜样性的不同类型不仅存在，而且以相互奠基的秩序存在。榜样性的最深刻方式是神圣榜样，其他类型都直接或间接依赖于统治性的宗教榜样。原因如下：所有榜样都拥有同样的“形式”（见上文提到的与引领关系相区别的榜样性的特点及关于榜样性的效用），而只有神圣榜样的形式是与它们运动的“内容”一样，仿佛“形式”与“内容”相一致。榜样性的其他类型可以按照从神圣榜样性的维度中“下降”或“抽象”的程度来理解。在详细阐述这一点之前，让我先描述一下榜样性的这一范围中各自的特征。

（1）**神圣榜样和神圣的样式**。在神圣榜样领域中，舍勒区分了所谓的原初的圣徒——成为各自宗教的原初人格偶像或奠基人的人格，和圣者或圣洁的人格——既效法“原初”圣徒，又凭本身的能力起榜样作用的人。[③] 和所有榜样一样，神圣榜样也有爱的朝向。就神圣的人格而言，原始的朝向是面向爱中的神，即面向人格。这一情况下，从有限人格的观点来看，面向神的爱的朝向使这个人格朝向于一个新的启示，并且使他朝向于神的本性的“扩展”。

神圣榜样不是作为众中之一而被给予（和天才的情况一样），而恰恰是通过与神的特别关系作为**独一**被给予，而且还作为根据仁慈、智慧、启蒙

---

① 舍勒：《形式主义》，第558－560页/第572－574页。

② 舍勒：《榜样与引领者》，载《遗著》第一卷，特别是第269页，第274页以下。又参见《形式主义》，第493－494页/第502页。

③ 参见舍勒《榜样与引领者》，《遗著》第一卷，第278－287页。

等被理解的那种关系的榜样被给予。在榜样性的这一层面，对于圣者人格来说没有普遍的标准，没有关于他或她的行动和效用的规范。这些都仅仅是根据事实并以关于他们的“信仰”为基础建立起来的。德性、行动、工作、行为都只是这个人格的存在和神圣的表达。同样的，他或她做的事不是证物，而是他或她的独一性的见证。人格“遵从”的是生活方式、人格状况，而不是规则或法则；或毋宁说，在后者是获得自身自由的爱的投入之方式的范围内，人格才“遵从”后者。

进一步说，因为神圣榜样直接或间接地包括并“引起”所有其他榜样，同时它所形成的规范和法则（例如“宗教”的规范和法则）在创造性的人格运动基础上包括并“引起”其他规范和法则，所以它们奠基了文化生活，并且既不局限于也不还原到文化生活。

神圣榜样作用于那些人格——他们并不是不通过圣人的作品（如，在作品中出场的天才）或行为（如英雄，他的行为必须相关）来效法圣人，而是通过与他或她的效法者一起出场的他或她的人格。或毋宁说，人格状况、他或她的作品和行为都在圣者的人格中统一。神圣榜样的“实质”是人类（他或她）自身的**人格**；所以神圣榜样通过化身在那样一些人中而出场，这些人以现在正生活着的人们的**人格的形式**而出现。神圣的人格只能存在于现实的人物中；他或她只是间接通过权威或传统被给予，这一点依赖于人在过去中的历史现象。这一关系不是通过摹仿圣者而被实现，而是通过与榜样一道在同一朝向中生活而实现，等等。这就是神圣榜样如何能为所有人召集（evoke）一个爱的共同体（Liebesgemeinshaft）的方式。

（2）**天才和精神的样式**。对天才而言，爱的指向性**不是**像圣者一样**直接地**指向神圣，而是**径直地**指向世界的存在和**逻各斯**。[①] 因为他或她拥有朝向世界的精神之爱的表现，所以天才没有创造或不创造的自由；哲学家被对智慧的爱所“操纵”，艺术家被使世界存在的爱所“操纵”，等等。通过天才对世界的创造之爱，我们经验到事物的敞开，经验到允许这一领域特有的越来越新的价值不断闪现这样一个无穷无尽的过程。他或她以一种必不可少且无可替代的方式使文化的精神之善实现，并且没有用有意识规则和方法就做到了。

整个世界通过每一项作品被给予（一个艺术作品、一本哲学书、权利

---

① 特别参见舍勒《榜样与引领者》，载《遗著》第一卷，第 290 – 297 页，第 307 – 308 页，第 324 – 326 页。

系统的一部分等等）。在这一意义上，作品自身就是一个微观世界。于是，凡是天才们所爱的东西就成了这样一种事物——整个世界可以通过它而被包含在一种爱的方式中。在上面这种详细说明了的意义上，圣者是作为“独一”被给予的，而天才则是在他或她的看的方法的独特性中作为“个体”被给予的。作为个体，艺术家、哲学家、立法者等可以作为在作品中被给予的众中之一。

但作为个体，天才的效用比圣者的受到更多限制。圣者的内容是跨越时空世界及“永恒”与“无限”的。天才则受限于无限的时空，在这一意义上，天才是世界性的（cosmopolitan）；天才不指向一个可能的人格的**爱的共同体**，而是指向精神人格领域，只要他们在世界的统一中出现。

最后，神圣榜样的“实质”是人格状况——它作为绝对是不可解释的（严格地说，没有这种人格的解释学），而天才的实质是作品——它作为整体恰恰需要解释以便让作品说出其意义。我们解释作品的任务是为了以一种创造性的和人格的方式再发现作品的意义，而完成对作品“精神”的再看和共看。如此一来，它就向无尽的历史解释学敞开了。

（3）**英雄和高贵的样式**。神圣榜样的爱的朝向是神圣即人格，天才榜样朝向于对作为精神文化的世界的爱，而英雄榜样的爱和责任则指向他或她的人民的生命和存在以及对其周围世界（Umwelt）的促进。[①] 根据舍勒，英雄在两种可能的样式中被给予：借以高贵，则促进生命的发展；借以福利，则朝向于技术价值或维持。

这里我们并不具有作为向恩宠敞开的精神行为的过量发挥，也不具有超越单纯生命需要的过量的精神思维和观察，但是确实具有面对其生命冲动表现出来的过量的精神意志。英雄就是意志的和权力的人格。

（4）**文明的引领精神和生命的样式**。引领的精神也有一种爱的朝向，但现在爱被指向“人类”或人类社会。这里我们可以看到这些人：技师、研究者、科学家或医生。[②] 这里，重要的亦即被当作榜样的东西，并不是人格存在的状况，而是他或她的行动和成就。在榜样性的这个层面上，我们才真正首次谈到“进步”。天才特有的作品中没有进步，但对技师或科学家而言有进步。

---

① 参见舍勒《榜样与引领者》，载《遗著》第一卷，第306－307页，第311－313页，第340页；《形式主义》，第568－569页以及第585－586页。

② 参见舍勒《榜样与引领者》，载《遗著》第一卷，第314－316页。

而且，一个人，比如作为医生或技师，起作用时可以朝向神圣的或精神的人格。尽管如此，这个朝向还是间接的，因为直接的朝向是作为社会存在的个体的福利。所以，FDA（美国食品及药物管理局）规划和分配疫苗接种及实施免疫政策时，可以认为自己推动了进步。这些政策在某些情况下对某些人有害，但“总体上”似乎可以根除某种疾病（如小儿麻痹症），所以可以促进作为社会整体的人类的“健康”。因此，我们可以把这种被认为是“必要的冒险”者评价为并当作是治疗者，但却没有一个把他或她自己的孩子看作**独一人格**的（不只是作为社会成员）父母会得出同样的结论。

（5）**艺术家和适意的样式**。艺术家是爱适意之物的人，他把对适意之物的享受当作最高的善的艺术。① 他或她不是朝向需要的充实，因为需要只是从某些适意之物最初在享受中被给予之处产生的。那么，奢侈和豪华就先于需要。在艺术家对适意的爱中，他或她扩展并发现了适意之物超出不适意之物的新价值。

D. 榜样类型间的关系。正如我上面提到的，这些榜样性层面间的不同在一种涉及人格本身的内容和形式间的下降中被表达出来。所有刚刚讨论的榜样类型都有一种爱的朝向——这是人格的本质，而且**作为**榜样，他（她）凭借他或她人格状况等对效法者进行改造。按照我们所谓的榜样性的“形式”，这在与引领的区别中我们简略地谈到过，所有起榜样作用的人格都对人格核心起作用或“在人格上”作为独一、绝对等而起作用。但当我们从一个层面移到另一个层面时，所发生的改造根据榜样的价值层级而根本不同。

所以，就圣者而言，有一个直接朝向于作为神圣的**人格**的**人格**之爱，在其中榜样作为“独一”被给予，根据人格的存在被见证；就天才而言，有一个直接朝向于**世界**的**人格**之爱，在其中榜样作为“个体”被给予，根据工作、行为和行动被见证；就英雄而言，有一个直接朝向于**周围世界**的**人格**之爱，在其中个体作为与历史情况的相关的被给予，根据意志、权力和福利等被见证。据此，我们可以看到侍奉神的神圣生活与艺术家的生活是相矛盾的。埃维拉的圣特丽莎写道：“某一天上帝告诉我：‘女儿，你认为价值在于享乐吗？不，它在于工作、受难和爱中。’”②

---

① 参见舍勒《榜样与引领者》，载《遗著》第一卷，第317－318页。

② 埃维拉的圣特丽莎：《全集》，第336页。

然而，这是一个重要限定：尽管我们见证某物似乎从一个层面下降到另一个，尽管这些层面本质上相区别，但我们仍然**间接地**以一种爱的方式朝向作为神圣的人格，不论在榜样性的哪种样式中。榜样所表达的方式成为我们参与神的运动的方法。根据相关的榜样性层面，我们可以说“我爱**这个**”，“这不是我所爱的”。所以，舍勒才会这么写道：榜样的**被给予性**在不同层面中被经验为一个“界定”、一种特别的方法或对整个神圣的发生运动的指向性（或多或少地包含着）。[①] 于是，我们参与神圣的运动，**好像**与之极其相关，像一个免疫学者所为等等。这意味着，作为一种爱的方式的指明的界定因此成为了**去界**（de-limitation）——作为一种向神圣的敞开。

作为发生的神圣是无限的，并包含或“奠基”所有价值经验的其他领域。相应的，圣者不是榜样性的最普遍形式，而是最深刻的“方法”。神圣榜样为其他所有的榜样性方式、所有“召唤”（任命）奠基，同时保持不可还原为它们，因为它的指向方法最深刻地“启示”无限；榜样性的这一类型以含蓄地包含榜样性的其他层面的方式来最突出地效法。从它的角度看，榜样性的其他方式是在更多或更少的程度上进行“启示”：如英雄、艺术家等等，不过这仍然是“启示”。

当我们要限定刚刚提到的参与，即通过把技术领域**仅仅**限制为**技术领域**，不允许它在指向神圣时超出自身，即像它现在所做的一样，问题就产生了。当对一种方法的界定不能同时被意识为一种去界的时候，也会有问题产生。例如，生态学运动最终朝向（或应该朝向）对神圣的爱，但这种对神圣的朝向恰恰是**作为**对雨林的爱，或**在**对雨林的爱中，并**通过**对雨林的爱而朝向神圣。否则，它将只会变成“环境保护主义”。

四、榜样性和注意

这篇文章以人格间注意的各种例子开始，并通过大量对注意的分析提出：问题在于它们排他地关注对象的感知或认识的展示，而只间接地提到经验的人格间领域。经验的人格间领域是属于注意现象的，为了更好地理解它，有必要分清展示和启示，以及描述榜样性的结构：与引领的关系、榜样性的效用、类型和秩序以及榜样性的各个层面的关系。

在最后这几页中，我要描述的是人格间注意的主要特点，这可以从对榜样性的叙述中总结出来；为了显出它的特殊性，我把它与感知注意的结

---

① 参见舍勒《形式主义》，第564－565/第579页。

构相对比：

◆ 事物和观念以**展示**的方式被给予，而人格则以**启示**的方式被给予。

◆ 当注意与展示相关时，它的意义是**感知的和认识的**，而启示特有的人格间维度则既导出注意问题的**宗教和道德**趋向，又导出一个感知和认识的趋向作为结果。

◆ 对对象或像对象的事物而言，这一点是特有的，即它们在一个背景下**主题性地**被展示，并伴随着内部的或外部的时空境域而被给予，以致不清晰的东西原则上会变得清晰或显现。而在精神特有的行动中，人（格）**完全但非穷尽地**生活，就像一个最深刻的生成的运动。

◆ 感知和认识注意可以容许不同**等级或程度**的注意和突出，而涉及人格间注意之处则没有程度之分；毋宁说，一个人好像“**一下子**”（in one stroke）被人格吸引。

◆ 在**显现和遮蔽**的结构（economy）中，现象的变迁展示了可以从对象原初和谐或**一致性**（Einstimmigkeit）中被了解的对象的意义。而作为一个生成运动的人格是一种动态朝向，通过它内在的一致性或**同义性**（Einsinnigkeit），以一种未完成的方式绝对地被给予。但它是以**自我启示**的方式被给予的，不是借助于显现或遮蔽的相互作用。

◆ 对象的主题的展示作为**感触上的**（affectively）意义出现，而人格的自我启示则是在**情感上的**（emotionally）富有意义。

◆ 特殊的感知和认识对象是与一普遍的（共相）、一个**情境相关**，且恰恰在解释学领域中得到其意义。而人格则被启示为**绝对的独一**，以致他们的意义和价值不能像展示一样在一个情境中被决定（没有这种人格的解释学），而是在人格间的**凝聚**（solidarity）中被决定。

◆ 对象或对象各个方面的主题性在一个背景下的感触**突显**方式中出现，而人格的存在的充实则以情感生活——最深刻的是爱——特有的**宣称**（annunciation）的方式，作为绝对独一被给予。

◆ 对象的感触突显**诱惑着**感知者或思考者，而人格在其榜样价值样式中的宣称则起到一种**怂恿或唤起的“应然**”的作用。

◆ 一种诱惑可以“**引发**”一个感知或一个思想，而一个宣称则“**要求**”一种爱或恨，或者基于爱或恨的人格表现方式。

◆ 一个对象通过其感触力是被看的**目标**，而一个榜样作为一种吸引力通过它的“牵引”而成为去看的**方式**。

◆ 我能够**促进或引发**（虽然不是“原因上地引发”）某物的显现，但我却绝不能强迫或促进或引发另一个人的启示。一个人的启示是自由地**自身给予运动**，它至多只能通过爱的行动被**激发或唤起**。

◆ 在感知领域中，我们主动地或被动地**转向**（turn-toward）某物，要么延续，要么激起现象或行动的新的趋向。而在人格间领域中我们的人格状况被改造。与其说转向，不如说是**回转**（turning-around），从字面来说即一种通过共爱或共恨“心”的**皈依或大变革**。

让我们通过总结来指出，注意的这两种方式——感知/认识的注意和人格的注意——并不是注意仅有的两种不同方式。榜样性作为一种人格间注意的方式，是感知注意的基础，并且在意愿和行动的每种情况之后，勾画了感知和认识的吸引及排斥的基本轮廓。最终，事物仅仅是通过我们所爱和所恨的东西的排序，作为感触上的突显而出现，因为这个排序首先为这一突显打开了空间，并且这一排序关涉人格经验的情感领域。某物可以对我们进行感触上的诱惑并促使我们以这一特别的方式转向它，“因为”我们已经以这种而不是那种方式回转了。

舍勒的现象学佛教与形而上学佛教[①]

欧根·凯利

本文的两个组织性论点如下：第一，舍勒对胡塞尔现象学的改造和变革为他对质料价值伦理学、宗教体验、宗教基础概念以及知识社会学的探究提供了一个平台——我指的只是一个方法论的观点，就像被模糊定义的"语言分析"概念为历代英美思想家提供了这样一个平台一样。第二个论点是，舍勒的工作在1920年[②]之后经历了微妙的转变，它要求这一现象学平台的重构并由之发展而来，这一重构使这个现象学平台服从于思辨形而上学的目的并与其发现相一致。这一转变的主要征兆是在《伦理学中的形式主义与质料的价值伦理学》第三版（1926；*GW* 2，17）前言中所宣布的：背弃有神论。现象学绝未被他放弃，而是也被用来服务于寻求存在的实存基地的思想，他认为这一存在的基础一定与其现象学的事实相一致，无论它会超出这些事实多远。也许在"现象学时期"——一个要被谨慎使用的表达——所获得的东西并未失去，但我们是从一个新的探究平台来看这些成就，在这个平台上，现象学及其对象实际上建基于人类本性和宇宙之上，并被用以服务于形而上学、哲学人类学以及历史和人类命运的道德命令。

舍勒在其思想的中后期有关佛教以及他认为是"历史上最深刻精神之一"[③] 的佛陀的那些独特的、不懈的沉思阐明了立场上的这一转变。在中期

---

① 欧根·凯利（Eugene Kelley），美国学者。本文的初稿译自作者提供给译者的未发表的英文稿"Phenomenological and Metaphysical Buddhism in Scheler"（2008）。根据作者的意见，译文的部分段落据作者的德文改写稿"Opfer und Werdesein in Schelers Buddhismus-Kritik"（in *Religion und Metaphysik als Dimensionen der Kultur*, Hrsg. von Ralf Becker, Ernst Wolfgang Orth, Würzburg: Königshausen & Neumann 2011, 135 – 143）修订。两文内容有所重叠，但文章的结构、行文的展开和关注的重点却不尽相同。——译者

② 参阅"Nachwort der Herausgeberin", *GW* 5, Bern/München: 1968, 456ff；也可参看 Heinz Leonardy（莱奥纳迪）, "La Dernière Metaphysique de Max Scheler", *Revue Philosophique de Louvain*, 78, 553 – 561, November 1980。

③ Scheler, "Vom Sinn des Leides", *Gesammelte Werke* 6, 90. 后引 *Gesammelte Werke* 皆置于文中，并简写作 *GW*。

的一份文稿中，舍勒简要说明了一门关于对佛教来说至关重要的痛苦（pain）和受苦（suffering）的哲学学说的要求。[①] 这一学说由痛苦的现象学和生理学开始，然后转向感受的现象学和经验心理学，继而在生理、历史和道德上说明我们在身体和精神上与受苦的相遇。最后，必定是一门受苦伦理学：受苦如何被忍受、征服、否定或克服。（*GW* 6, 64 – 65）在较早文章中对佛教的分析里，舍勒的目标是道德的、教化的，但这一分析也形成了一门不偏不倚的受苦现象学，它深入到更广的感受一般现象学之中。为此，他在《受苦的意义》（*Vom Sinn des Leides*）一文中尝试对佛教中的受苦概念作一个本质分析，并将这个概念与基督教对受苦之理解的本质结构进行比较。[②] 接着，在《同情的本质与形式》一书有关佛教的讨论中，他思考了在救赎现象上佛教对爱和同情的含义与功能的理解。在这里他宣称，在佛教中生命与精神是互不分离的。即使是最纯粹的精神之爱仍将我们与生命相连，并阻止他所谓的与一切生命的完全"同一受苦"（Einsleiden）（*GW* 7, 88 – 89）。这一现象学使我们可以阐明我们自身和他人内在生命中的情感的本质、相互自身理解的结构以及使理解能够变得清楚明白或被歪曲的过程。所有这些研究都需要仔细的批判分析，这超出了这篇简要论文的范围。我们所感兴趣的是舍勒关于感受的跨文化现象学对人类之本质的现象学有何贡献。人类之本质的现象学后来被他当作其神学—形而上学世界观以及他与历史之联结的基础。

舍勒的受苦现象学开始于这一追问：什么概念结构必须先于对痛苦和受苦的认识而被给予？另一种表述是：痛苦和受苦现象建基于什么含义元素，以至于只有建基性元素先于它们而被给予时它们才可以被给予？更一般地说：如爱、死亡、痛苦、社会实体形成以及生物的组织层次的成长这样一些迥然不同的事件和过程建基于何种本质统一之中？舍勒在**牺牲**现象中发现了这些迥然不同的现象之统一的可能性、它们的先天，在这一现象中"为了获得具有更大价值的东西，具有较少价值的东西被放弃"（*GW* 6, 46）。在经验上我们知道，动物会遭受苦痛，尽管它们并不认为它们的不幸是受苦。但"一切受苦，即使是死亡，都涉及一个较低价值奉献给一个较

① 参阅 Scheler，"Zu einer philosophischen Lehre von Schmerz und Leiden"，*GW* 6，331 – 333.

② 有关舍勒思想中期对于佛陀与佛教的重要讨论，可以参见 *GW* 6 中的"Vom Sinn des Leides"一文、同一卷中的附录以及 *Wesen und Formen der Sympathie*；后期的相关讨论可以参见 *Die Stellung des Menschen im Kosmos* 及"Der Mensch im Weltalter des Ausgleichs"（in *Philosophische Weltanschauungen*），以及"Das emotionale Realitätsproblem"（in *Idealismus-Realismus* V），这些文字都收于 *GW* 9。

高价值；没有死亡和痛苦我们就不能渴望爱和结合，没有痛苦和死亡我们就不能渴望生命的成长和演进”，他用一个比喻说，“……牺牲，在某种意义上总是先于快乐和痛苦，这二者只是它的射出和孩子”（*GW* 6，46）。在人的感性实存中，爱和痛苦是分离的，只是稍有牵连。不过，当人们过渡到人格性深度上时，爱和痛苦就完全联系在一起，尤其是在人的创造性中——在这里一个人试图超越他当下的生命条件，并感到牺牲是一种成长方式。如果不是通过更深的**幸福**，我们从哪里获得摆脱苦痛的**力量**？“克服受苦是一种更深的幸福的结果，而非原因。”（*GW* 6，64）佛教也说我们只能通过更深的幸福摆脱受苦，这恰恰是因为，为了克服受苦我们必定要深入到因着世界而来的、人类**主体的**受苦的核心处，而非只是深入到作为痛苦的**世界**的核心处。当我们牺牲我们的自我渴望时，我们体验到一种快乐的解放。

在存在论层面上，痛苦和受苦现象作为有机物结构上一切有机物本性的部分对整体之从属的必然实存结果而出现，这一过程不仅在个别有机体上被发现，也在物种、共同体甚至整个民族的集体精神上被发现。使进步得以可能的东西也根本上需要受苦和死亡。借助于生理学研究，舍勒期待他生命后期的零星努力能创造出机械达尔文主义的替代品，[1] 他在追踪那样一些方式，即对部分的关切会导致整体之牺牲（就像突然喝冷水可以片刻地满足对喝水的渴望，却会导致有机体的死亡），或者整体导致部分的毁灭的方式。在所有这些情况下，我们看到为了更高的善业破坏较低的或消极的善业，或者破坏两个善业中较低的一个以让更高的善业出现的努力。对这一世界之道的**道德**回应以一种双重的方式被揭示：一方面是通过关于其本质结构的、关于这一筹划——所有进步由此需要牺牲及其后果和受苦——的必要性之现象学而被揭示；另一方面则是通过对于其扎根于一切

---

① 参阅 Eugene Kelly，“Vom Ursprung des Menschen bei Max Scheler”，in：*Person und Wert. Schelers „Formalismus“ —Perspektiven und Wirkungen*，Hrsg. von Chr. Bermes，W. Henckmann，H. Leonardy，Freiburg/ München 2000）。在“Vom Sinn des Leides”以及身后出版的论文“Evolution：Polygenese und Transformation der Menschwerdung”（*GW* 12，117）中，舍勒清楚地表达了他关于物种进化的思想。他在“Vom Sinn des Leides”这篇发表的文稿中（S. 40 –41）坚称，为何痛苦一定在行为路线的选择中起作用，这一点是不清楚的。这强烈地暗示出，对进化过程的达尔文式的说明作为一种经验事实的说明是不充分的；因此，将基督教强有力的牺牲范畴作为一种选择模式加以引入则是可取的。不过，在这篇文章中，他只考虑了这个学说对理性神正论的影响，但他对达尔文主义的拒斥在他进一步的主张中却也显而易见：牺牲涉及为了较高的价值层级的一个较低价值层级的丧失；进化是具有较高价值之生物通过较低价值的牺牲的生成。

存在之中的形而上学推论而被揭示。舍勒接着检验了教导我们如何对待受苦的学说史：在这些学说中始终存在着一种联系，即在对待受苦的技艺、一门受苦**伦理学**与对它的形而上学的或宗教的**解释**之间的联系。佛教首先出现在舍勒的分析中。当舍勒在思考基督教哲学时，他清楚地看到基督的牺牲——上帝为了有罪的人类牺牲自己——与牺牲中的一切受苦的现象基础之间的联系。舍勒自己的受苦现象学以及它扎根于一个普遍过程（在这一过程中重要的是，受苦植根于牺牲），这也变得清楚起来，至少乔达摩的"圣谛"的第一条是明见的：一切皆苦（*dukkha*）。

于是，舍勒承认佛教的基本存在论真理：将此在（Dasein）或人之实存与受苦等同起来（*GW* 6，58），以及它在渴求—抵抗—渴求中的起源：欲求及其受挫，接着是没有克服欲求的怨恨。在"受苦的意义"时期刚开始发展的形而上学中，舍勒认为，这个世界的事物独立于我们对它们的知识而存在（*GW* 6，62）；正如他在《伦理学中的形式主义与质料的价值伦理学》中所说，心灵什么也不形成、构成或创造。感性对象和现象学明察的对象是独立于心灵的事实。因此世界对我们似乎是实在的，我们似乎与它紧密联系，但它对我们说的却是一个**谎言**，它是轮回，是幻相（*GW* 6，62）。未经启蒙（尚未开悟）的我们就像一个孩子，出于对友爱的需要，他会借由想象幻想出同伴，然后抱怨他们如此无情地对待他自己。在启蒙（开悟）之后，六道轮回仍然向我们呈现，但却已经丧失了其显见的自主性。确实，世界超出了我们直接行动的范围；其中，事物自身显现为实在的和必然发生的，并且我们因其形式而受苦也是实在的。不过这个受苦不是必然的；"此在"既可随着精神的观念化（ideation）而消失，即它们成为纯粹的图像（Bilder）；"此在"也可随着对它们的生命抵抗的消失而消失，而这种抵抗的消失是借助精神可达至的。就像图画一样，它们在它们的"如在"中将自身给予接受性心灵。于是，整个佛教学说，其伦理学、认识论、存在论以及精神实践可以被概括为"只有依法才能破法"（*GW* 6，62），即通过精神行为来克服对满足的欲求，以及由欲求（未得到满足）而引发的受挫。舍勒欣赏乔达摩的道德态度：世界不应为我们的悲惨而被指责，这是舍勒对叔本华的抗议；而且幸福本身不是反面价值，而只是当它将我们与我们的欲求紧密联系时才变成这样。欲求的成功满足只是将我们与世界更牢固地联系起来，从而保证我们最终屈服于痛苦和挫折，事实上却使它们更为强烈。

在《受苦的意义》和《同情的本质与形式》中，舍勒提到了一个在后期著作中对于他十分重要的论点，即乔达摩并未通过直接抗击受苦而“英雄式地”寻求对它的克服。衰老、疾病或死亡是无法摆脱的，而像西方典型的那些改善性的努力（如与贫穷和疾病战斗从而缓解它们）只是控制了这三个现象并使它们更加“难以忍受”，因而是绝不能进入人类问题的核心的：自我因渴求而居于主导，我们所渴求的对象则对我们试图拥有它们而抵抗。渴求的结果是受苦的双重加强：物质世界对人的渴求的抵抗，以及自我对其渴求受挫的抵抗。于是，很清楚，乔达摩教导说，克服受苦的关键不只是克服渴求，还有对进行渴求的自我之克服。舍勒在《伦理学中的形式主义与质料的价值伦理学》（*GW* 2，315）中尖锐评论道，佛教著名的对一切生物怜悯（慈悲）的教导所具有的伦常价值并不是在于生命具有肯定价值，而是因为对其他人和动物的受苦的关注将人们从对自身的关注中解放出来。尤其是，爱不是向一个更高价值的敞开，毋宁说，就它将心灵从自身解放而言，与救赎一样它具有一种“离开自己”的肯定价值。由此，如怜悯和爱这样的精神功能开始了克服生命冲动和自我的过程。“以精神的方式并通过聚精会神的精神活动，**不是**要消除不幸，而是要（通过克制渴求，直到让它寂灭）来断除本能的、身不由己的可能形成的对不幸的**抵抗**。因为‘渴求’造成了世界及其形态和诸事物之此在自主性的幻象”[①]（*GW* 6，57）。对佛陀而言，不幸不是实在的；它只是可能的抵抗的“影子”，这个影子是事物的一种虚妄不实的自主性，它会随着自我对事物之抵抗的消失而消失。

尽管舍勒在“受苦的意义”中高度赞扬佛陀的明察，但他仍然提出佛陀的受苦学说次于基督教的学说，因为它没有看到受苦如何能被克服，即不是通过掏空自我的所有欲求，而是通过欲求的纯化或提升。这种纯化并非指一种禁欲主义或肉体的禁欲，它们将我们从世俗形式中解放出来并使我们更接近上帝；而毋宁说：“生命的受苦和痛苦越来越使我们的精神之眼逐渐转向**中心性的**（精神的）生命善业，转向救赎的善业，尤其是靠对基督的信仰而在基督的恩典和拯救中赐给我们的所有那些善业。”（*GW* 6，69）

在少数试图分析佛教在舍勒思想中的作用的尝试中，M. 弗林斯提出[②]，在对抵抗体验的出神拥有（das ekstatische Haben des Widerstandserlebnisses）和对世界之抵抗的遭受（das Erleiden des Widerstandes der Welt）的发生过

---

① 此句或可译为：因为渴求（贪欲）使世间万法似乎具有了自性。——译者

② 参阅 M. S. Frings，“Nachwort des Herausgebers”，*GW* 9，Bern/München：1976，358－359。

程，与牺牲概念之间，存在着内在关联。因为舍勒的作为受苦之基础的牺牲现象学与他后期的形而上学相关联——在其中，世界被视为准有机的生成，一种存在生成（Seinwerden），并因此展现了事物的部分与整体中显见的抵抗过程的一种形式（部分为了整体而牺牲），即为了较高价值的进步或者较低价值的阻碍或毁灭，一个较低的价值丧失了。一切“生命运动”都被放在牺牲概念之下，而且在后期著作中，宇宙进程被把握为借由较低功能之牺牲的较高功能的有机生成。弗林斯指出，如果世界“相关于生命并非是此在相对的、而是类有机的生成存在”（organismusartiges Werdesein），那么，存在作为“生成”的那一方面只会在存在者的部分对整体的（绝不是完全同一类或具有相同意义的）抵抗关系中被看到。“这些关系属于牺牲的本质，而且它们充斥在器官和有机体、人和历史、人类和神圣化之中。”事实上，对舍勒而言似乎不证自明的是，所有深刻的哲学看法，如佛教，都给予我们对生命的生理条件之进化的明察。

弗林斯进一步主张，佛教的这种从受苦中救赎（解脱）的学说对舍勒思考的现象学意义在于，正是**精神**在冲动对表象自身的时空事物的抵抗行为之中心抑制生命的主动性。佛教学习忍受受苦的实践是世界成为非实在的等价物。对象不再在其实存上与以它为目标的渴求相关。本质现象不是通过方法上对实存问题加括号然后摆脱掩盖它的偶然性而获得的。弗林斯指出，毋宁说现象随着对生命中心及其抵抗的直观而显现。这是现象学的观念化过程，舍勒在《人在宇宙中的地位》中对其加以阐发，但却并未提及佛教。这与舍勒自己的接受性学说、被给予者自身被给予的学说有关；佛教的观念与舍勒的作为这种接受性之条件的恭顺和敬畏现象学是同构的。于是在1916年的受苦现象学与1927年的欲求或冲动（Drang）和精神形而上学之间存在着一种联系，佛教在这二者上对舍勒思想都有所影响。[①]

因此在后期著作中，舍勒带着有些不同的目的再次转向佛教。他首先试图揭示佛教存在论以及与其伦理学同一的知识理论，一个与他自己的发现——他自己在形而上学上的工作被他伦理学方面的工作所推动（*GW* 2，17）——相反的观念。其次，他发现佛教的救赎（解脱）技艺是精神与生命生活的分离，而佛教认为“渴求”这一形式是与对存在之基的思辨观视以及对价值及本质领域的哲学观视唯一相适应的。再次，他思考了佛教在

① 参阅M. S. Frings, *Lifetime: Max Scheler's Philosophy of Time*（Dordrecht: Kluwer, 2003）, Chapter 2, A & B。在冲动（Drang）中一切欲求都被包含在潜在性中，尽管它们还没有彼此区分。

他所预言的谐调的新时代中的潜在作用，而且他并没有反对它在世界中存在的方式，而是反对它未能利用它使之可能的对事物本质的明察。

因此，我的总体论点如下。在舍勒早期的现象学工作中，佛教的受苦概念在其先天奠基秩序上是服务于对佛教与痛苦和受苦的精神遭遇之描述的，这一描述次于基督教的描述。与这一批评有关的是佛教对自我这个概念的抨击以及对人格性的忽视，后一概念对舍勒中期的人的现象学非常关键。于是，舍勒较少关注佛教认识论和佛教的精神实践，而是更关注他认为是佛教世界观的东西及其与感受现象学的相关性，并且对如下教义加以评论："让心境归于寂静，这种寂静化解欲求、个体和受苦，使之渐渐寂灭。"（*GW* 6，54）十年之后，在经历了对有神论的叛离之后，舍勒再次回到佛教，这也许是因为他没能解决恶的问题。[①] 现在他对佛教的精神实践——它堪比人之精神在作为精神的神性之生成中所起的道德作用——也感兴趣，尽管他并未完成这一论题。佛教因其对世界非实在性之助推而被称颂，即它将世界从在对意志的抵抗中被给予的**此在**还原为作为在其本质结构中如此被给予或**如在**的世界——这一种实践，舍勒之前将其描述为**哲学**的领地[②]，后来又批评它未能使冲动精神化并且未能在世界的更新中同化它们。

佛教思想中个体人格的缺失并未像之前那样在后期工作中给舍勒带来太多困扰；因为，如果我是正确的[③]，那么在舍勒自己的形而上学中，当他在作为精神的神性的生成中为人类分配了一个角色之后，人格概念对于舍勒变得没那么重要了。无疑的是，在1923年之后他不那么常常提起那个对他的伦理学如此核心的概念。因此，他受到了佛教特有的非人格精神修炼的影响，并将它用到自己的思想中。世界不再简单地在上帝之光中以敬畏和恭顺而被看待；毋宁说，对世俗实存之渴求的积极克服被视为一种心灵的准备，而且并不是为在天国之快乐中的人格永恒实存，而是为本质领域的精神占用、东西方的谐调以及作为精神的上帝之生成而准备。总之，对

---

① 关于舍勒拒绝有神论的根源的讨论，参见 Peter Spader，*Scheler's Ethical Personalism*（New York：Fordham University Press，2002）。

② 参阅 Scheler，"Vom Wesen der Philosophie und der moralischen Bedingung des philosophischen Erkennens"，in *Vom Ewigen im Menschen*，*GW* 5.

③ 参阅 E. Kelly，"Ethical Personalism and the Unity of the Person"，in *Max Scheler's Ethical Personalism*，ed. Steven Schneck，Rodopi Press，2001。也可参阅 *Vom Ewigen im Menschen* 第二版前言（1922）中舍勒对这个问题的讨论，但这并不代表他最后的态度（*GW* 5，19－24）。

佛教世界观、认识论以及道德和精神实践的新的兴趣和分析与舍勒哲学的发展并行不悖，他从一个冷漠的现象学家和坚定的基督徒发展为一个忠诚的形而上学家和虔诚的佛教徒。让我们来检审这一发展继续进行中的分析。

舍勒后期思想中的一个关键的形而上学范畴是精神范畴，它之前被简单地视为人格的现象学基础。最初于公元1世纪在锡兰的寺庙中以巴利语结集而成的佛教传统的文本，当然不包括被明确表达的精神概念。但我认为，舍勒的确正确地发现了成为他自己后期思想之特征的佛教中的精神观念，在《受苦的意义》中我们可以发现其踪迹：精神**对立**于冲动，并因此使人类从动物的“环境”中以及从蒙昧之人的俗世“周遭”中的解放得以可能。这一对立和解救在现象学上似乎是合理的，即直观上明见的，并且其过程与佛教的八正道同构，这体现在解放的方式上：为了使追寻者远离世俗自我的规定而制定被启蒙精神的有意识的规定[①]。不过作为一种存在论教义，与冲动相对立的精神概念让佛教徒和舍勒都感到困惑。精神如何拥有能力和自主性来反对冲动，或者也可以说，反对实在性，反对世俗领域？在赫尔曼·黑塞（Herman Hesse）的《悉达多》（*Siddhartha*，1922）的一个精彩段落中——它被写下时，舍勒的思想正转向一种形而上学方向——年轻的婆罗门悉达多遇到了乔达摩本人。他赞扬刚刚听到的乔达摩的布道，接着评论道，最大的谜存在于佛陀自身之中：精神天赋如何能突破受苦世界而把解脱的希望带给人类呢？乔达摩回答道：“我年轻的婆罗门弄巧成拙了：他的形而上学的好奇将使他偏离了手头的任务，即从渴望中解放出来。”[②]

《人在宇宙中的地位》提出基于**冲动**（Drang）和**精神**（Geist）的存在论来解决这一佛教悖论的办法。这一后期著作的一个中心论点是心理（psyche）与生理的同构。一个生命过程以两种方式显示自身。就像道家的阴阳概念一样，在舍勒这里，**原存在**（Ursein）被**冲动**和**精神**所渗透，而且二者相互渗透、相互赠予（也许由欲爱［Eros］为中介），它作为一种精神存在的展开需要来自人的精神的帮助。因为宇宙的存在论基础是**精神**与**生**

---

① 此句或可译为：制定开悟者的自觉戒律，目的在于使求道者摆脱轮回主体的支配。——译者

② 参看赫尔曼·黑塞《悉达多》，杨玉功译，丁君君校，上海人民出版社2009年版，第31－34页，特别是第34页：“让我来告诉你这个渴求知识的人，不要陷入论辩的渊薮和言辞的冲突。辩言毫无意义，它们或优美或丑陋，或聪明或愚蠢，任何人都可以接受或拒绝。然而你已听过的教义却并非我的辩言，它的目标也并非向那些追求知识的人们解释这个世界。它的目标与众不同：这就是超拔苦难而得救，乔达摩所宣讲的仅此而已”。原文并未提供出处，这里据文中所述补充之。——译者

命（Leben）的对立，二者都是共同永恒的，正是生命使无力的精神所意向的“未实在化”现象的“变成实在”成为可能。与在“受苦的意义”中的现象学相类似，受苦在这里也建基于牺牲，牺牲作为“不得不发生”（*non nonfiat*）而发生，在其中作为原精神的自在存在（*Ens a se*）参与到时空中的生成存在之中，并在逐渐使世界精神化的过程中忍受和承受盲目冲动的折磨。精神，虽然无力改变，却与生命力本身一样在宇宙构造中是原初的。人们会说，精神向从生命之进行中借来的效力的这一突破是一种其自身与俗世大相径庭的赠予，这提醒着那些陷入欲求及其受挫中的人类——也许令他们诧异——他们事实上是精神。由此，舍勒将佛教立场融入他自己的作为受苦的实在性概念中。

舍勒后期的形而上学观念也与佛教存在论重叠，就像他的早期现象学与其基督教观点重叠一样。然而，这个形而上学也与佛教的存在论相去甚远，就像基督教的受苦观点与佛教的相去甚远一样。舍勒发现，佛陀从此时此地的实存遁出而进入**非实在的**本质的领域（*GW* 9，44），不过他关于精神的想法并非积极的；它只是一个实存的条件，在这里任何实在之物都不能触及自我，因为精神已经通过其非—主动性消除了实在性的根源；自我消失了。舍勒说，佛教的涅槃思想有关一个非实在的、虚幻的东西，就像《古兰经》里的天国或者胡塞尔的超越论的意识，若是没有冲动，精神也就不可能存在。因为在涅槃的被动静谧中缺乏舍勒所认为的**哲学**的主要目的。虽然佛教实践使广阔的本质世界成为可见的，但它为自己留下了一个纯粹的“真如”；精神已经通过意志力逃离了实在性的引诱，不再被渴求——舍勒认为它等同于“生命欲求”（Lebenstrieb）（*GW* 12，73）——所驱策，佛教大德切断他与世俗世界的饥渴的联系，而不是基于他现在所处的精神化立场参与其中。

舍勒指出，对叔本华而言，佛陀是理想的人、神圣的人；但舍勒不是在追寻佛陀、温顺的基督徒、“软弱的苦行者”（*GW* 12，114）作为他想要的普遍人类。这个人、未来的理想人将经受住生命与精神之间的**张力**——作为受苦的生命（像佛教中那样），而不是作为不幸的受苦（佛教也坚持这一点）——而不会因此而**死**。作为哲学家的“全人”（Allmensch）不是将他被解放的心灵转向佛的心灵的寂静——它通过在人们自己的人格中的示范教导我们：这种从渴求和世界中的解放以及涅槃的最终获得是可能的——而是转向对从新的立场被提供给我们的知识的**应用**。舍勒，这个西方人，还是决定英勇地抵抗他在自身中感受到的并认为是上帝的一种基本

特性的冲动，以及对世界进行精神性地重构。这是他所寻求的道德成长的新形式，它超越了佛教，因为它肯定了世俗领域内的一种革新的根本可能性，同时接受了忍受（Duldung）、无我和去除渴求的佛教道路。它同时超越了基督教，因为作为宇宙的精神和道德成长的中心和手段的不是独特的人格而是“全人”。这再次表明，弗林斯在为《舍勒全集》（第9卷）所作的“编者后记”是贴切的。

舍勒告诉我们，他后期对佛教感兴趣的一个根源与他对胡塞尔的“现象学还原”的拒绝密切相关。舍勒对胡塞尔的“现象学还原”的拒绝，首先是因为这种“现象学还原”疏离了个体和物种—生命的生命过程，而独独展现空间、时间的意识流；其次是因为它仍停留在现象的偶然时空实存层面上。在舍勒看来，只有当离开冲动，或人的生命中心，即产生时空实存的“世界之抵抗的受苦”成为可能时，我们才能开始把握事物的完满性，并获得对世界本质结构的看法。没有舍勒直到生命尽头还在发展的新的绝对时间之哲学（弗林斯在这一上下文中没有用这个术语），就不能理解对抵抗的克服与对时空实存的克服的这种紧密联系。正如弗林斯指出的，因为被体验时间本身只通过“首先投入意识流和时间意识的个体的和普遍的生命的自身运动能力（*GW* 9，357）”而可能，所以意识首先并且通常仍然附着在时空实体上，而不是附着于本质领域。只有当我们克服了我们“对世界之抵抗的遭受”（Erleiden des Widerstands der Welt）的倾向时，我们才能克服对产生时间和空间的生命中心的屈从，之后被给予之物的完满性才先验地自身增长和延伸，即我们超出周遭而触及在其本质如在中被给予的对象世界。现在佛教实践提出的正是这种对冲动以及对被建基于它的感受和驱动的自身克服，舍勒在《人在宇宙中的地位》中为它提供了一个形而上学的和认识论的基础。

正如舍勒在《知识的形式与教化》（Die Formen des Wissens und die Bildung）一文中所展现的，借由佛教的自身克服而得以可能的那种对存在的觉悟和新立场是一切更深刻教育的目标；这也是他在《均衡时代中的人》（Der Mensch im Weltalter des Ausgleichs）这篇文章中所宣布的诸文化之**均衡**（Ausgleich）的可能性的根源。“文化知识”的扩展，即在巨大的世界思想体系中起作用的概念结构的扩展，将通过在**平衡**阶级、性别，尤其是诸文化本身之间的张力的过程中培养人类的凝聚而服务于人类。这种基于这样一个谋划的知识正因为其冷静的本性、天生具有由**生物**需要而培养出的与特殊性的一种实实在在的内部对抗而能够服务于人的凝聚。它不是胡塞尔式还原的冷静或冷漠无兴趣。舍勒在晚年发现，现象学需要佛教实践，而就如他在《人之中的永恒》中所讨论过的那样，在其中期对现象学的推动（impulse）则产生于哲学的希腊和基督教源泉，产生于最初由柏拉图所教导的“对绝对价值和存在的爱”（*GW* 5，89）。于是，哲学家瞄准的不只是一种道德的和形而上学的理想，也是一种精神引领，它在世界中起作用，以一种普遍的世界观统一人类，然而这种世界观却允许对任何活生生的人之人格必然的偏爱和文化认同。作为生活于一种文化周围世界中的人格，我们每个人都代表普遍的本性和价值，它们将渗透在睿智的、公正的哲学家对“全人”的教导和行动中。在均衡的时代，作为道德行动者的哲学家将把他的全部本性投身于文明的精神化之中。

在1927年，舍勒就认为这一过程已经起步：“但此外就欧洲来说——对于德国来说，是自洪堡、谢林和叔本华的时代而开始的——近些年来正以前所未有的规模、通过难以计数的渠道将古老的东方智慧（例如古代亚洲的生命技艺和受苦技艺）越来越深地吸收到它的精神主体中，以便这些智慧也许有一天将会成为它的活生生的财产。一种真正全世界范围的世界哲学正在生成，至少存在这样一种生成发展的基础。它不仅为历史记录了那些长久以来对我们来说如此陌生的，在印度哲学、佛教、中国和日本智慧中的关于此在和生命的最高准则，同时，它还要**客观地**检审它们并且将它们塑造成本己思想中的**活生生的**因素。”（*GW* 9，159－160）

我在舍勒与佛教的出色的智力交流中看到这一预言的实例。舍勒自己从基督教的有神论者和现象学家到一个形而上学的超欧洲的和普遍的人类预言家的旅程——其一生的根本关注在于推进人类精神工作——通过他对来自乔达摩的赠予的反思而得以可能。我认为宣布舍勒代表了东方哲学首次实际进入欧洲哲学并不牵强。我用“实际进入”指的是排除那些未受过西方哲学训练的欧洲人归附亚洲思想或实践体系的情况，以及某人用亚洲哲学学说为自己的思想装饰门面的情况——包括叔本华，或者欧洲的亚洲（思想）学研究的情况。相反，我们在舍勒这里看到佛教作为他世界观的不可或缺的部分起作用。这一点还未被完全接受，不过若是忽视舍勒对佛教本质的深刻沉思，那么，有关舍勒的受苦和感受现象学的发展、他对有神论的叛离、他对作为他的人类学中心的人格概念的放宽（如舍勒的成长着的世界基底的观点呈现出一个缺乏清晰的人格性因素的实体）的说明将会在历史和智识上都是不完整的。在我们自己的时代，东西方哲学中差异的谐调过程的持续却似乎因为东方思想体系的深刻形而上学本性和我们西方世界深刻的反形而上学和怀疑本性而成问题。西方哲学似乎转向了内部，并变成专业团体的所有物，而不是向外延伸到人的精神中以及我们共享的世界上的普遍的东西，延伸到更广泛的世界观并且更积极地投入一切人类的本质问题。这实为憾事！

第三部分

自身意识问题

自身意识：一门理论的批判导言[①]

迪特·亨利希

一

如果说在现代哲学史中，有哪个标识着基本概念的语词起着首要作用，那就是“自身意识”。笛卡尔想要在思想存在者的自身确定性中给予形而上学不容置疑的基础。莱布尼茨认为，它不仅是现实的实存本质的首要确定性，而且是为一切存在论基本概念辩护的演绎原则。康德追随着莱布尼茨，前提是将莱布尼茨的原则转向主体性的东西：通过对自身意识结构的分析，人们可以弄清知识和知性究竟意味着什么。对费希特来说，这个结构是唯一的哲学问题，它囊括了所有其他哲学问题。而对于想要终结掉主体确定性哲学传统的黑格尔来说，思辨逻辑的判决性实验（experimentum crucis）依然表明，只有这一哲学传统才适于对“自身意识”这个无可怀疑的事态做出解释。——虽说经验论哲学并不需要单一的演绎原则。但对其而言，自身意识这个论题也还是分析中诸非同寻常困难中的一个特例。大卫·休谟承认，就只有这一次他无力于找到令他满意的解决方法。而他的顾虑至今还没有被克服。不过，他对那些在哲学中谈论“自身意识”时太过强调并将之关联于根本性论据的人的本源性批判却得到了赞成和认可。如此就得到了一些彻底的解决方案，它们旨在完全抛弃作为特殊问题的意识以及作为重要事态的自身意识。威廉·詹姆斯第一个做出这个建议[②]，他的分析

---

① 该文本最初在1969年春季宣读于普林斯顿和耶鲁。［本文译自 Dieter Henrich，“Selbstbewusstsein：Kritische Einleitung in eine Theorie”，in *Hermeneutik und Dialektik*，*Festschrift für H. -G. Gadamer*，R. Bubner，K. Cramer，R. Wiehl und J. C. B. Mohr（Hg.），Tübingen，1970，S. 257 – 284. 同时参考 Dieter Henrich，“Self-consciousness，a critical introduction to a theory”，*Man and World*，（1971）4，pp. 3 – 28。南开大学哲学院的郑辟瑞教授、《理论月刊》编辑部罗雨泽和德国弗莱堡大学哲学系博士生宋文良曾对照原文仔细通读译稿，提出诸多有益的修改意见，特此致谢。——译者］

② William James，“Does ‘consciousness’ exist?”，in *Essays in Radical Empiricism*，1912，S. 1 – 38.

说服了罗素，尽管有一些延迟[1]。大陆哲学一如既往地全然独立于此且开始于完全不同的前提，也到达了相同的立场。其中最重要的是海德格尔。然而，这个十分广泛的规划——维特根斯坦也应被归入其中——却并没有使得对“自身意识”的谈论失效。至少在像精神分析这样在专业方面仍然被低估的临近区域那里，它完全占据着优势。对于让-保罗·萨特而言，自我性始终是基本现象。而且即使一个远离所有这些趋向的哲学家如斯特劳森最近也宣称，没有认知者的同一性这个概念，经验的结构就不能被分析。[2]

如果试着去达到彻底的解决，如果诸立场之间处于彼此全然对立的情况，那么，总是有一个迫切的、出于特殊兴趣的问题为它奠定基础。而随后的研究应当致力于这个问题或至少是它的一个本质性的方面。这项研究将从这样一个前提出发：借着“意识”这个词，一种我们与之相熟的事态将会被指明，因此说明其结构是一项有意义的任务。这里，能够而且也将会被问及的是：除去自身意识，意识是否是可理解的，或者意识是否只是基于自身意识才是可理解的。无论如何，没有对意识的分析，自身意识就不能被理解。但是对任何自身意识理论来说，试图确定意识结构的尝试将导致困难，并最终指向一个基本困难。然而并不是说它引发了对所有关于意识之言论的诸彻底解构性尝试。而是说，它是支撑这些尝试的强有力的论证。那么，对这些解构性尝试的评价就是必需的。相关于此，对一门自身意识理论的新提议应当被引入，它避免了这些所谓的困难。最后，这项提议将被应用于道德实践的事态之上，而这种实践在自身意识的至关重要的历史理论方面举足轻重。

这个问题的规模就使得为整个研究赋予一种概述的形式成为无可避免的了。许多论点需要进一步的阐述和澄清。这种缺陷只有通过尝试去表象以及讨论一种更为广大的关联才能得到谅解。以下讨论的另一个特殊性还应当被提及：这里提出的思路，像门上的家神雅努斯（Janus）一样，具有两面性——它在根本上归于大陆哲学的语境。但它也应当有助于更好地理解这个传统中具有自身意识朝向的理论的长处和缺陷。这似乎是其内在方面。但这种描述更多地是朝向问题的分析—经验论的面向，因此是以一种

---

① Bertrand Russell, *The Analysis of Mind*, 1921, S. 9 ff；也参考 Bertrand Russell, *An Outline of Philosophy*, 1927, Chapter XX。

② P. F. Strawson, *The Bounds of Sense*, 1968, S. 117 u. a.

盎格鲁－撒克逊的视角处理德国哲学中的一个经典论题。在一些仅仅凭借能够在我们国家所熟知的方法中所得到的手段去解决这个问题的尝试之后，一种改变了的观点下的尝试看来是有益的，也是大有可为的。至少它承诺了对问题的更为广泛的规定，顺便也承诺了这样一种机遇，以检验相关于同一重要事态的各竞争性的方法的效力。可以希望的是，在这个多次被提及并且令人惋惜地分裂着的沟壑之上的这样一个通道被证明为可通达的。

二

我们从探问意识的结构是否可以从某个通常被接受的解释立场被分析开始。这里对于意识的因果解释问题不加考虑。现在，我们凭借“意识”（Bewußtsein）这个词所标识的事态是多样的，因此该词本身就是模糊不清的。至少人们必须区分两种意识的含义。从“行为主义”的观点看，“有意识的”（bewußt）指的是在正常清醒状态下反应模式的一个特定种类，诸如睡梦经验之类的并不涵括其中。但是谈论梦中意识可能是有意义的，在至少显示出正常反应的某个特定部分的梦游者那里，这种意识未必会被无条件地接受。由此就得出了一个更广的“意识”含义，以行为主义的方式——如果真的可能的话，也需要付出巨大的努力——它可以被把握。与之相反，这个词有另一个较窄意义，与此一致“意识”只在对客体的注意和区别是明显的地方被使用，即一个必定基于学习过程而实现的成就。可能有必要区分广义与狭义的用法，而同时接受广义上的“意识”是“注意”的先决条件。在以下讨论中，“意识”的较广意义被作为出发点。

假定我们熟悉这种意识。对其的经验是诸如觉醒或是处身梦中的情景。突然出现了一个感觉印象、图像和模糊的身体感受的复杂网络，总是充斥着情绪与象征，一个产生于虚无的世界，只通过记忆和重新认知而与过去相联。这个无中生有（creatio quasi ex nihilo）是极其奇怪的，只是因为它是每个人再熟悉不过的事情才没引起什么惊愕。在这些经验发生时，生理学家可以在脑电记录仪节律的显现上把它们确定下来，而这并无法向我们解释我们所拥有的经验。

当然人们可以想象一种连续存在或不能回忆的意识，所以不知道觉醒或是入梦。但是，从我们对做梦和睡眠的认识出发，我们便可以弄清：意识不仅将熟知我们所照面之物以及相关于此拥有经验和知识的可能性带给我们；我们也对意识自身有所熟知。若非如此，我们就不能以极可靠的确定性（它不能是学习的结果）断言，我们正拥有经验，而且即使我们缺乏

交流它的语词，我们也一样可以确定它是何种经验。如果我们不熟知意识，我们就永远不能将无梦睡眠同做梦和清醒区别开来。在无梦睡眠本身中，我们对清醒一无所知，因为在睡眠中，关于睡眠本身的认识是不可能的。但在意识中，假如没有意识本身的显现，那就不存在任何显现了。这个显现当然必须是与诸如被意识到的图像和感受等完全不同类的。

现在人们会问，我们可以如何理解这种意识，以至于不再认为如下观点是自明的，即这种意识属于一个自我，因此在本源上是自身意识。确实，我们知道，开始醒来或做梦的是一个人格，但这不意味着我们归于一个动物有机体或一个具有语言和行为能力的人格的意识结构必须与一个自身有关。在我们所熟悉的事态中，没有可以支持这一主张的。最初，一个世界的视域至少在清醒时扩展开来，然后我们在这个视域中重新发现我们自身是觉醒者。这与以下事实相一致：睡着时最后一个消退的不是自身感受，而毋宁说是一个图像世界，其清晰性（且在大多数情况下也有颜色强度）首先在某种程度上逐渐增强，明确的自身关系则在同等程度上逐渐减弱。意识并不终结于自身经验的残余，而如果它在本质上是自身相关的，情况便应该是如此。

因此从思考那些被提出的、尝试弃用任何自身意识概念的意识分析开始是相当有意义的。

（1）人们可能试图将意识解释为诸单一内容或材料与自身的一种关系。这个提议最早由布伦塔诺做出，接着由 Schmalenbach 更确切地提出。[①] 所有被修正的现象学立场，例如萨特的立场，似乎最终都不得不这样。但是概念的和经验的根据都使它难以立足。

首先，它不能顾及一个毫无争议的事态：意识总是对不同被给予性之间关系的觉察。如果一个因素不从另一个中凸显出来，意识实际上不会出现。这就构成了意识的综合结构，主要是康德在理论上将其开掘出来。人们几乎不能接受，这个事态是以下偶然情况的结果：若干对自身而言被意识到的表象总是同时发生并相互联系。

另一个反对意见更为重要：如果意识是这类关系，那么它肯定不是对称的关系。这个理论要求我们赋予每个意识的被给予性两个角色：觉察着自身的以及被觉察的。没有这个假定，我们就不能确定对于“意识”这种

---

① F. Brentano, *Psychologie* I, 2, 2; H. Schmalenbach, “Das Sein des Bewusstseins”, *Philosophischer Anzeiger* Ⅳ, 1929.

关系而言必要的两个关系项的最低限度的持存。每一个被意识到的事态作为觉察者和被觉察者将处于这样的位置上——其同自身之间的关系就像一种主体那样。于是这个提议表明了实际上其所是：它将整个意识主体的主客模式引入到每一意识被给予性中去。

但是，我们该如何想象这一点呢：每个被意识到的呈现都是意识主体的一种集合？要么有一个主体的主体层级，这样更高层的主体解释了代现的统一性。但这个假定是荒谬的。要么对代现的统一而言，除了将其解释为部分主体的相互作用外，再没有别的解释了。但是，这种情况下，人们永远不能理解一个包括许多材料的单个的代现。毋宁说，这将是一个逻辑真理：复杂的代现必然像被包含在它们之中的基本材料一样被多次表象——而这就等于是另一个谬论了。

（2）如果人们想要坚持将无自我的意识解释为关系，那么现在就出现了更为宽泛的可能性：将意识把握为本源上综合性的以及众多（任意多数目）的被给予性之间的关系。但一开始就要明确的是，这个提议只有顾及以下两个条件才能成功实行：第一，这个关系必须只存在于事态本身之间，而不是例如存在于它们和某个只能是一个“主体”“知识”甚或“意识”自身的第三者之间。这种情况下这个理论就必须放弃它自己的规划。第二，在产生关联之前，像“心理的”或“意识的”这样的特征不允许被归于事态本身。这种情况下，意识原则上不会被解释为一种关系，而是一种特性——关于这个理论的另一个提议，将会独立于此被讨论。

要同时满足这两个条件很难。在这个方向上的严肃的尝试只能在所知的“中立一元论”理论框架下进行。但人们在詹姆斯或罗素那里都找不到具有其纯粹形式的这一理论。[①] 二人总是将被“被经验”或“被给予”的属性赋予根本的、构造性的事态组的因素，即“原始素材”或“质料”——只有以上提到的两个条件之一被忽视，才能够去谈论这种特性。

但是对于发展“中立一元论”的不懈的尝试，存在着决定性的反对意见。让我们假定，任何出于意识的意义场的谓词都无法被归于这种原初的、关系存在于其间的事态。那么就无法看出：何种关系能够居于其间，这种关系就使得假定这一点成为不可能了——它虽然存在着，但却不被意识到。任一可想到的中性材料间的关系都是意识的可能主题，但却并非意识自身的定义。无疑的是，能够发现的是这样一些关系，它们始终同意识一道出

① James, a. a. O.; *A World of Pure Experience*, a. a. O.; B. Russel, a. a. O.

现。但这些关系既不是那种在所谓的心灵材料之间的东西，也并不是说我们至少可以无矛盾地想象这样一种情况——它们存在着，而意识却不持存。这里，这些关系是否被解释为一种神经学过程、行为样式或者像我们平常所做的那样，根本没有区别。在任何一种处于中性被给予者中的关系的情况下，意识都不能被假定为对这些情况**所意指的东西**的规定。但如果假定这一点是可能的，即关系而非意识持存着，那么这种关系显然不是描述或定义意识的恰当的候选者。

（3）形式上存在着一种更宽泛的可能性——将意识解释为某些事态的一元属性的，所以它们通过拥有这个属性而成为“有意识的”。当然有可能假定具有某些一元属性的事件在某些原始生物那里相关于它们对刺激物的反应而发生，并且因为这种与刺激的关联而将被称为“有意识的”。除却物理和生理条件，这些事件同我们熟知为“意识”的事态没有任何共同之处。如前所示，意识并非与个别事件相连。它至少**意味着**关系并使某种关系得以可能，如，注意和描述。但是，如果属性“有意识的”至少是部分关系性的，那么对一个新术语的引入就毫无帮助：之前讨论的两个提议的困难毫无改变地再次出现。

三

既然抛弃了对自我假定的意识的标准解释，那么就让我们转向对意识的自我论的讨论。在这点上，也会出现一些困难，这样人们可以得出一些一般结论。

（1）我们已经提出，意识可以被理解为一个自我与任何事实的关系。罗素在转向“中立一元论”之前也赞成这一理论，而且他将“我”与事实的关系称为“熟知”（acquaintance）。[①] 他的分析以此为前提：主体和熟知首先没有被意识到。它们只能在一种更为宽泛有其自己主体的熟悉关系中被意识到。但第一个层面的熟知上的这种“反思”带入意识的只能是第一层次上有熟知。从一种关系被给予这一点上必定**得出的推论**是，关系项“主体”也在场。

针对这个分析，我们可以提出质疑：人们无法理解这种其关系项不被直接给予的关系一般如何能被确定。如果熟知事态的东西没有在意识中被

① B. Russell, *On the Nature of Acquaintance*，最初收于 *The Monist*, Part Ⅲ, 1914，现收于 *Logic and Knowledge*, 1956。

给予，那么宣称熟知本身被给予就是无意义的。当然有这样的情况，我们承认关系的实存，即使我们不能发现被关系项。然而，这些关系于是就是对其他可以与所有其被关系项一起被直接经验的关系的**解释**。只有当它们所有的被关系项，至少在原则上，可以同等地直接被给予时，我们才将直接被给予事态解释为关系。

顺便提一下，这个论证并不排除假定所谓的先验自我的可能性。然而，如果这种自我原则上不能被经验，那么它就只是对可经验的关系进行解释的原则，而非导致这些经验具有一个关系结构的被关系项之一。看起来似乎罗素想要在一个步骤中对意识结构进行分析和解释——而这当然是一个荒谬的任务。

（2）因此，如果人们想在自我论上解释意识，人们必须这样进行：人们必须将自身意识归于意识主体，并且证明一般而言这个自身意识是对意识的本真定义，即自身意识的可能性定义了意识本身。这是康德及其众多后继者的立场。这个理论与通常被接受的自身意识结构观念相一致，它将自身意识描述为反思的产物或者实行。

这个理论从假定具有自身意识的存在者能够实行使它们能主题化地孤立并明确认识自己的状态及行动的反思行为出发。这种可能性事实上是有自身意识之实体的最重要的成就之一。另外，反思确确实实造成了这些实体可以“遭遇”它们自身，而这可以将其推向自身监督以及认真负责的行为——比起德语，在许多欧洲语言中“自身意识”一词更清楚地标示了这一点。但从所有这些根本不能得出，反思是自身意识的**基本**结构。而如果反思不是自身意识的基本结构，那么当然用它来理解意识一般是不恰当的。

现在人们当然必须区分开意识的反思理论的两个变项。一种是将反思理解为自我的一种活动的康德式理论，另一种则只将它描述为一种认知着的自身关联，而关于其起源它并不给出任何承诺。但不难指出，两者都是基于特有的方式而被循环地构造出来的，因此既不能被视为主体理论，也不能被视为意识理论。

（a）如果我们假定——这种假定很难避免——反思是由主体所施行的一种行为，那么显然，反思预设了自身强有力的“我”。因为这个“我”作为一种准行为，自己不可能只有在事后才被它的反思所意识到。它必定进行着反思，并在这么做时就已经意识到其所做之事。

虽然有可能展开一个避开这个乍一看似乎无法避免的结论的反思理论。不过尽管这样，反思理论的循环以另一种方式出现：人们不能通过反思某

事才将被反思的事态一般带给意识。无论如何，反思是一个**有所指向**的活动。要通过反思被带给清晰意识的东西必须在场，至少是隐秘地，这样它就可以引起朝向它的反思行为。反思不仅仅是关于某事态的集中意识的一个偶然行动。它预设了这个事态已经变得引人注目，并且，已经产生了引起或迫使意识集中到这个事态上的张力。对自身意识的反思理论而言，这种事态一定是自身意识的主体。因此，在反思中，一种主体的意识被预设；不管这个反思是否被理解为自我的一个行为，反思理论至多只能解释**清晰**的自身经验，而不能解释自身意识本身。

（b）因此，至少这种反思理论必须放弃这种假定：反思被实行，并局限于去断言一种同自身的本源的、认知性的主体关联。但从这种更少要求以及可信性大打折扣的态度中，自身意识只是处于循环之中，因此是根本无法被理解的。因此，可以指出这一点：无论是通过反思还是像往常一样在同自身的关系中，自我在任何情况下都必须在自身意识中把握到**自身**。现在由于这种把握应当具备认知的把握的特性，那么这个自我必须具有某种表象——它所觉察到的正是它自身。为此目的它不必拥有任何一种关于自身的概念知识，或者也不必能够给出对自身的**描述**。但无论如何，它必须能够确定地断言它在自身意识中所熟知的是它自身，无论是通过反思还是其他方式。众所周知，这个确信是极为可靠的、瞬间的、如此毋庸置疑，以致甚至"你认为你当作'你自身'所熟知的'你'真的是你，而非或许是别人吗?"这个问题看起来很荒谬。这个问题如果涉及对某人自己的习惯、能力、性格特征等的评价，那它确实有意义。但是对这些事情的怀疑预设了，能成为这种怀疑对象的东西已经被认同。"我到底是谁?"的问题足够重要，也许永远不能完全被回答，而且肯定绝不会完全确定地被回答。但这个问题预设了问题"我所觉察到的我真的是我吗?"已经被回答了。或者说任何除了"是"之外的回答都是完全荒谬的，因此这个问题本身是无意义的。指示词"我"，如果在正当意义下被使用的话，总是恰切的。

自身意识的这种独特性不能在任何一种基于"我"与其自身的反身关系的帮助下被解释。这种解释必定最终是循环的——即使忽视所有有关反思活动的特殊问题。为了达到它自身的同一，这个主体必须已经知道它在什么条件下可以将它所遭遇的，或者它所熟知的东西归于自身。它首先绝对无法通过自身关联获得这种认识。这种认识必须作为认知存在先行于任何活动朝向自身的反思。一个试图跳出自己影子的人是怪异的，因为他已经知道如此多关于他自身的身体感受、肌肉冲动和意向的东西，并将它们归于自身，以致他应当相当容易接受影子——身体投下了它，他称之为他的影子——是他持续的伴随物。如果他不熟知自身——一种先于任何与一个意识对象的遭遇的熟知，他就不会知道他应该将什么归于自身。他甚至将不能在他将自身与他遭遇的某物同一的要求中发现任何意义。

设想象龙虾这样的东西毫不费力，它始终在其本己的视野之内，并不具有对自身的某种认识。而诗人使我们对意识境况有所熟知，在其中支配着其本己同一性观念的东西在合理使用这观念上发现了不可克服的困难。

因此，自我与其自身的每一个反身关系都已经预设了这样一种对自身的熟悉，这种熟悉此外必然具有这样的性质——它能使它同自身相关联。

即使通过将一种反身关系假定为一开始就存在或忽然出现的，人们也不能逃避这个结论，因此它必然无法通过一个行为产生出来。同时，对反思理论来说，无论何种形式的自身同一都是不可避免以及无法解释的。这一点也是于事无补的：区分自身的概念性知识和本源的非概念性的熟悉，后者不需要概念性的认同和描述。[①] 自身的这样一种确定性必须被假定，这当然是相当正确的。正是自身的这个确定性的直接性迫使我们得出这一结论。这种确定性超越一切谬误之上，额外地抛出“我在痛吗?”“我所感到的疼痛真的是我自己的吗?”这样的问题是无意义的，这样的情况也迫使我们得出这一结论。[②] 自身意识的反思理论没有考虑这一点，出于这个理由，人们就可以否决它。因此情况几乎没有任何改善，只要一切自身具有自我的意识应被描述以及同时本源地被解释为一种自我同自身的关系。这样一种自身相关的知识概念中的循环并没有通过将直接性的性质归于它而被消除。

我们现在可以表述第二个意识的自我理论为何在原则上站不住脚。首先关于进入与自身关系的“我”，它包含着模糊性：这个“我”是否要在与自身相联系之前拥有关于其自身的认识，这一点不清楚。然而，如果这个理论要令人信服，这种非清晰性是必不可少的。如果这种非清晰性通过赞成或反对这个自我主体的意识的一种毫不含糊的决定而被消除，那么这个理论的弱点就变得明显了。要么与作为主体的它自身相联系的自我已经意识到它自身；于是这个理论作为对意识的一种解释是循环的，因为它不仅

① H. J. Paton, “The Idea of the Self”, in *University of California Publications*, Vol. Ⅷ, pp. 73 – 105.

② 参见 Sidney Shoemaker, “Self-Reference and Self-Awareness”, 收于 *The Journal of Philosophy*, Vol. LXV, 1968 (19); *Self-Knowledge and Self-Identity*, 第 3 章, 1963, pp. 81ff。

预设了意识，甚至也预设了自身意识。要么，作为主体的“我”没有意识到它自身，且不熟知它自身——那么借助反思理论的手段就无法理解这样的情况如何发生：将某种事态判给自身或只从问题的角度考虑这种事态是否属于自身。①

于是，人们可以得出结论，那些试图将意识解释为一种自我论的自身指涉的理论也失败了，至少如果它们不使用完全不同于目前为止所讨论的那些概念手段的话。

现在，意识理论的问题才完全展现出它的全部困难——因为明确反对第二种自我论理论的反对意见同样适用于反对任何放弃自我论手段、但仍想要将无自我的意识解释为自身关联因而最终依照的是朝向反思的模式的意识理论。无论是通过确定性区别于无自我的意识的自我作为主体同自身相关联还是一个“匿名的”无自我的意识，原则上是无所谓的。两种情况下，必须要有一个认同性的获悉或熟知，因此在形式上就会有自身认识的循环的主—客体关系。如果一门意识理论从一开始就要可能的话，它必须能够避免这个循环性。

但这显然并不容易。而这就有机会猜测，意识理论必须同这样一种意识模型斗争，这种模型至今的统治地位似乎不仅仅是偶然的，不如说它扎根于对自身意识主要的自身解释中。这一事实使得对意识理论的批判介绍十分重要：只有通过对成为传统的意识的自身解释的批评，意识问题的独特维度才会凸显。

四

意识的自我理论只是看起来展示了一条脱离将意识视为一种无自我关系理论的疑难的道路。这导致一个反对意见，它不仅明确反对自我论理论，而且也加入了反对作为一种不带自我的关系的意识理论的进一步论证。是时候回忆起，目前为止的讨论全都处于这样一个前提之下：我们熟悉了意识的基本现象。但达到对这个“基本现象”结构的任何理解似乎都是不可能的。相反，看起来好像每种尝试必然终结于一个循环的解释。因此，似

① 自我论理论陷入的循环性主要是一种在解释意识时逻辑结构的循环性：X（自身指涉）解释 Y（自身意识），而 Y 解释 Z（意识）。但 X 预设了 Y 和 Z。因为表述理论方法中的模糊性，解释中的循环性就不能被清晰地区别于对自身意识的一种矛盾的描述。（此条注释为 1971 年的英文版所加。——译者）

乎是时候回忆起，这个研究的前提并非是无可争议的。被宣称的是：意识不能被理解为以现象或是内省的方式而被把握的事态。这个论点是完全独立于意识理论的诸疑难而被达到的。但相对于其他论证，它们更好地支持这个论点。

因此，我们不能适当地讨论对被经验到的意识这个说法的毁灭尝试，而是至少必须给出支持我们对“意识”这种事态的熟知之前提的一些论证。

这个熟知存在的确信不会被任何休谟式的反对意识主体之实在性的论证所损害。我们当然绝不能观察意识本身，而只能观察某种被意识到的事态和它们彼此的关系。如果意识是任何观察的先决条件，那么这是显而易见的。

如果意识被给予一个条件的地位，那么似乎它不会属于我们可以直接熟知的实体类别。这个推论会具有深远的后果。因为我们已经表明，在这种情况下，假定意识一般的实存是根本没有根据的。但这个结论可以避免。显然，不仅感知和想象是被意识到的被给予性，因此意识不会被认为与感知领域同义。毋宁说，一切的认识行为，包括涉及规则认识和规则应用的行为，都属于被意识到的被给予性。基于它们的意向特性，意识本身可以在它们那里达及被给予性。因此它可以被直接（unmittelbar）熟知，即使不是直截（immediat）被给予。下面所概述的理论针对的便是这种认知性的意识被给予性。

一个进一步的结论是，意识不能通过可以被描述为内省的行为而“在场”。如果有这样一种活动，则它被限制于所谓的心灵被给予性的小领域内，例如被限制于可以毫无含糊地与身体相关地被定位的感受和情绪内。思想、感知和想象都不能直接归属于身体意识，身体意识为“内省”活动的基点奠定了基础。

在形式意义上，意识只在与意识的被经验内容的对比下清晰地被给予。人们可以跟布洛德一样，称这个过程为“审视”（Inspektion）。[①] 但是这里“审视”只是反思的一种特殊形式，对经验某种东西的条件的反思。这些条件无需受制于出现在由一个活生生的身体所包围的领域中这个条件。最多可想象的是，它们可能只是功能上依赖于这个领域。

对于我们对意识熟知这一事实的本源理解而言，观察和内省的模型失效了，这一情况不应当用作反对这种事实的一个论证。因为，如果它真的存在的话，那么可以**期待**的是，它恰恰摆脱了这些模型，这些模型标明了只有在如下前提下才能实现的双重成就——被意识到的生命已经发生了。

---

① C. D. Broad, *The Mind and Its Place in Nature*, 1925, S. 291 ff.

对意识的熟悉不能被理解为行动的结果。倘若意识出现，这种熟悉已经在场。没有人会说他试着以他能试着如反思、内省或观察的方式达到意识。

命题“意识在场”的证明条件将相应地必须考虑到一些独特的情况。在其他人那里，它们由此产生：它们能够实现这样一些没有意识这个前提就无法被理解的成就，即基于一个操作性定义。但众所周知，这样的话，意识这个事态自身和它的通路都不能被理解。一个有意识的人可以通过想起以下情况使他自己对意识的熟悉变得清楚明白：他想起，他有记忆、能够做出区分、处在一个经验着的生命的关联中，没有对意识的假定这些活动就都不可理解。一个特殊的、在理论上有趣的可能性是对意识的各种不同形式的描述，如，有别于过往的、图像性的当下化和清醒的梦中意识。但普遍的事态“意识”和对意识的熟知重又是这种区分的前提条件。显然，这种事态不是一种纯然抽象的远属（genus remotum）意义上的普遍事态。只有意识的方式（Modi）孤立存在，彼此独立且不可相互转化，就像实际情况一样，情况才会是这样。意识的诸形式不能被理解为“一种”，而只能被理解为其中始终以同样方式预设这意识基本事态的不同意识状态。如果人们允许比喻的帮助，那么他会说：与其说可能存在着我们能借之以通达意识的方法，倒不如说意识自身拥有到我们的通路。我们将看到这个比喻可以被给予一个理论上合理的含义。

因此，遵照休谟对心灵实体批判的反意识实在的论证就被取消了，因为将特殊的通达条件归给意识这个事态是无可回避的、但也是可能的。它们不能与由意识使之可能的被给予性的条件相比。这种对意识之假定的辩解，可以通过对三种最重要的对于意识的还原尝试的批判来补充。

对意识——作为一种出众的、总是前设性的事态——的还原的两个做法在过去几十年中已被陈说，并受到关注。其中之一是一个彻底的行为主义，一种不将自身限制于将所谓内在状态解释为因为在交互主体上不可达到并因此与科学研究无关的行为主义。这样一种行为主义主张：类比于人的行为，“内在状态”也能被理解为似乎是皮下的条件反射行为的方式。但毋庸置疑的是，这个尝试在解释感知和想象时陷入不可克服的困难。[①]

① B. F. Skinner,“Behaviorism at Fifty”, 最初收于 *Science* CXL, 1963；现收于 *Behaviorism and Phenomenology*, T. W. Warm, Ed., 1964, S. 79 ff.; Blanshard and Skinner,“The Problem of Consciousness —A Debate”, in *Philosophy and Phenomenological Research*, XXVII, 1966/67, pp. 317 ff.; D. M. Armstrong, *A Materialist Theory of the Mind*, London, 1968, pp. 54 ff。

维特根斯坦在《哲学研究》中想到另一个办法。这里他试图表明，在其中出于家族——“意识”也归属于它——的术语被使用的一切情况能够被这样描述：即无需假定同准一内在状态的关联。它们要被认为是交互主体行动背景下的交流方式。维特根斯坦的后继者完全有理由抛弃这个立场的彻底主义。他们没有人还否认主体事件这个事实。维特根斯坦的明察已经被限制在这样一个范围内：臆想的心灵语言术语的角色**主要**在交互主体情景中被规定。根据这个限制，人们不再能谈论对意识问题的一种语言分析式的还原。

第三种还原的可能性是一种“内在物理学”，就像赫尔巴特（Johann Friedrich Herbart）在大约200年前概述的那样。[①] 这里，内在事件以相同的范畴、相同的数学，依照统一的相同形式而被研究，正像时空中的质料事件那样被研究。在一开始，这个心灵物理学就面临困难：与已经建立的物理科学相比，它必须确定它想要论述的事态领域的状态和通达方式。既然我们已经表明意识不能被认为是一种关系，那么它显然不能被理解为一个尤为复杂关系的系统。因此，意识独特性的问题涉及那些在意识中被意识到的或被给予的关系的可通达性。这个问题必须被认为是合法的，如果这些关系系统要像物体间关系那样被观察——无论这个观察详尽与否。只有相关于此，才能够而且必定观察到：至少一些心灵物理学事件在直接的、不容置疑的熟知方式中被给予，这种熟知脱离了任何已建立的物理科学的事件。仍然有理由假设，证明一门理论的任何程序都必须使用这个熟知。如果人们不考虑在某些条件下人的能力能清楚察觉事态并将有意义的怀疑归给他们的世界，那么就根本不会有对经验性命题的证明。

在这点上，心灵事件的特殊通达方式甚至不需意味着它们在原则上是一贯正确的。对至少某些重要的心灵事件群的察觉也由学习过程所驱动并因此在原则上是可纠正的。这种纠正必定导致对这些理论的证伪，这些理论出于材料——不完整的学习过程将其视为被给予的——而被证实。尽管如此，觉察本身具有不容置疑的确定性，而且在这方面优于一切对象意识。这种对象意识通常并不考虑欺罔，但其中仍可以发现将欺罔可能性考虑进去的意义。已经学会使用颜色语词的人**不会**怀疑在充足日光下所见的一块颜色是蓝色。而对于任何作为时空性物理学主题的实体，人们不能同样这么说。这种确定性要么是通过意识的基本条件得以可能的，要么，无论如

---

① Johann Friedrich Herbart, *Psychologie als Wissenschaft*, 第二部分, 1825年第一版, S. 140 ff。

何，必须与之一起被理解。因此，人们甚至不必假定，验证着的、被意识的事态在排他的私密性中仅仅被给予一个人。可以设想，许多人的意识会注意到相同的事态，于是它将属于每个人的世界。

无论如何，一个人不只是一个世界中的一个特殊生物，具有两类属性，其中只有其谓项同身体相关联的那一个在交互主体性上可证明。[①] 一个人同时处于一个关涉系统中，所有可通达的事态都属于这个系统。这就是使谈论这个人的“世界”有意义的东西。依照我们由以出发的描述，人们就会也将之称为其“意识”。指示词“这个”的使用只有在这个世界的语境下才有意义。这个世界对每个人来说是一个终极事态。

由此并不能得出，试图通过普遍科学理论解释这个事态被先天地排除了。实际上，许多理由支持着这样一种尝试。但这样一门理论必须能够使这个事态本身在因果或功能上成为可理解的。所以，无论如何，它首先必须达到关于意识独特构成的澄清，而且它当然不会是一门质疑作为一个实在的意识的存在或我们对它的熟知的理论。

五

我们假定刚刚简要描述的论证已经完全被阐明，而且令人信服。于是寻找另一条摆脱窘境——它导致对意识模型批判的迄今为止完全消极的结果——的出路就是合法的，也确实不可避免。这个尝试必须由我们批评的过程和结论来指导。我们已经提到，要通过直接描述解释熟悉的事态“意识”显然是极其困难的。而且这个困难似乎是一类使之在实践上不可能克服的困难：要根据反思模式解释意识的诱惑如此之大，因此它很可能在意识结构本身中拥有其基础。在这些情况下，这样的做法通常是有意义的：在同被证明不合适的解释模式的对比中描述这个事态，因此就似乎是通过反证（ex negativo）而关涉它。所以对一门意识理论而言，最小的规划是：以这样的方式来构想意识，即保留所有使反思理论貌似合理的特征，而不允许使它站不住脚的结论（解释中的循环性）。

这些循环性的产生从头到尾都基于两个假定：（1）意识被解释为一个主体的自身关涉。既然人们不能避免将“有意识”这一属性归于这个主体，这个解释就是多余的。（2）意识被解释为主体的认知着的自身关涉。既然

---

① J. R. Jones, “How Do I Know Who I Am?”, in *Proceedings of the Aristotelean Society*, suppl. XLI, 1967, S. 1 ff.

人们不能避免将其自身的认识归于这个自身关涉的主体——如果没有它，主体永远不能发现自身是自身——这个解释就是循环的。因此，任务是如此描述意识，以使它既不是被意识到的自身关涉，也不是自身同一，而是同时承认与意识的直接熟知，因此，所有对意识自己存在产生的怀疑的意识的情况都是不可能的。

在对意识理论的批评讨论中，我们没有解决意识是否必须有关一个主体而被定义的问题。两种意识理论最终都导致类似的难题；而因为它们的逻辑结构，二者都没有对这个或那个假定有所偏爱。但是，在表述了一门意识理论的最小条件之后，人们可以说，一个无自我的意识的假定具有决定性的优势。反思是意识的循环解释的模型。它很可能是一个自身有意识地集中其注意力的积极原则的成就（Leistung）。如果意识必须在与反思模型的对比中被思考，那么放弃自我原则的成就意识就是有意义的。意识是这样一种事态，它必定先行于一切有目的指向的成就，因此必定优先于自身有意识的自我。这个论点也最好地切合了这样的情景——在其中我们明确经验到意识且我们从其出发：清醒以及处身梦中。

但这并不意味着，一个“我”和一个主体在任何意义上都不和意识相关。萨特宣称这点，并试着用仓促的论证让人信服：自我被归为全然超越的对象一类。——如果意识相对自身存在是原初的，即便如此自身可能是一种相关于意识结构而被凸显、于其中而生效的功能。情况确实如此。没有这个假定，我们就不能理解任何现象——有意识地集中于一个对象、一个问题的解决、有利于一个行动计划的决定或者对一件事热切的期待。无论这个自身会是什么，它至少是意识领域之组织的一个积极原则。[①] 即便其成就不仅是这些组织，而只要其成就是这样的，那么它就属于领域自身。我们可能甚至必须假定，意识总是在一个自我论方向上首次出现。皮亚杰已经明确表明[②]：婴儿在一种完全自身理解性的自我中心中活着，而且世界——既作为生成，也作为情绪圈——无疑被归于自身感受，当然，在婴儿那里，这种感受完全是非主题化的。如我们所知，这种自我中心绝不能完全被忽略。但是，尽管如此，它并非意识的基本现象，而只是它的一种组织形式，它很可能已经包括了人性的独特可能性：自我中心性的发展和

---

① 参见 Henri Ey，“La conscience”，*Le Psychologue*，Vol. 16.（此条注释为1971年的英文版所加。——译者）

② Piaget，*La formation de concept du monde chez l'enfant*，Neuchatel，1929.

克服。

因为这种积极原则的自身反思能力，它可以被正确地称为“自我”“自身”或“主体”。但具有决定性的重要性的是明白并坚持这一原则：对这个积极原则本身的**觉察**（Gewahren）并不是积极的成就，而且它不能被归于“自我”自身。甚至那些将一个自身的本源性的“体验”或者“享受”与反身的自身认识区别开来的人也忽视了这一点。[①] 自身的观念与被自由实行的反思的可能性如此密切地联系在一起，以致存在着一种将自身对自己的本源性支配冒充为其自身产物的尝试。但是自身拥有的关于其自身的知识是一个基本情况，它只能通过其作为一个无自我之意识的组织原则的功能被理解，而不能从已被前设的自我中得出。

但现在这个意识本身要如何被解释？考虑到我们的知识状态和我们朝向反思的关于主体性理解的不恰当性，目前对这个问题的回答一定不会令人满意。所以，我们将自己限制于在已经描述的比较程序的帮助下给出一个回答。

如果反思是一个成就，使它可能的意识必须有别于它而被描述为一个**事件**（Ereignis）。当然，它是一种特殊的事件：它不在事实关系系统中发生；它是完全单数的，是无关涉的。虽然人们可以将其归为其他类型的事件，如无梦的睡眠，但这只是因为它似乎熟知自身并且关于其发生的知识基于像记忆、思想以及更宽泛的条件序列而产生。但意识本身完全在任何意识不在场的状态之外。

而且，它是一个使不定量的其他事件，例如感知和感受，成为可能的事件。这些事件原则上彼此相关——这个事态使人们想要将意识自身把握为一种关系这点看起来有意义。但它实际上只是一种关系可能性的基础。而且，像这样，人们最好将它描述为一个**维度**或**中介**：没有不同于意识自身的被意识到的被给予性之间的关系系统，它就无法存在。而且，它是使这些关系得以可能的条件系列中的最后一员。

如果有人给出这样的描述，那么他必须立刻补充说，它是一种特殊的维度：一个**排他的**维度。想象相互重叠的意识或者意识作为一种意识空间的构成成分的情况是没有意义的。意识通向它自身的通路和通向其他意识

---

① 参看 B. F. Skinner, “Behaviorism at Fifty”, 最初收于 *Science* CXL, 1963；现收于 *Behaviorism and Phenomenology*, T. W. Warm, Ed., 1964, S. 79 ff.; Blanshard and Skinner, “The Problem of Consciousness —A Debate”, in *Philosophy and Phenomenological Research*, XXVII, 1966/67, S. 317 ff。

的通路并不是同一种。这个命题直接在分析上为真。存在着的无非结合不同的意识情况，于是生成一个更高层的意识的一种纯粹思辨的可能性。

如果意识被设想为一种维度，人们最终不得不补充说，它是一个**包含了自身认识**的维度。因为如果不是意识自身同时已被熟悉，意识也就无从产生了，反之亦然。我们只在同一个有意识生命的关联中意识到事态，其中对“意识到一个实事”的熟知始终在场。这种熟知只是模糊的，即它不是注意或反思的对象，但在能够认识的倾向意义上，它并非一个纯粹潜在的熟知。如果我们将意识理解为维度，我们就不可避免地给予它这个谓语，因此这个维度包含着其认识。因为我们不能说，对意识存在这一事实本身的认识并不具有被意识到的认识这一特性。因此它必定是这个维度内的事件中的一个独特情况。

但是谨慎的限制是恰当的：与我们已经从反思理论的失败那里吸取的教训一致，作为维度的意识和对意识的认识的这种共存无论如何不能被构想为自身—认同。这立刻会带回到循环性上。我们必须说，一个没有另一个就不能发生；但我们必须避免说，意识是其自己的对象。没有对意识在场这一事实的有意识的认识，就根本不会有意识。但无论是事件还是维度都不包含着将自身同自身相关联。因此，对意识的认识也必须是不完善的，只要涉及其客体：它并不含有关于意识和其认识之间必要关联的知识。这个知识是概念的：它只能通过理性的、反思性操作而获得。因此，在双重意义上意识都不是它自己的主人：它并非通过自身客体化使自身存在。而且它也不掌握对它自身的充分理解。它只有通过有意识的人类中的理性自身才能达到这种理解。

从这一切中能够得出意识和思想间关系的有趣结论。不过，关于避免意识理论中的循环以及同义反复这个目标，我们已经说的够多了。如果人们能够放弃“意识包含着其自身的认识”这个论述，人们就更容易确信新的循环不会产生。我们所要到达的自身意识的结论不会受此影响。但随着这种放弃，人们必须决定忽略那种看起来像是基本事实的东西——即没有关于自身的认识，意识就不会出现，一个对我们能称之为意识的东西之描述而言最后的不可还原的事实。

一种在精神病学概念和理论框架中的解释也许会指明符合意识和意识认识的两种进程间不可分的联系。可比较的关联在其解释系统中已经可以被找到，比如，在大脑进程的整合与刺激之间。这里我们无需谈论这种解释的科学理论地位。假定直接经验现象领域中不可分割的两重性显得不同

寻常，要使这一点成为可信，就必须回忆起时间意识的特殊情况。对事件的时间性延展的经验以及对这种经验的时间性延展的认识总是同时出现的。可以表明的是，如果不这样，对时间延展的经验就不可能。

如果现在涉及的是自身理论问题，那么在这种思考的基础上，自身意识概念中的疑难可以被解决。自身意识必须始终是关于某种现实之物的意识，某物除了为它所意识到这样的属性外还必须具有进一步的属性。否则，自身意识将是一个空洞的概念，像没有关系项的关系概念一样。现在我们有理由假定，一种活动在意识中发生。它，当然只是图示化地和暂时地，被称为“组织”。我们所指的不仅是感知领域的自我中心的结构化，还有对同过往和可能未来的意识相连的当下意识的认同。出于这两个理由，这个活动可以被称为“自身”，因此也是这样一个实事——它使得“自身意识”超出了自身关系的空洞关涉——的名称。既然这个活动本身属于意识维度，那么对它的意识始终存在。此外，作为活动所以它可以执行反思行为，借此达到一种对自身孤立的、明确的意识。相关于这种意识，这个活动可以——最终计划性地并依照批判性地检验原则，因此是作为理性——掌控自身。不过，在此之前，自身意识已经存在，但它是匿名的，它既不是自身的所有物，也不是它的成就。通过使被归于自身的活动得以可能，它在自身的派生意义上而被据有，作为在反思中明确认识而成为自由支配的，并因此在表面上类似于忘记了其前提的生产性的自身生成。

这当然只是对一种理论的第一个概述，它借助反证法以及在绕开以其他方式不可避免的循环的意图下引入了其概念。它必定将自身意识描述为三个要素的功能关联：（1）作为维度的意识；（2）对维度开放这个事态的认知性的认识；（3）已被熟知的自身维度中的活动。这个概述显然不能回溯“意识”到别的东西上，甚或不能将它描述为一般事态中的特例。我们不会试图确定这一情况是否可以改善，或者我们是否已经达到了这种基本事态方面可能之物的界限。无论如何，对自身和意识的无矛盾的**专题化**的最小条件已经实现了。自身关涉仅就我们达到对它的一种理解而言属于意识：它既是意识，也是对意识的认识，用一个在我们这里很难避免但又充满误解的话说——对自己的认识。在反思中在场的认知性的自身关涉不是一个基本事实，而是一种孤立性的阐释，但并不是在一种如往常一样具有隐晦性的自身意识的前提之下，而是在一种（隐晦的）无自身的对自身之意识的前提之下。

六

这样一种理论似乎可以在许多不同的哲学领域中应用。这里我们将只将它放在其两个可能的视角中：历史的和实践哲学的。

借助于此，一些历史的意识理论的优势和弱点应当就能被理解了。费希特第一个注意到所有通行的意识构想中的，尤其是康德的先验统觉理论中的循环性。甚至他的第一个、相当矛盾的关于自我的说法也是抱着消除这种循环性的目的而做出的。很显然对他来说，将“我”理解为一个使其自身成为其对象的有意识主体是不可能的。所以，他用一个自身无意识，却不断产生一个有意识的“我”，其对象，以及彼此间相互关系的绝对行动概念来代替这个概念。他被迫做出这个假定，因为他相信，绝对不能放弃这个仅对自身的有所依赖的自身依赖性以及其作为自足行动的描述。然而他早期的知识学本身导致了新的疑难。费希特承认这一点并试图发展一门新的哲学。这门哲学接受，自我无法被理解为一个单纯统一体或绝对的原行动。它必须被重建为一种彼此不可分离，但也不能彼此还原的同等原初元素的复多。在至今鲜被注意并被误解的手稿中，费希特非常接近我们这里所维护的论点。不过，即使在这些手稿中，他也将“我”理解为同一性的自身关涉：作为活动对自己的原本认知，它事先就知道它的本质。我们已经看到，这个自身概念在意识总体结构中是第二性的。费希特始终将它作为一个根本概念。他甚至成功地不带循环性地发展了它，但是是以一个现象上不可证明的而且他自己也绝不能将其巩固为一个牢靠结论的构造为代价的。①

与费希特相比，黑格尔总是从自身意识不能出于其自身而被理解的假定开始。如我们今天所知，他首次分析了这种类型的关系：在这种关系中，关系项彼此独立，却又必须彼此相联系。② 但是，与费希特不同，他从未使自己摆脱自身意识的反思理论，并因此使所有后来的黑格尔主义在意识理论上仍然教条且没有成效。他坚定地将自身意识描述为自在地已是自身关涉的自身回归，与反思模型——它预设了它试图阐明的一切——完全一致。尽管他在其对关系之分析的语境中使用的是完全不同的手段，他还是这么做了。即使有反思只能在社会的相互作用背景下实现的想法，他从未脱离

① D. Henrich, *Fichtes ursprüngliche Einsicht*, Frankfurt, 1967.

② D. Henrich, “Anfang und Methode der Logik”, in *Hegelstudien*, Beiheft Ⅰ, 1962.

反思模型。因为这并没有影响他对以此方式而产生的东西的结构之论述。

海德格尔有力地批评了这样一些做法：将自身意识观念视作哲学论证中的第一明见性以及将人理解为通过反思而使自身成为对象的生命体。但海德格尔没有研究“自身意识”的内在条件，而是通过另一种自身关涉方式代替它——向未来的筹划以及由此向处于其被历史性地限定的当下中的此在之返回的时间结构。确实，这样反思被消除了，就其瞬间的发生且没有对生命的筹划方案而言。但其**结构**仍未改变，即使在一个不同内容的语境下，所以在这方面海德格尔不及费希特。在《存在与时间》之后，此在对海德格尔而言确实也成为一种被限定的东西——由一种匿名的“本有”（Ereignis）使之可能。理解这一点的方式从未被讨论，而在其自身理解之内的此在的局限性之思想也从未被达到。

现在，让我们表明作为自身意识的无自我基础的意识概念如何允许我们解释一个现代道德哲学中最有趣的学说之一。针对康德的伦理学，费希特和黑格尔都提出了它没有区分道德行为的两种形式的反对意见。这两种行为模式在行动者理解他自身的方式上有所不同。一方面，在意愿力量的意识中，存在着实现行动者应当知道的理想和需求的行动。这个行动模式本质上是多义的，因为，除了行动目标外，它始终要顾及对行动者自己能量和独立性的确认。因此，它完全不能获得在一般判断中最为人所珍视的东西：愉快地、无私地乐于牺牲，不带有任何在他人面前展示行动者自身的道德力量的倾向。这种道德行动模式根本不同于第一种，必须以完全不同的方式被解释：在这个模式中，行动者不关心他自己的自由和能量，而只关心他的行动所属的背景。他认为自身是一个**在他之中**实现其自身道德秩序的一部分，就好像这个秩序是被他实现一样。

很容易看到，这两种行动模式之间的差异可以在这里提出的理论语境下被解释为行动主体自身据有的两种方式。意识的自身具有把握它自己的组织功能以及将自身解释为一种能够反思和进行由反思控制的行动的存在的自然倾向。这种自身理解必然是第一种模式——其中一个独立的行动者达到对其自身的明确知识。但它是不恰当的。行动者可以而且必须意识到，他的自身知识由一个意识所确定，这个意识并非是其所有物，这个意识构成他的一切行动和成就的可能性根据。在这种理解中，自身克服了作为其现实性和尊严的本真定义的反思。东方哲学谈到很多关于意识状态如何在这种自身克服中根本改变。但与之相对，应当坚持的是，这种反思的克服只是在它之后才被发展，并且只能通过它而发生。获得恰当自身理解的人并不返回到纯然意识性的空乏状态。虽然在临界情况下这种意识对人是可能的。这样他可以得知动物那里的觉察是什么样，我们与动物之间的共同之处比反思理论所承认的更多：反思理论不能避免将人类意识在自身活动中展开，并在我们和动物之间设置了一个无限的鸿沟，而且这个鸿沟必须承担千百年来我们对动物令人反感行为的部分责任。不过，仍然有效的是，人类意识要由反思的可能性来定义。在克服反思中产生的作为自足原则的自由，只是以正确方式使用反思的自由。

所以旧的格言找到了新的辩护：自身克服是通向自身认识的皇家大道，而且是获得自身的正确方式。

这种道德哲学的视角再次把我们带回了一门意识理论的问题。我们已经表明，所有对这样一门坚决不朝向还原主义的理论的尝试都跌入了反思理论的循环，一种显然不合适的，但没人能看穿其弱点（除了费希特，他至少看到了基本错误）的意识的自身关涉模型。而这借助如下这点就能得到最好的解释：一切自身意识的原初自身解释的理论连同一切自身可理解性都追随着部分的、暂时的真理——自身意识是自由可支配的行为，它通过反思而被检验。这个理论本身屈从于隐藏得自意识本身结构的实在事态的倾向。所以，一门自身意识理论的首要任务是承认这个倾向，并通过对所有不同反思模型的批评反对它。在此自身意识只能通过反证从反思模型那里而被描述。但这已足以将意识理论从彻底还原主义与矛盾解释之间的数百年的窘境中解脱出来。

什么是自身意识？

——《自身意识与自身规定》引论[①]

恩斯特·图根哈特

你们准想要问，为什么开一个关于自身意识主题的讲座课程。这个语词对我们而言不再有特殊的声望。但早先并不是这样，所以我们必须问自己：这个语词是否无可非议的对我们而言丧失了它之前的意义，以及它对我们来说还能有什么，或者也许是必须有什么相关性。

自笛卡尔到黑格尔的近代哲学相信，在自身意识概念中它不仅已经发现了决定性的哲学方法论原则，而且为文明的、自律的实存找到了基础。黑格尔在他的《哲学史》中，在转向对笛卡尔的论述时写道："我们现在才真正讲到了新世界的哲学，这种哲学是从笛卡尔开始的。与笛卡尔一起，我们才真正踏进了一种独立的哲学。这种哲学明白：它自己是独立地从理性而来的……在这里，我们可以说到了自己的家园，可以像一个在惊涛骇浪中长期飘泊之后的船夫一样，高呼'陆地'。……在这个新的时期，思维的原则是从自身出发的思维……现在的普遍的原则是坚持内在性本身，抛弃僵死的外在性和权威，将其视为不恰当的。"[②]

在对一切权威以及一切传统前见的拒绝中，笛卡尔确信通过自身意识——通过关于自己自身的知识（Wissen）——他已经发现了被奠基的知识的确然根基。费希特将自身对自身之行事（Sichzusichverhalten）同时理解为自身规定，由此他使自身意识不仅成为理论哲学而且成为实践哲学的原则。自身意识成为了理性的实践的原则。黑格尔从这个原则开始，但也扬弃了它。他指出，与自身的关系只存在于承认和被另一个自身意识承认之

---

① 本文译自E. Tugendhat（图根特哈特）的《自身意识与自身规定——一项语言分析的解释》（*Selbstbewußtsein und Selbstbestimmung*, *Sprachanalytische Interpretationen*, Frankfurt a. M.: Suhrkamp, 1979）的第一章。

② 《黑格尔全集》第19卷，Glöckner版，第328页。（此处引文参考汉译给出，汉译见黑格尔《哲学史讲演录》第四卷，贺麟、王太庆译，商务印书馆1978年版，第59页。——译者）

中。在黑格尔的表述中，自身意识的“真理”就是“精神”。于是，恰恰是经由黑格尔对自身意识概念的深入挖掘，这个概念丧失了其作为至高实践原则的地位。自黑格尔以降直到今天，自身意识问题重又被降为理论的专门问题，正如它一直以来在英国经验主义中被对待的那样：问题仍仅仅在于，关于自己自身的知识如何能从结构上被思维。这一萎缩了的传统中最先进的立场如今由海德堡的亨利希（Dieter Henrich）和他的学生珀塔斯特（Pothast）、克拉默（Konrad Cramer）所代表。人们可以在自身意识理论中谈及一个“海德堡学派”①。其代表们业已试图表明，之前所有想弄清楚关于自身的知识之结构的尝试都导致了悖论。

我们应该如何看待这个问题在黑格尔之后的衰落？也许这一衰落是正当的。很可能如今我们已不能再将理性的实践的方案奠基于自身意识概念之上，也不能奠基在其被黑格尔深化的版本上。但如果真是这样，那么我们必须得有另一个选择。假定我们对出于理性的实践有所关切（Interesse），这个问题对我们就不可能不重要。你们可能会建议说，理性概念正好可以提供这样一个选择。然而成问题的是，如果理性的概念没有和自身对自身之行事这一概念一同被思考，那么理性的概念是否可以被理解为实践相关的？在黑格尔那里理性概念甚至构成了自身意识概念与精神概念间的桥梁。但也很可能是这样，当黑格尔正确地把费希特的自身意识概念回溯到其社会交互作用的结构时，他在理性的概念的主导思想中完成了这一回溯，而这一主导思想则堵住了理性的自身对自身之行事的现象并将整个问题引入僵局。无论如何，随着黑格尔一个标准似乎被确立，它可能被证明为不再有效，但人们也不该回退到这个标准之前。如果它的确不再有效，那么这必须被证明。然而，立刻直接从对黑格尔的批判讨论开始，这样也是行不通的。因为为了达成这样一个批评讨论，我们首先需要一个观察视角（Gesichtspunkt）；否则，我们仍然将陷入内在解释中，就像在有关黑格尔的文献中所惯常出现的那样。但我们在哪里能找到相关的观察视角呢？

直接回到黑格尔或费希特根本行不通的第二个理由在于：我们不能完全无视海德堡学派的论点——所有想弄清楚自身意识结构的尝试都导致了

① 在我们做这个讲座的时候，珀塔斯特（Ulrich Pothast）已经不在海德堡，但是他的相关著作是作为海德堡大学的博士论文而出版的。[这里所提到的“相关著作”是指《论自身关系的几个问题》（*Über einige Fragen der Selbstbeziehung*, Frankfurt a. M, 1971），该著作是他在1968年向海德堡大学提交的博士论文。——译者]

悖论。恰恰是在费希特那里，亨利希明确地指明了这些悖论。因此，在我们可以考虑真正的相关性的问题维度之前，必须首先深入分析这一结构的问题。海德堡学派本身并没有揭示出任何走出这些悖论的道路。因此，我们必须尝试去质疑概念框架（Begrifflichkeit），在整个近代传统中自身意识现象都在这个概念框架内被描述，而且海德堡学派也像理所当然地那样接受了这个概念框架。因为不存在自相矛盾的现象。［所以,］当在描述一个现象中出现悖论时，我们必定认为，描述是以不适当的前提为出发点的，它使用了不适恰的范畴工具。问题再次出现：我们如何能获得一个观察视角，藉此我们能够质疑这一传统的前提？人们自然会推想，这种观察视角可以在探讨同一问题维度但又脱离这一传统的近代哲学家们中被找到。正因为此，我将在这些讲座的主要部分讨论维特根斯坦、海德格尔和米德（M. H. Mead）。在维特根斯和海德格尔的著作中，“自身意识”这个术语根本没有出现。但我们将看到，这只是他们以新的范畴工具来论题化这个现象的结果。如果我们这里首先试着提供一个对以“自身意识”和“自身对自身之行事”这样的说法所标示的现象或诸现象的初步的预先澄清，那么，我为什么希望从这些特定作者那里获得［处理这个问题的］新入口这一问题也就自然会清楚了。

现在我可以导入这个讲座的主题了。具体而言，有四个问题要被回答：(1)“自身意识”和“自身对自身之行事”的表达标示了哪个或哪些现象，这些现象引出的问题又是怎样的？(2) 我们有何种方法论工具来处理引出了的问题？传统的哪些存在论和认识论模式可供人们使用？只有在回答第二个问题的基础上，(3) 我才能够澄清为什么我希望从我已提到的哲学家们那里获得待处理问题的新入口，在这个背景下，我也可以提供这些讲座进程的前瞻。最后，(4) 我必须回到相关性问题。至此［这个主题具有实践］相关性这个推测仅仅基于历史的回顾。这个推测是否合理，这只能通过现在要开始展开的对现象的说明来回答。今天我由回答第一个问题开始，而在下一讲才处理其他三个问题。

“自身意识”和“自身对自身之行事”究竟意味着什么？我们一定期望这两个说法并非标示同一个现象。让我们从“自身意识”这个词开始！这里首先引人注意的是，在自然语言使用中并不能找到这个词的对等词，就像它在哲学术语中被使用的那样，即标示某人拥有的关于他自身的意识。在口语中，“自信的”（selbstbewusst）、“忸怩的/不自然的”（self-conscious）以及诸如此类的表达具有有限得多的含义，而此含义在各种现代欧洲语言中甚至也不尽相同。在德语中，如果某人具有正面的自身价值感，并据此而表现出有把握的举止，我们就说某人是“自信的”（selbstbewusst）。而在德语中并没有英文 self-conscious 的确切的对等词。[在英语用法中，] 当某人在他将自己与他人相关联中反省到自己的行为举止，以至于受拘束，并在行动上犹豫不决，我们就说他是“忸怩的/不自然的”（self-conscious）。因此在这两种语言中，恰恰涉及到两种相对立的在自己与他人相关联中的“自身对自身之行事”的形式。一开始，我想把“selbstbewusst”这个语词在日常语言中的意义放在一边。它是自身对自身之行事的样式，而恰恰不是关于自身的单纯意识的方式。

因此，“关于自身的意识”意义上的“自身意识”是一个哲学的人工表达。我们还是要追问，为什么这个词在口语中没有对等词。Selbstbewusst、self-conscious 这类的语词在日常语言中的含义只能从它们的使用模式中被推出，而哲学意义上的“自身意识”的含义则似乎得自于其组成部分的含义：关于自己自身的意识。

那么，我们显然首先必须问：“意识”（Bewusstsein）、“有意识的”（bewusst）[这些表达] 意味着什么。在弗洛伊德的《精神分析引论讲座新编》中，我们发现了令人惊骇的语句：“我们不必探究‘有意识的’（bewusst）意味着什么，那毫无疑问是明白的。”[①]他在下一句话中说：“我们把这样的精神过程称为**无意识的**（unbewusst）：我们必须假定其实存，是因为我们是由其产生的影响而将之推导出来的，尽管我们对其一无所知。”如果我们不去深究这个无意识精神过程概念，我们还是能够在弗洛伊德称一个过程或状态是有意识的时候反推出他这里所说的意思。

弗洛伊德表达自己的思想不够严密：他说我们没有关于无意识精神过程的知识，但我们可以推出这一过程。然而人们也可以知道一些他所推出的事情；弗洛伊德的意思并不是我们不能拥有关于无意识过程的知识，而只是我们不能拥有关于它的直指的（direkt）、直接的（unmittelbar）[②] 知识。这反过来意味着，如果一个其状态是一个精神状态的某个人具有对这个状态的直接知识，那么这个精神状态就是有意识的。这确实是一个有力的论

① 弗洛伊德：《著作集》，第 15 卷，第 76－77 页。（此处汉译可参看弗洛伊德《精神分析引论新编》，高觉敷译，商务印书馆 1987 年版，第 54－55 页。——译者）

② 一般而言，direkt 和 unmittelbar 都可译为“直接的”，图根特哈特在这里连续使用这两个限定词主要目的在于强调，因此我们将前一个词勉强译为“直指的”，以示区分。——译者

点，我们也可以把弗洛伊德的声明——“有意识的”所意谓的含义，毫无疑问是明白的——搁在一边。但是有关“有意识的”之意谓的论点并不仅仅是从弗洛伊德对无意识的精神的说明而反向得出的，它显然符合一个通行的理解。例如，胡塞尔就在他的《逻辑研究》第五研究的一开始区分了两个不同的意识概念，但大致符合我们这里所论及的概念是他最先提及的那个：作为体验统一的意识。① 胡塞尔所谓的体验对应于弗洛伊德所称的有意识的精神过程。对胡塞尔而言，“体验”也是根据它们是一种可能的直接知识的对象这一点而被定义的；胡塞尔把这种知识理解为内感知，这引起另外一个目前我不打算考虑的问题。如果我们回到我在弗洛伊德那里外推出的定义，我们无疑可以在有意识的维度（Bewussten）中消除那样一种指引，即必须涉及到精神维度，这个指引只在谈及无意识的精神维度时是必需的；于是可以得出以下定义：我们说一个存在者（Wesen）那些状态是有意识的，如果这个存在者拥有关于这些状态的直接知识。当然这个说明不是毫无问题的。但是在目前的引导性思虑阶段我满足于这暂时的可信性。

现在我要提醒你们将注意力转回去，我检验我们用“有意识的”的这个说法来指什么，这是为了能够将结果应用于这个情况，它涉及到某人自己对他自身有意识，因此他拥有对自身的意识。现在出乎意料的是，得出了一些完全不同的东西：一方面，不进一步推进就不清楚我们如何能够将已经获得的意识概念应用于对关于自身的意识的谈论上，因为到目前为止所获得的意识概念还没有包括涉及**关于某物的**（von etwas）意识的结构；但另一方面，我们可以发现某种自身意识概念被包含在刚刚提出的意识概念中。这个意识概念是，如果其状态是有意识的存在者拥有或者能够拥有对这个状态的直接知识，那么这个状态就是有意识的。因此，现在我们可以问，这种我们拥有的关于我们自身状态的直接知识不就是我们以自身意识所指称的东西吗，或者让我更谨慎地表达，是语词“**自身意识**”能够具有的含义之一吗？因此在这个意义上的自身意识将不只是任何一种关于自身的意识，而是一种知识。也许你会反对说，某人拥有的关于他的状态的知识还不是关于自己**自身**的意识。

稍后我会回到这个异议，而首先我要继续刚刚被提及的另一个困难。

① 实际上，胡塞尔在《逻辑研究》第五研究的开始提出了三个不同的意识概念，可以参看胡塞尔《逻辑研究》（修订本），第二卷第一部分，倪梁康译，上海译文出版社 2006 年版，A325/$B_1$346（页码为原书边码）。图根特哈特这里指的是第一个意识概念。——译者

这个困难就是，到目前为止［所阐述的］意识概念并不足以包含自身意识概念，因为不管我们是否必须把自身意识理解为（就像已经提出的那样）关于某物的**知识**，无论如何它仍是**关于某物**的意识。相应地，接下来的步骤似乎已被指明。相对于前面的意识概念，我们需要一个更窄的概念，它在本质上包含关于某物的意识这一理解。这样通过在“关于某物的意识”的表达中用**自己自身**代替可变项的**某物**，我们就有了一个获取自身意识概念的基础。

让我们看看这个策略是否有效。起先一切看起来相当简单。因为在哲学文献中早已存在这一被期许的区分，即在已经获得的较宽意识概念之内区分出这类被探寻的较窄意识概念。它已经由胡塞尔在刚才提到的《逻辑研究》第五研究一开始的地方非常清楚地解决了。在体验一般的属中——或者，我们也可以说，在目前为止所定义的意义上的有意识状态的属中——胡塞尔区分出一类他标示为意向体验的体验。追随布伦塔诺，他将这类体验的特征描述为：朝向对象。感知、认知、爱、欲求、希望以及意图的体验作为例子被给出。当我们感知时，我们感知某物；当我们欲求时，我们欲求某物；当我们意图时，我们意图某物；当我们认知时，我们认知这个或那个。但是这些提示——这里都涉及及物动词，它们在一个句子中要通过一个句子宾格对象来补足——只表示这些体验是关系性的。对某一对象的意识所应该是的这种关系如何与两个对象间的任意其他的关系区分开来呢?

胡塞尔谈到朝向对象的状态，但这个朝向状态的说法显然是一个隐喻，如果人们更仔细地查看一下它，它没有提供任何东西。即便近代更老的哲学传统在这里也没有提供更多帮助。在这个视域中，有一个拉丁文的术语：repraesentatio，它在德语中被译为“表象”（Vorstellung）。意识，或者毋宁说有意识的存在者应该表象对象。但这意味着什么呢？朴素的理解是：对象的代替者或代现者存在于意识中；意识在一种与大脑的类比中被表象为一个容器，在其中小的图像会出现，这些图像之后将被主体理解为对象的代现者，而主体则根据暗箱（camera obscura）后壁的类比而被理解。尽管这类方案在我们这个世纪一直延伸进通俗哲学（Trivialphilosophie）中，但至少在自康德以来的真正的哲学传统中，已经被承认的是，有意识的存在者在它的意识中不是通过代替者，而是直接地与所意指的对象相联系。但这个联系该如何被理解？尽管有对代替理论的批评，表象的说法还是被保留，但它却失去了一切可理解的意义。一种特别是在德国观念论中流行

的而被偏爱的说法是主—客体关系的说法；它同样是完全空洞的，因为问题仍然是，这个关系在于什么呢？稍后我们将看到，它不仅仅是空洞的而且是误导的，而且它恰恰对自身意识现象的理解具有毁坏性后果。在德国观念论中，也有过这种通过一种对普遍存在论概念的流动化（Verflüssigung）来把握意识关系的独特之处的尝试。就此而言，同一与差异的概念被赋予了特殊的角色。人们认为，因为主体无论如何要被理解为行动着的，那么人们就可以通过所谓的动态化主—客体关系从而来把握它。主体不仅**被**从客体中区分出来，而且它也自己将其自身区别于对象，它把对象设定为某种区别于它的东西。稍后我将检验这些观点并表明它们毫无意义，或者无论如何它们不具有它们声称所具有的意义。无需多少反思就已经很清楚的是，人们不能通过将诸如同一与差异的关系那样的对象之间的存在论关系提升到所谓的行动（Tätigkeiten）上来清楚地把握像意识关系这样的东西。

与这些试图从假概念中构造性地建构起关于某物的意识之状况的尝试相比，胡塞尔将这个关系素朴地、当然也是隐喻性地刻画为朝向状态还更好一些。也许你们会说，人们要满足于承认像表象这样的东西是某种最终的状况，人们完全不能试图寻根究底。人们当然不能试图寻根究底，但用维特根斯坦的话来说，我们真的已经到达折弯我们铲子的硬石了吗？[①] 在何种程度上？你们会说，如果你反思自身，如果你在自身中看，那你自然就会看到你的意识是朝向某物的。但在这里我会回答说，首先，你们用我应该在我自身中看这一要求指的是什么？这也应该是一种自身意识吗？尽管试着在自身中看吧。这不也是一个不恰当的隐喻——我们会通过一个所谓的反思行为将我们朝向外部的一瞥转向内部——吗？就我来说，我在那里什么也看不见。而如果你们说——由此你们发现自己在哲学上有很好的伴了——你们并非是认为人们应该用眼睛向内看进来，而是涉及一种准内在之眼（quasi inneres Auge）、一种内感官。是，那么**“准内在之眼”**之表达不是已经表明你们再一次地只在使用隐喻吗？我必须还得说，只要你们不能向我解释这个比喻，那么我就无从了解我应该如何遵从你们的要求。其次，你们说，人们仍然可以看到：以何种方式关于某物的意识是一种朝向状态。是这样吗？在朝向状态的哪种意义上？一根枪管或者一个指示牌可以朝向某物。或许如果我们考虑一下朝向某物的一瞥，我们就会更接近实

① 图根特哈特这里指的应该是维特根斯坦例如在《哲学研究》的第217节的说法。——译者

事。这无疑具有积极的意义，如果我瞥向某物我就拥有对它的意识。然而，我们这里是在视觉感知的情况下谈论朝向状态，这完全取决于这类感知的独特特征，即它是从一个立足点出发空间性地有所朝向的。如果我们除去这个朝向状态的空间性，那么在朝向状态中也就不剩下什么了。这个思考又一次显示出我们倾向于依照看的模式隐喻式地理解关于某物的意识这个论题到何种程度，这是一个从巴门尼德到胡塞尔的整个欧洲哲学传统都臣服于它的倾向。

我不能希望，通过这些不充分的评论你们该确信，把“关于……的意识”（Bewusstsein-von）理解为“准－看见”进而这个内观看的说法都是虚构的。我也并不想你们现在就接受我刚刚提出的无论什么观点，我只想你们大致理解了我并且现在准备好跟着我继续——带着所有必要的**思想上的保留**（reservatio mentalis）。

因此我认为，在提出意识关系在于什么的问题时，我们必须彻底放弃遵循任何一种内感知的想法。如果我们现在认真地注意胡塞尔在他对意向体验的强调中事实上所遵循的东西，我们发现它是一种我们藉以说及这些现象的方式。他确实说过：我们强调，例如，当我们在意指或欲求（以及其他等等）时，我们总是意指某物或欲求（以及其他等等）某物；而如果我们现在考虑一下我们是如何发现这一点的，显然这是基于我们说话的方式。引起胡塞尔注意的动词的特有特点**至少乍看起来**是一个语义学的特点。这里我想插入一个一般的评注，这显然不是胡塞尔偶然的一个疏忽，毋宁说，诸如意识、关于某物的意识、自身意识、自我以及诸如此类的所有现象最初被给予我们的方式和方法恰好是一种语言的方式和方法，这对所有哲学反思对象来说其实都是如此。像“意识”“自身意识”等等，这些词也只是语词，而［对其］澄清只能从探究它们的含义开始，别无他法，最终这无非意味着平常琐事（Trivialität）。严肃的人都不能怀疑这是开始的唯一办法。道路最初开始分岔出现在人们认为我们通过以精神之眼观视某物从而领悟了语词的含义的地方。

让我们不去管这个问题，而试着继续把胡塞尔提示的语义—语法关联比他已经做的至少再往前推进一步。或许我们能够找到一直想找寻的借以区分意识关系与其他关系的标准。我们可以问：关于这些动词的语法客体，除了它是语法客体外还能进一步说些任意什么关于语义—结构特征的东西吗？至少在大多数情况下，是的。如果我们看看如希望、意谓、知道、打算和担心这样的意识关系，我们会发现它们的语法客体绝不是标示一个日

常对象、一个时空对象的表达；毋宁说，它们的语法客体总是一个名词化的句子。人们不能希望、认识（或其他等行为）时空对象；如果人们希望（或其他等行为）什么，他总是希望什么是或者会是这个情况。“我知道”（Ich weiß）这个表达并不是由诸如“椅子”“X先生”等这样的表达来补足的，而是只能说“我知道，今天下雨”，或者“[我知道，] 这把椅子是棕色的”，或者“[我知道，] 这把椅子在这里”。

如果我们说任何一个断言句“p”，如“今天下雨”（heute regnet es），那么我们总是可以通过名词化的转换形式“[从句] dass p”而把这个句子所说的东西对象化，例如“[从句] 今天下雨”（dass es heute regnet）。由“dass p”这种表达标示的对象不是时空对象。椅子现在确实摆在这里，但它现在摆在这里这个事态本身并不具有在时空中的一个确定位置。这些对象的存在论地位是有争议的，这里不是探讨它的场合。[留意到] 大多数意向体验的对象都是这类对象，这就足够了。为了用术语来表示这类对象，不同的专业表达已经被采用：胡塞尔称之为事态（Sachverhalten），而英语哲学则使用“命题”（Proposition）这个表达；因此，在英语哲学中其对象是命题的这些意向体验被称作“**命题态度**”（propositional attitudes），即对命题或事态的态度。现在，我的理解是，即便那些并非与命题有关而是与日常对象有关的意向体验也以与一个命题有意识的关系——一个命题意识——为基础。我已经在之前的讲座课程中详尽地论证了这个论点[①]，因此在这里我只想概述一下这个论证。事情有一些复杂，因为有不同组的非命题动词，每种情况都有一点不同。不过，在所有情况中，实存概念都起着决定性作用。据此，我从布伦塔诺已经注意到的意向性的特征出发。他指出在意向关系中，关系的第二个项不必须实存。现在我用符号“N”代表一个时空对象的任意名称。布伦塔诺的意思是，某人可以害怕、爱、欲求N，尽管N可能并不实存。相反，如果关系的两个项不实存，非意向关系则是不可能的。如果N不实存，那么某人打N，或者吞食它，或站在它旁边，这些就是不可能的。

如何理解意向关系的这种特性呢？我们是不是应该说在一个意向关系中，可以这样说，对象在与之相关者的精神中，因此即便对象在实在中不实存这个关系也是可能的？但根据这个想法，一个对象或它的代替者处于意识中，我们将再一次陷于荒唐的代替理论。我们如何才能为以上所指的

① 参见笔者《语言分析哲学导引讲座》，第98－102页。

提供一个清楚的意义呢？其实，如果我们说，害怕、爱、钦佩（以及其他行为等等）N的人至少必须认为N实存，那么我们就能提供一个清楚的意义。我可以害怕魔鬼，即使它并不实存，但我若不认为它是实存的，就不会害怕它。因此，布伦塔诺已经注意到的是，意向的意识方式的对象并**不**一定实存，而这一点首先是下面这一情况的结论：人们可以仅仅以这种方式——他把这个对象**视为**实存的——有意识地与一个对象相联系。“一个对象实存”，这当然一个命题；而“认为它实存”自然是一个命题意识。你们也许会说，对于一个对象人们可以认为它实存，这已预设了人们对此对象的简单表象或意指；在此情况下我们会有一种不包含命题意识的意向意识。然而，这种观点——人们不认为（meinen）一个对象实存，或者甚至没有仅仅以想象的方式设想它实存，就可以意指（meinen）这个对象——是错误的；我在别处已经指出过这一点，现在再说它将使我们离题太远。[①]

因此，如果所有意向意识要么是直接的命题的，要么包含了命题意识，那么我们就可以确立以下的普遍定理：所有意向意识一般（intentionale Bewusstsein überhaupt）都是命题的。“**意向意识**”所标示的这类关系通过以下方式区别于其他关系：这类关系是一个时空实体——一个人——与一个命题的关系，或者包含这种关系。

这是否意味着所有意向意识都必然是语言的？这个观点被暗示，因为一个命题是一个不能在时空上被确认的对象。假如我们问他担心、计划或认为的是**什么**，那么我们是通过“dass p”（“他担心、认为以及其他行为等等，会下雨”）这样的语言表达来确认这里所讨论的命题；而“dass p”指向简单表达“p”，即指回陈述句。关于我们是否真的**可以**只通过语言来确认命题的这个问题仍然没被澄清。在此情况下，人们肯定会说，当我们谈及动物或还不会说话的孩子担心、相信等等时，这些说法非本真地被使用，或者无论如何，它们具有其他的含义；因此这些说法所指涉的就不能被理解为“命题态度”。今天我只是想引出这个未被澄清的问题。目前的关键仅在于，所有意向意识是命题的这一论点并不包括更广的论点：所有意向意识只在句子中可表达。

在我们的语境中更重要的是，意向意识不仅不必然是语言的，而且显然，在之前阐明的意识概念的意义上，它也不必然是有意识的。正如我们

---

① 参见我的《语言分析哲学导引讲座》，第103页注释10、第378页。

从弗洛伊德那里所知，我们可以担心、认为或者计划什么，而不必具有对我们正处身于这一状态的直接知识。因此，正如胡塞尔所认为的，意向意识（作为关于某物的意识）所意指的东西和现在被定义为与命题的关系的东西，根本不是在展现一个较窄的意识概念，而毋宁说，是两个意识概念相互交错：有非意向的体验，也有没有被体验的意向关系。

对自身意识来说这一切的意义何在？我建议我们首先应该弄清关于某物的意识的普遍结构；在此基础上我们要通过相应地替换可变项“某物”来获得［这一含义］：关于自己自身的意识所能意味的是什么。现在已经明白，尽管在关于某物的意识（Bewusstsein von etwas）的说法中“**某物**”（etwas）这个表达本身并没有错，但它还是导致了“这究竟涉及什么?”这样一种非充分确定性[①]，一种就像它在盛行的“主—客体”关系的论题中被表达出来的非充分确定性。正如前所述，关于某物的意识是命题的。它并不是在客体这个语词的通常意义上与之相关，而是与命题相关。它具有或包含“**意识 dass p**”（Bewusstsein dass p）这个结构。因为在自身意识这里应该涉及知道（Wissen），所以我们可以把较弱的可能性——“意识 dass p”只是被包含——放在一边。“知道”不仅仅包含，而且具有“**知道 dass p**”（Wissen dass p）的结构。

如果我们把这个结果应用于自身意识，一个重要的结论随之而来。当我们依据弗洛伊德和胡塞尔就已明了有意识状态就是那些有或者能够有关于它们的直接知识的状态时，可能看起来似乎这种知识的对象恰恰是那些有意识状态或体验。但我们不能把这种有意识状态或体验替换到“知道 dass p”的形式中去。人们不能知道一个状态或经验，这将是一个不合语法的、无意义的表达。人们只能知道某物是在如此这般的状态中。在我刚刚表述的这个句子中补足了“**知道**”这个语词的这样一种表达具有着“dass p”的形式。在关于有意识状态的直接知识的情况下，这意味着这个句子必须具有“他知道，他处于如此这般的状态中”的形式。相关的人自身显然通过使用语词“**我**”来表达这一点。他对他的有意识状态的直接知识在具有“我知道，我……”这种形式的陈述中被表达，而紧随其后的任何谓述都表达了对意识状态的拥有。因此，例如［可以说］，“我知道，我很无聊”，“我知道，我不打算再参加这个讲座了”，等等。

---

① 这里的“非充分确定性”译自“Unterbestimmung”，它含有一种不够确定的意思，但却不同于“Unbestimmung”（不确定性），故勉强译作“非充分确定性”。——译者

这个结果当然既非弗洛伊德也非胡塞尔的术语所导致的。弗洛伊德在我之前引用的段落中提及一种精神过程，而胡塞尔则提及一种体验。因此，在这两种情况下，状态都被转变为一个本己的对象。由此，弗洛伊德和胡塞尔就处在了英国经验论的坏的传统中，稍后我会涉及这个问题。我们现在所赢获的，不仅是对意向意识的概念分析的结果，它也与对如何谈及我们拥有的关于我们自身的直接知识这一问题的素朴的检验结论相一致。它通过具有“我知道，我……”这类形式的句子中表达出来。据此无疑的是，在经验论传统中假定一种关于被隔离开来的状态的知识是错误的，在同样程度上错误的还有自费希特以来的观念论传统中所做的这样一种假定，即在关于一个被隔离开来的自身，或如人们已经说的，关于自我的知识这个意义上，存在着一种自身意识。在这里，这个统一的现象被依据另一个方面而损坏了，即依据主体方面而分裂了。如果有人相信有这样一种知识，我就要问问他，你在哪里发现这种知识的，它是如何被表达的？当然，我们所发现的并不是具有“［主格］我知道［宾格］我”（Ich weiß mich）这类形式的句子，它重又是一个不合语法的、无意义的句子。

现在，你们可能会让步说，自身意识的确就是我们刚刚说的那样，我们必须从刚刚讨论的［形式］出发；但［你们也会反对说］，恰恰是在我们充分清晰地表述像“我知道，我处于如此这般的状态”这样的句子时，就已预设了在认识这个所涉及的命题时，我以某种方式将自己与从句主语所标示的对象相联系，因而也就是，将自己与自己相联系，将自己与我的状态的主体相联系，而这必须进一步被分析。当然，现在我们要切入分析这一点。目前我唯一想让你们让步的就是也承认，自身意识，在某人拥有的关于他自身的直接知识的意义上，是一种通过业已给出的句子形式而表达出来的知识；因而，我们必须在处理这个首要意义上的自身意识问题时阐明这类知识。其实，我并不主张我们所讨论的现象仅仅通过认识到它在业已给出的那些句子中被表达就已被阐明了；相反，现在我们才能首次提出必须只在这里被提出的问题。

首先，意识状态的这个主体是谁？我马上可以引用两个我们在哲学文献中发现的回答。第一个较早的看法是，这里所涉及的东西仅仅是意识状态的主体，因此也只有主体自身才具有一个进入它的通道。在哲学中用来标示这个主体的那些术语，在日常语言中是没有的，而是来自于日常语言中的一些表达的名词化；于是，人们说意识（das Bewusstsein），特别是自

我（das Ich），或者也说自身（das Selbst）。①第二个可能的看法是由我们说话的方式引出的，在哲学中最初是由维特根斯坦引回到它上面的。它在于这一主张：当我说“我悲伤”时，我用这个句子中的语词“**我**”所指涉的人，与你们说“图根特哈特先生悲伤”时你们所指涉的是同一个人。毫无疑问我们就是这样说话的，因此很清楚，这种谈论了一个自我或者这一类概念的看法导致了一次语言的重构。稍后我们必须要看看它是有合理的根据还是只有不尽如人意的根据。如果我用“**我**”这个词所指的与你们用“图根特哈特”这个词所指的是同一个人，这显然意味着我的意识状态的主体不**仅仅**是我的意识状态的主体，否则你们就不可能知道关于这个主体的任何事。因此它必须是一个肉身性的、在时空上交互主体间可确认的存在者。尽管如此，这里还有一个问题。为了在那些关于本己状态的直接知识在其中被表达的句子中使用“我”这个语词，我是否必须知道我的名字是“图根特哈特”？人们把我们用以指涉单个对象的表达称作单称词项。人们显然可以用不同的单称词项指涉同一个对象，以这些不同的词项这个对象每一次都按照不同的标准被确认。例如，名字是恩斯特·图根特哈特的这个人也可以被确认为住在豪萨克尔路28号顶楼的人，而一些知道我住在那里的人并不需要知道我的名字。另外，这个人也可以用“我”这个语词来表示，尽管只能由我自己来用。现在，我显然可以在像“我知道，我害怕”这样的句子中有意义地使用“我”这个语词，即使我忘记了我的名字和住址。这个情况并未使得对一个特殊非肉身性对象——它被称为“自我”（das Ich）——的假定得以可能；但它导致以下问题：如何区分由“我”这个语词所做的对这个人的特殊指涉与其他借助名字或特征标记所做的对这同一个人的指涉？因此也导致这样一个问题：在对“我”这个语词的使用中特殊的确认标准是什么？而这无非就是问：“我”这个语词的含义是什么？

第二个问题对关于本己状态的知识的阐明是必不可少的，它涉及这个知识的基础。之前我顺便反对过内感知或内观看的学说。但现在问题变得更紧迫：如果不是以这种方式，那么该如何理解对我处于如此这般的状态的直接知道这样的说法？

---

① 图根特哈特这里强调的是，在日常语言中，我们使用的是诸如 ich（人称代词：我），selbst（指示代词：自身）等等，在哲学语言中，人们将之名词化后当作名词来用，就成为了哲学的术语，比如 das Ich（自我），das Selbst（自身）等等。——译者

与此相关，在第二个问题中出现了一个困难，我们按照我们对意向意识的阐释已经可以暂时地回答它。这个困难在于，自身意识似乎导致一种无限回退。因为如果对我处于如此这般的有意识状态的知道本身是一个有意识的状态，那么接下来似乎我也必须知道我知道我处在如此这般的有意识状态中，等等。为了避免这种回退，目前为止我已经谨慎地陈述了：如果具有某个状态的人拥有**或能够拥有**关于他处于这个状态中的直接知识，那么这个状态是有意识的。意识仅仅包含自身意识的**可能性**，这样一个较弱的表述与胡塞尔的理解相符，但在他那里这完全得自他的这个观点：这种知识在一种自身感知的本己行为中实现。令人吃惊的是，这种理解看起来是错误的。如果某人牙疼，他并不是只知道"他牙疼"这一可能性，而是他确实知道。于是，回退似乎出现了。然而，如果现在我们提醒自己意向关系不一定是有意识的，那么它就不会出现。显然，在深度精神分析学的意义上，人们不能够说自身意识是无意识（unbewusst）的；但用弗洛伊德的术语来说，它可以是"前意识"（vorbewusst）的。现在这里只涉及一种形式上确证：这个现象并不包含一种回退。只有通过回答这种直接知识一般应该如何被理解的问题，我们才能澄清：这个事态应该如何更确切地被理解。

现在我们也可以理解为什么"自身意识"这个语词在口语中不具有这里的这个意义。口语中不需要这样一个语词有两个理由。首先，如已经指出的，自身意识在具有"我知道，我……"形式的句子中在特殊情况下被表达。而如果"他有自身意识"要被某人在**一般的意义**上来说时，基于意识和自身意识的关联，说"他具有有意识状态"或"他在有意识的情况下"（sei bei Bewusstsein），这就足够了。在拉丁文中，conscientia 一词很好地表达了这个关联。[①]

最后，我还想提一提以下的困难：正如我在这里在涉及弗洛伊德和胡塞尔时所介绍的，意识概念意味着一切处在有意识的情况下的存在者，就此而言都具有自身意识。对动物和小孩子我们也可以这样宣称吗？看起来是这样，当人们使用"我"这个语词或尤其是可以表述像"我知道，

① 拉丁语的这个词既可以指"意识"，也可以指一种"一同意识到"，还可以指道德意义上的"良知"，等等。有关这个词的中文研究，可以参看倪梁康《良知：在"自知"与"共知"之间——欧洲哲学中"良知"概念的结构内涵与历史发展》，载《中国学术》第一辑，刘东主编，商务印书馆2000年版。——译者

我……”这样的句子的时候，自身意识才被说及。但这将构成一个较窄的自身意识概念。既然自身意识可以是前意识的，它也不需要语言上的表达。也许人们也可以说，和所有其他知识一样，自身意识只有在它在语言上被表达时才成为有意识状态。那么，在人们承认动物和小孩子的意识的相同意义上承认他们的自身意识——二者都不能在语言上被动物和小孩子表达——就不会有任何困难。这无疑只是一个否定的规定，而对于一个不能在语言上表达自身的存在者，我们一般还有什么标准来说它处在有意识的情况下，这仍然是个问题。我并不准备在这个讲座课程中回答它。

胡塞尔哲学中的自身意识和自我

耿　宁[①]

在接下来的报告中，我并不试图在胡塞尔思想的历史性方面全面检视标题所指明的问题，而是将首先跟随实事性问题的引导，继而在胡塞尔那里找寻相关的回答。据此我将诉诸胡塞尔的如下学说：（1）他有关某一个别意向体验之自身意识（Selbstbewusstsein）的学说；（2）他有关诸多个别意向体验之自我结构（Ichstruktur）的学说；以及（3）他有关这样一种自我——作为在诸多不同意向体验之多样性中的同一的统一性——的学说。

一、意向体验之自身意识

我在对7世纪中国佛教的一个流派（即所谓的唯识宗或法相宗）的研究中了解到印度的一个论争，我们从这个论争开始。我将尽可能清楚而直观地勾画出各种不同的可能立场。论争的问题在于：有关某物的认识也能认识这一认识自身吗？或者，有关某物的意识自身能意识到它自己吗？在对此问题的回答中，存在着三种不同的基本立场：

第一种立场是正理派和胜论派（印度六个“正统”——承认吠陀之权威——流派中的两个）的立场，说一切有部（“小乘”佛教的一个流派）也持这种立场。这种立场宣称：有关对象的意识、有关对象的认识并不能意识到它自己本身；它认识它的对象（比如桌子），但并不认识它自己。这就像刀的情况那样，刀可以切割**他**物，但却不能切割它自身；或如手指的情况那样，手指可以指他物，但却不能指它自身。尽管认识行为或意识行为是**可被**认识的，但它并不是通过它自身、而仅仅通过一个后继的、次生的认识行为才可被认识；借助于内感官，这个**后继的**、**次生的**认识行为把原先那个行为当作自己的对象。不过，这个次生的认识行为也不能认识到它自身，它**只**能通过一个继之而发生的、第三的意识行为被意识到。在欧洲传统中，我们也可以在洛克那里找到相似的立场：基于内感

① 耿宁（Iso Kern）为瑞士伯尔尼大学教授。

官，**我们自己心灵的活动和进行**通过一种特殊的［心灵］**活动**（即**反思**）而被认识到。[①] 康德的**经验性**统觉（而非“纯粹的”或“先验的”统觉）也刚好与这一模式相应。

第二种立场由同样是印度六个“正统”流派之一的数论派所代表。根据数论派，认识行为也不能在它自己中自身被意识到（在这一点上他们完全赞同正理派），它是“原质”（*prakriti*）的功能。然而对于数论派来说，尽管认识行为总是被意识到，但它既不是在自己中或通过自己而自身被意识到，也不是通过一个次生的认识行为才被意识到（如若认识行为总要被意识到，那这就将导致一个矛盾或一个无限回退），毋宁说，它是通过一个更高的机构（Instanz）而被意识到的：一个非物质的、精神的心灵，一个精神的自我或自身（*purusha*）。这一自身是不变的、永恒的而且不活跃的，但它作为旁观者或见证者（*sakshin*）向物质性的、瞬时性的认识行为投射光芒并使之被意识到。尽管这一精神自我与总是物质性的诸认识行为根本不同（数论派是二元论的），但它有一个倾向：与这些行为相结合，完全参与到它们之中去，即把这些行为当作它的，视为“我的行为”。

这种立场对我们来说可能是某种新鲜之物，但它的基本观念——**自我**是一个机构，诸意向体验**是由它意识到的**——对我们而言却并不陌生。比如我们可以想到笛卡尔对“思维”（*cogitatio*）的定义：“我将**思维**（思想、表象、感受等——引者）理解为所有那些在我们之中（笛卡尔也同样可以说：在**我**之中——引者）如此发生而为我们（我——引者）所直接意识到的一切”。[②] 因此这里我们也有这样的观念：一个“思维”总是被意识到的，但它并不是通过一个可能会发生的后继的、次生的“思维”才被意识到的。它也不能被它自己本身意识到，而是只能被我们或者我（自我）意识到：**我**有意识（*conscientia*）、我有所察觉（*apperception*）、我是有意识的（*conscius*），而并非**思维**自身有所察觉、它是有意识的。当然，笛卡尔的学说不同于数论派，他并没有像数论派那样在存在论方面将自我和诸认识行为（*cogitationes*）分离开来。但在他对“思维”的定义中，是**自我**意识到“思维”，而非思维意识到它自身。

---

① 对此可参阅洛克《人类理解论》（上册），关文运译，商务印书馆 1983 年版，第 69－70 页。——译者

② 笛卡尔：《哲学原理》，第一章第九节（原文分别给出了此段引文的拉丁文、德译文和法译文，此处译文主要依据本文作者添加了说明的德译本给出。——译者）。

经量部和瑜伽行派这两个佛教流派所持的**第三种**立场则认为：认识行为既不通过后继的和次生的认识行为、也不通过特殊的机构（自我或心灵）被意识到，而是**在其自己之中**、**通过其自己**被意识到的。与第一种立场中的刀和手指的比喻相对，经量部和瑜伽行派使用了灯的比喻：灯可以照亮其他物（它的周遭），同时也可以照亮**它自身**。通过伟大的印度思想家陈那（Dignaga，约480—540年），这一学说得到了带有细微差别的完善。他在每一意识中区分出三个组成部分或因素（分，*bhaga*）：（1）客体化行为的因素（见，*darsana*），（2）对象性现象的因素（相，*nimitta*），（3）“自身指涉”、自身意识的因素（自证，*svasamvitti*）。

这一由佛教的瑜伽行派所完善的第三种立场也是胡塞尔的立场：“每个行为都是关于某物的意识，但每个行为也被意识到。每个体验都是内在地‘被感知到的’（内意识），即使它当然还没有被设定、被意指（感知在这里并不意味着意指地朝向与把握）。[……] 这种内感知（内意识——引者）并不在同一个意义上是一个‘体验’（一个行为——引者）。它并不本身再内部地被感知”[①]。也就是说，这一内意识并非一个后继的、次生的行为（它自己又好像要通过一个第三的行为被感知到，**如此等等**），而是每一意向行为、每一意向体验**自身**的一个内部因素，也是这样一种因素：通过它，此一意向体验被**非对象性地**（非把握地）自身意识到。胡塞尔也会谈论“原意识”以代替这里所说的“内感知”和“内意识”。《内时间意识现象学》的附录九是富有教益的。在那里胡塞尔阐释道，现时的体验是**在其现时性中**直接被意识到的，而不是事后才通过一个滞留或甚至通过一个再回忆才被意识到的：“谈论某种‘无意识的’、只是后补地才被意识到的内容是一种荒唐。意识必然是在其每个相位上的**意识**。正如滞留的相位既意识到前面的相位，却又不把它当作对象一样，原素材（现时的体验——引者）也已经被意识到 [……]，却又不是对象性的。向滞留的变异过渡正是这种原意识 [……]：如果原意识不现存在此，滞留也就无法想象”[②]。就像对其几乎所有的学说一样，胡塞尔也对这一思想进行了反复思索：“然而需要认真地思考：是否应当假定这样一个最终意识，它将是一个必然‘无意识的’（这里也就是说：非设定的、非意指的——引者）意识；即是说，作为最终

① 胡塞尔：《内时间意识现象学》，《胡塞尔全集》（第10卷），附录十二，第126－127页（译文参照该书中译本：倪梁康译，商务印书馆2010年版，第188页。——译者）。

② 胡塞尔：《内时间意识现象学》，第119页（中译本，第176页）。

的意向性，它可以（如果注意活动始终已经预设了在先被给予的意向性）是未被注意到的东西，亦即从未**在这个特殊意义上**被意识到”[①]。但他后来还是坚持这种“原意识”的思想。[②]

胡塞尔的老师布伦塔诺也已持有这种立场，即使有时是以其他的术语来表达的。在心理行为方面，布伦塔诺谈论一种“伴随的”、相关于行为自身的表象：一种共同把握（*con-scientia*），一种他也称之为“内感知”的第二性的意识。根据布伦塔诺，这种**第二性的**意识既非注意、又非观察，也非统觉：在某一心理行为中，被注意、观察或统觉的并非这个行为自身，而仅仅是它的“第一性的客体”，比如在一个桌子感知中的桌子。

我们回到胡塞尔这里。在报告的第一点中我首先想强调的是，胡塞尔刻画了意向体验的这种非对象性的“内意识”或“原意识”，**而并没有谈及一个自我**。就意向体验总是非对象性地自身意识到它自身而言，这种原意识也可在某种意义上被更确切地标识为“自身意识”。但胡塞尔从不把这种“自身意识”称作自我，因而也绝不会回诸于一个作为能够之根据（Ermöglichungsgrund）的自我。胡塞尔早在将纯粹自我引入他的现象学（众所周知最初是在1912/1913年的《观念》文本群中）之前就已经谈论过内意识或原意识。在那里胡塞尔引入纯粹自我也并不是为了更确切地规定或者论证这一原意识，而是出于另外的原因，对此我将会进一步予以阐释。

因此在某种意义上，我们已经拥有了胡塞尔的**无自我的自身意识**概念：意向体验、意向行为在其进行中非对象性地自身意识到它自身，而这一自身意识却不是自我意识。这与上面提到的佛教瑜伽行派的立场刚好相一致：在那里，意识“自身证实”的因素也不是自我。与此相比，例如在费希特那里大概有着另外的情形。我想到的是他1797年的《对知识学新阐述的尝试》。在那里，费希特也谈论对思维之**意识**（对活动之意识），它是**直接的**，而并非偶然地、只是后续地通过次生的活动才发生的。“你的内在的活动指向自身之外的某个东西（指向思维客体［桌子、墙——引者］），同时回返自身，指向自身。然而通过回返自身的活动给我们产生的［……］是自我”[③]。这种直接的、活动之回返自身（智性直观）对于费希特来说就是

① 胡塞尔：《内时间意识现象学》，第382页（中译本，第485－486页），重点为译者所加。

② 例如参见胡塞尔《纯粹现象学和现象学哲学的观念》（第1卷），第45节（下文凡参引该书均直接随文标注《观念Ⅰ》——译者）。

③ 费希特：《对知识学新阐述的尝试》，第二部分（中译参见费希特《知识学新说》，沈真译，载《费希特著作选集》（卷二），梁志学主编，商务印书馆1994年版，第759页。——译者）。

“自我性”（Ichheit）。“自我［……］不外是回返自身的一种行动；回返自身的行动便是自我。”[①] 而与瑜伽行派或布伦塔诺一样，在胡塞尔看来，内部地被意识到的意向行为并**不是自我**。

那么，胡塞尔那里的纯粹自我是什么呢？我将转向第二个问题。

二、意向体验之自我结构

为了描述注意力（Aufmerksamkeit）的现象，胡塞尔在其《观念》中引入了纯粹自我（在这部著作中涉及执态［Stellungnehmen］问题时，他也顺带提及了自我，但自我在执态中的角色与它在注意中的角色是相似的，而执态预设了注意）。胡塞尔在或多或少有所注意的意向体验之间作了区分，即在我们**朝向**对象的体验方式和如下这种体验方式之间作了区分，在其中，诸对象仅仅作为被注意到的对象之**背景**和**晕圈**而被我们意识到。胡塞尔如此解释这一区分：在注意的意向体验中，“自我现时地生活着”，“自我现时地在此”（《观念Ⅰ》，第80节）。在此体验中，自我**朝向**意向的对象、自我**指向**这些对象（《观念Ⅰ》，第37节）。自我**进行**这些注意着的体验（《观念Ⅰ》，第35节）。在这类体验方面，胡塞尔也谈到一种从自我出发并转向意向对象的“目光射线”，或者一种既可从自我出发并转向意向对象、也可从意向对象出发再转向自我的“自我射线”（《观念Ⅰ》，第92节）。“‘指向于’‘关注于’‘对……采取态度’‘经历、承受……’本质上必然包含着：它正是一种‘发自自我’或在反方向上是‘朝向自我’的东西”（《观念Ⅰ》，第80节）。因此，自我是“射出中心”（Ausstrahlungszentrum）和“射入中心”（Einstrahlungszentrum）。[②] 这种构成了注意力的自我射线与意向性并不是一回事，而是意向性的一种特殊样式，即它的现时性样式（《观念Ⅰ》，第92节）。“含有自我射线”（《观念Ⅰ》，第90节[③]）的意向性体验因此是**自我**的行为，它在确切意义上是“**我**思”（*cogito*，*ich* denke）（《观念Ⅰ》，第35、80、84节）。

对于**非**注意着的诸体验，胡塞尔认为它们“缺少那种突出的自我相关性”（《观念Ⅰ》，第80节），它们“处于自我现时性之外”（《观念Ⅰ》，第

① 费希特：《对知识学新阐述的尝试》，第二部分（中译本，第763页）。

② 胡塞尔：《胡塞尔全集》第14卷，第30页。

③ 此处疑为笔误，引号中的表述实际出自《观念Ⅰ》，第92节。——译者

92 节）。对此他也谈及“自我隐匿性”或者“自我孤离性”。[①] 但是这些体验仍参与到自我中，或更确切地说，自我仍参与这些体验。它们也都具有“自我从属性”，胡塞尔甚至还谈及它们的“自我结构”（《观念Ⅱ》，第 22 节）。它们之所以具有自我从属性，是因为它们构成了自我的“意识背景”“它的自由领域”（《观念Ⅰ》，第 80、92 节）。也就是说，对于那在背景中被我模糊地意识到的某物，我能够转向它，并把我的注意力射线指向它，由此这些非注意着的、非现时地被进行的体验就能够转为现时地被进行的体验。在此意义上，胡塞尔将自我称作“自由的存在者”：它能够将它的注意力射线从一个对象上转离，并转向昏暗的意识背景中的诸对象，由此把它们带入注意力的视线（《观念Ⅰ》，第 90 节[②]）。但得补充说明的是，根据《观念Ⅱ》第 26 节，自我或者自我射线（二者在这里是一回事）并不必然出现于意识流之中，也就是说，一个现时的“**我**思”之进行并不是本质必然的：“没有任何本质必然性反对我们去说：意识可以完全是模糊的。”在意识流中自我并不出场，“一切都只是背景，一切都是昏暗的”，这完全是可能的。人们在此可以想到莱布尼茨单子的某些特性（层级）。

按照我至此为止所列举的胡塞尔有关纯粹自我的那些说法，纯粹自我几乎无异于诸多**个别**意向体验之一般的结构因素。纯粹自我刻画了“我思”的不同的进行方式（“现时性样式”）之特性，而若撇开这些进行方式不谈的话，它就是“完全空乏的”“无法描述的”（《观念Ⅰ》，第 80 节）。借助于这些评论我想说的是，按照我至此为止向你们所展示的胡塞尔有关纯粹自我的那些说法，这个自我肯定不是一个主体的统一性（Einheit）、或者一个在“诸表象”（诸意向体验）之多样性中的统一性的原则，而是一种在某**一个别**意向体验（或更确切说，在某**一个别我思**）之中就可显示出来的结构因素：“注意力的源点”。在此意义上，胡塞尔也写到：“纯粹自我[……] 恰恰是那个在‘我思’的明见性的进行中被把握到的自我，而这种纯粹的进行明确地将这个自我从现象学上‘纯粹地’和必然地理解为一个属于‘我思’类型之‘纯粹’体验的主体”[③]。“为了知道纯粹自我之存在

① 胡塞尔：《纯粹现象学和现象学哲学的观念》（第二卷），第 22、26 节（下文凡参引该书均直接随文标注《观念Ⅱ》。——译者）。

② 此处疑为笔误，文中论述大致出自《观念Ⅰ》，第 92 节。——译者

③ 胡塞尔：《逻辑研究》（第二版），第五研究，第 6 节（此处引文与《胡塞尔全集》第 19 卷第一册中原文略有出入，现据全集本补之。中译参照胡塞尔《逻辑研究》，第二卷第一部分，倪梁康译，上海译文出版社 2006 年修订版，第 418 页。——译者）。

以及它是什么，即便是一大堆自身经验也不会比对一个唯一的、素朴的‘我思’的个别经验能够告诉我更多”（《观念Ⅱ》，第24节；也参阅第28节，第111页）。在《观念Ⅱ》以及在《笛卡尔式的沉思》中，胡塞尔把这种注意着的意向体验（“我思”）的结构因素称作“我思”的自我极，以与它的对象极相对：“如果每一个‘我思’都要求一个‘我思之物’，如果这个‘我思’在行为进行中与纯粹自我相联系，我们就可在每一行为中发现一个引人注目的对立极：一方面是自我极，另一方面则是作为相对极的对象”①。

我报告第二部分的结论在于：胡塞尔的纯粹自我、“自我极”根本上与意向体验的**自身意识**无关。纯粹自我既不是意向体验之自身意识的原则，也不标明它的自身意识的结构。根据至此为止所作的说明，人们并不能说自我是某个意识到“我思”的东西，毋宁说，人们必须认为：意向体验非对象性地“原意识”到它自身；**如果**这个意向体验具有“我思”的形式，也就是说，它是由自我进行的体验，**那么**，该体验也“原意识”到这一自我结构。因此根据我报告的前两个部分，我们面临一个也许有些奇特的情况：根据胡塞尔，（1）无自我的自身意识是可能的；（2）纯粹自我对于自身意识本身并无贡献。但我至此为止并没有谈到胡塞尔有关纯粹自我的最为重要的论述，因而我现在要转向第三个问题：作为在诸意向体验之多样性中的统一性的自我。

三、作为在反思之中的同一之物的自我

胡塞尔强调，纯粹自我不仅是在诸多个别思维中一再出现的结构形式，而且“在数值上”（numerisch）它也是“同一的”（《观念Ⅱ》，第22、25节），“就‘它的’意识流来说”它“在数值上是唯一的自我”（《观念Ⅱ》，第27节）：“［……］在每一行为进行之中都存在着指向性的射线，我只能这样来描述它：它在自我之中获得其出发点；由此尽管自我生活于诸个多样的行为之中，但它明显是不可分的，并且在数值上是同一的。［……］纯粹自我不仅仅生活于诸个别行为之中，［……］它也不断地从这个行为行进到那个行为”（《观念Ⅱ》，第22节）。因而自我并不是它的诸体验的**实项的**组成块片。因为这些体验带着它们实项的组成块片产生继而消逝，但自我却“延续着”（《观念Ⅱ》，第23节）。在此意义上，胡塞尔称自我为一种

---

① 胡塞尔：《观念Ⅱ》，第25节；也参阅胡塞尔：《笛卡尔式的沉思》，第31节。

"独特的在内在中的超越"（《观念Ⅰ》，第57节），恰恰是因为自我作为**同一地保持着的**自我从**变动着的**体验之**流**中"凸现"出来（超越它们）。如同杂多的意向行为在意向相关项方面总是涉及同一个同一的对象那样，在意向行为方面、在主体方面，它们总是"在一个在数值上同一的自我中心中"达致相合（《观念Ⅱ》，第25节）。胡塞尔也将这个同一的自我中心称作同一的自我主体。

现在的问题是，这个在其体验的杂多中的唯一的、在数值上同一的自我主体如何被给予？它如何被意识到？它不能在**个别**意向体验的自身意识（原意识）中被给予。这一自身意识可以为胡塞尔所说的处于个别"我思"中的自我之极化（Ichpolarisierung）提供保证，但它并不能为在不同的、流逝着的"思维"中的自我的同一性和延续性提供保证。根据胡塞尔，自我的同一性是在对诸意向体验的反思中被把握到的："每一'我思'的本质中一般都包含着如下这一点：一个被我们称作'自我反思'的新的类型的（次生的——引者）'我思'在原则上是可能的，[……] 这个新的'我思'在之前的（'我思'——引者）的基础上把握到该'我思'的纯粹主体（自我——引者）"（《观念Ⅱ》，第23节；以及参阅第22节）。因而进行反思的我思之自我和被反思的我思之自我应当被区分开来，但"借助于更高阶段的反思而得以明见的是：这一个自我和另一个自我真实地是同一个自我"（《观念Ⅱ》，第23节）。胡塞尔如此描述之：在不同层次的反思行为中，自我能够将它注意的"目光"指向它的多样的诸体验，并且因此可以将这些体验把握为一个**同一**自我主体的诸**不同**体验，所以"就'它的'意识流而言，自我是一个在数值上同一的自我"。[①]

与"原意识"相对，反思**设定了**那些被它反思的体验，它将这些体验课题化为它的**对象**。因而在反思中被把握的同一地延续着的自我属于一个被构造的内在时间（《观念Ⅱ》，第23节），这种内在时间尽管不是客观自然的实在时间，却是一种对象性的时间。在对诸体验的特殊的反思行为中，这一自我被对象化地构造为同一化的自我。虽然在《观念Ⅰ》第57节中胡塞尔说自我是"在内在中非构造的超越"，但是后来在该书的一个私用本中，大约在1929年他在这里的"非构造的"上打了个问号[②]；尽管借这几

---

① 胡塞尔：《观念Ⅰ》，第82节；以及《观念Ⅱ》，第28节（原文此处仅标注节号，而未标注书名，现根据所述文意补之。——译者）。

② 胡塞尔：《胡塞尔全集》第3卷第二部分，第502页。

个字他原本也并不认为同一的自我**根本不是**被构造的，而仅仅认为，自我并不像**实在之物**（实在的超越）那样是**通过空间性的映射**而被构造的。

因此，我报告的第三部分使我们获得这样一种看法：胡塞尔所谈论的那一在特殊的反思行为中同一地被构造的自我，与其体验之多样性相对，它是一种统一性。但这也并不是说，这个统一性的自我就会构成它的**诸体验**的统一性。按照胡塞尔，诸体验作为“被原意识到的”（被自身意识到的）体验以及作为滞留地、再造地曾被原意识到的体验在其自身中形成一种统一性。胡塞尔这里谈到了意识流的时间性的统一性。这种统一性并非同一性，而是“河流”的连续性。自我并没有导致这个统一性，也没有构成这个统一性，而仅仅是“相关物”，是这个统一性的伴随因素和对立物：“一个纯粹自我”和“一个体验流是必然的相关物”（《观念Ⅰ》，第82节）。

四、进一步的评论

请你们允许我对这后两个问题（第2、3节）再进行一些进一步的评论。众所周知，胡塞尔有关某类个别体验（即注意着的体验，比如注意的感知）的自我之极化的学说是很有争议的。你们一定知道萨特和古尔维奇（Aron Gurwitsch）针对这一学说的批评。而另一方面，在最近，弗勒斯达尔（Föllesdal）的一个学生D. W. 史密斯（David Woodruff Smith）在1986年的一篇文章中却甚至将胡塞尔的“我思”的自我之极化学说扩展至**一切**意向行为[①]：当我看某物，那么不仅客体（比如所看见的青蛙），而且还有这个看见**以及**作为看的主体、作为这一意向体验之源头的**我自身**都在这个看之中被意识到。**每一**意向体验都拥有一个主体定向的结构、一个自我中心的结构：自我。

我必须承认，有关自我中心的这个论断并没有说服我，**在这一方面**，我更倾向于萨特和古尔维奇的立场。史密斯比较了感知中的自我意识和身体意识。我当然不会怀疑这种看法：在对我的身体——它作为“动感的权能性”，或作为本身占据空间的某物——的感性感知中，我意识到我自己。但是身体意识并不**当然**就是自我意识（史密斯也承认这一点）。

在此我更倾向于早期胡塞尔的立场——这也是佛教的瑜伽行派的立场：

---

① David Woodruff Smith, “The Structure of (Self-) Consciousness”, in *Topoi* 5, 1986, S. 149-156.

尽管每一意向行为都在现时的体验中自身被“原意识到”，因而也在此意义上被自身意识到（这与我第一节的论述相对应），但是并非**每一**意向体验、也并非**每一**注意着的体验都被当作自我之极化的而意识到。我这里的表述是消极性的，因此我并不想排斥这一点：某些意向体验含有自我意识，我们终究会有自我意识。问题只在于：这是哪一类体验？以及“我”意味着什么？

当我跟随萨特和古尔维奇质疑胡塞尔的每一注意着的意向体验的自我之极化时，我却并不希望像萨特那样宣称：自我意识一般只是通过**进行反思**的行为才形成的，自我是那些关于意识的对象化反思的产物。当然有**某些自我**表象是在对体验的对象化反思中形成的，它们也是借助于对象性的范畴（比如在对象性的时间中延续着的同一性）而得到规定的，你们可以想想胡塞尔那些与此相关的论述。但这些自我表象在我看来却并不是最原初、最基本的自我意识。对我来说，存在着一种自我意识，它可以说是一种必然的本质，所有其他的、真的或假的自我表象都以它为基础。

也就是说，自我意识必然**预设**了“原意识”或者“内意识”，而这种“原意识”或“内意识”作为意向体验的“自身意识”又内部地属于每一意向体验。这种“内意识”是自我意识的必要条件和必要成分，但我并不想把它本身称作自我意识。它是自我意识的必要的、但不充分的条件。因为每一意向体验以及每一单纯的感性的感知、看、闻、触摸等等，就像动物也体验它们一样，在此意义上是“内部地被意识到的”或“原意识到的”。在我看来，在自我意识中存在着比这种单单是直接的内存在（Inne-sein）——它属于每一个体验本身——更多的东西。对我来说，在自我意识中也存在着某些像“差异”“间距”的东西。**比如说**，当我回想那些我体验过的、经验过的、遭受过的或者做过的事情时，或者当我想到一些我将来也许会体验的经验或者会采取的行动时，抑或当我想到某些我能够或应当去采取的、或者不能或不应当去采取的**可能的**行动时，自我意识就已经存在了，如此等等。在这些例子中，并不仅仅存在着一个内部被意识到的意向体验，而且在某个内部地被意识到的体验中，**另一个**内部地被意识到的体验（一个过去的或将来的、可能的或不可能的体验）被**当下化**；也可以说，我将这一体验“据为己有”（aneignen）或者不把它“据为己有”，我把它“看作本己的”或者不把它“看作本己的”。如果这些被当下化的体验是行动，在特定情况下我可以说，我把它们认作是本己的或不是本己的，或者我为之承担责任或根本就不。当然自我意识也不只是存在于我的过去的、将来的或者可能的**去做**（我的“主动性”）的当下化意识之中，而且它也存在于我的那些过去的、将来的或者可能的**承受**（我的“被动性”）的当下化意识之中。

因此现在对我来说重要的是：自我意识不是一个简单的、素朴的、直接的意识，它也不是在体验中内存在的单纯因素（“内意识”），毋宁说，它是这样一种意识，在其中我将之“据为己有”的或者未将之“据为己有”的另一个意识被意识到。即使对这种“据有”（Aneignung[①]）的否定（比如，“我并没有这么做”以及“我应该不会再如此体验”这样的意识）也是一种自我意识。在我看来，自我意识扎根于这个被进行的或被否定的抑或被考虑的“据有”之中。因此在**现时的**、当下化**着**的意识和在其中**被**当下化的（过去的、将来的、可能的）意识之间存在着一个间距或差异，同时也存在着一种“据有的综合”。自我意识或许就是这样一种**统一化**（Einigung），它也必定包含这样一种意识，即关于在被统一之物之间存在着的差异的意识。

因此，在对（过去的、将来的、可能的）体验的当下化之中发生着这种“统一化”。而这种当下化并不必然在一种特殊的意向行为——它使另一个意向行为（另一个意向体验）**成为课题性的对象**——的意义上是对意识的**反思**。因为，对我来说，一个一般的当下化（比如对昨晚听到的乐曲的回忆）已经是自我意识。在此回忆中，尽管我昨晚对乐曲的听（意向体验）也**被意识到**，但它并不必然是我当前回忆的课题性**对象**。一般而言，这个回忆的课题性**对**象是我所听到的**东西**：乐曲。当然我也**能够**使我昨晚的**听**成为我当前关切的**对象**，但是这个对我的体验的对象化的反思并不是自我意识的前提。因此在自我意识中，自我并不必然是一个**对象性地**同一的自我。尽管人们也可以在某种意义上把我所说的“据有的综合”称作“同一化”，但人们并不必然要将之理解为**对象的**“同一化”。

在这样一些对我的过去的、将来的或可能的体验的当下化之中，我所“据为己有”的东西与那些我并未“据为己有”的东西如何区分？我们是否可以不去这么认为：比如我的过去的体验、行为和遭受被视作真实“**经历过的**”而被当下化，而没有经历过的东西则不是**我的**过去的体验？在某些情况下，我一定会怀疑，某个被表象的经验是不是被我经历过，我是否只是听说过或读到过这一经验：我是早先见过那著名的雪融性瀑布（这个看

① 此处的“Aneignung”是“aneignen”的名词化形式，中文译作“据有”。——译者

见是真实经历过的），抑或我只是现在根据某些报道才将之当下化？如果这一被表象的看见并非经历过的，那它也就不属于我的过去的生活。对于我的将来的生活，情况也类似：我将之表象为**我的**将来的生活、表象为将来会**经历的**。此外，在语言表达方面我感到极大的困难，这显然是因为这里所涉及的都是些很基本也很自然的事情（对此人们通常无须去说）。这种"经历的存在"（Durchlebtsein）是什么？它不过是胡塞尔意义上的"原意识"或"内意识"，我也将之转述为"内存在"。因此难道不是像费希特在前面所引的文字中所宣称的那样，这一原意识就是自我意识？我相信不是这样的，"经历"是自我意识必要的前提和成分，但它不仅存在于经历和原意识之中，而且也存在于对一个被原意识到的（经历过的）体验的当下化之中。

我把自我意识标识为一种"统一化""综合"或"同一化"。这种统一化（综合或同一化）有其特殊之处：**进行统一的**行为也一道属于**被统一之物**。当我与某些**对象**相联系时，比如我数这些粉笔头时，我的计数的行为并不属于被计数的东西。但在自我意识中，现时的、进行当下化的"据有"行为必定一道属于自我意识的内容。不仅那**被**作为原意识到的（经历过的）而得到当下化的体验（比如在回忆中我的过去的行为和遭受）属于这一内容，而且这个现时的当下化行为（比如现时的回忆）也属于它。这个现时的当下化行为也必定会被原意识到，如果自我意识应该是可能的话。自我意识的"统一化"是一种在被原意识到的进行统一（进行当下化）的体验和被作为原意识到的（经历过的）而得到当下化的体验之间的统一化。胡塞尔也已经指出了这一实事：在对《逻辑研究》第一研究第26节中有关"我"的看法的修改稿中，他写道："现在，在以'我'来自称（Sich-ich-Nennen）和借助于专名来称呼之间的［……］区别在哪里？清楚的是，说'我'者并不仅仅以此来自称，而且他也意识到这一自称本身，并且这一意识本质上也一道属于语词'我'的意义之构成"[①]。顺便说一下，有关这一主题，你们也可以在诺奇克（Robert Nozick）的《哲学解释》一书的"自反性"那一章发现有趣的东西。

我这里所说的在自我意识中的统一化是一种诸体验的统一化，一种现时的、进行当下化的体验与被当下化的体验的统一化。依我之见，这种统一性并不必然在被统一之物之间包含一个**连续的**关联，而按其意义，它也

---

① 胡塞尔：《胡塞尔全集》，第19卷，第813页。

不必然是一个延续的、持恒的（心灵—）实体。例如我可以将过去的诸体验当作经历过的体验而“据为己有”，而不必在这些过去的诸体验和我当前的回忆之间假定一个连续的体验关联。无意识的间隙，深度睡眠的中断，甚至还有可设想的（我并不将之作为事实而宣称）死亡的深渊都可处身于这个“之间”。但是那些体验还是我的体验，还是我真实地经历过的体验。作为连续的、未中断的体验关联或作为持恒的心灵实体的这样一种自我之观念也许是通过对意识使用对象性的范畴才形成的，一个不连续存在而是在其延续中显现出时间性间隙的物对我们来说就不再是**一个**物。[①] 你们可以回想一下我在开头所提到的数论派的立场：根据这种印度的学说，自我是一个更高的、永恒的实体性存在，它错误地参与到那些它所意识到的瞬时的意向行为中去。在我看来，这里所表达出来的真实的情况是，在自我意识中存在着一个在现时的意识和在其中“被据为己有的”（被当下化的）诸体验之间的差异。借此差异，一种批判的、也是情感上的与自身疏离（分离）的可能性也就自身被给予，它正是这一学说的实践目标。但是我并不能在这种自身关涉中看到持恒的、甚或永恒的实体。

最后我还想指出我这一报告在论题上的边界。我仅仅讨论了一种作为对**体验**之据有的自我意识。但我们的自我意识显然还包含得更广：我不仅意识到我的（过去的、将来的、可能的）体验，而且我还意识到我的品质、我的权能或无能、我的爱好、习性以及信念等等。我的身体当然也包含在其中，在其主体性的经验中，它首先是一种权能的系统（我**能够**坐下来，我**能够**离开，我**能够**抓住，我**能够**摸，等等）。胡塞尔曾在“作为**人格**的自我”（与单纯的“自我极”相对）这一标题下讨论了习性的和权能的自我。现在我无法再深究这种自我概念了。这里我只想提一下：这种人格自我的概念植根于那个体验之统一化的自我意识中，如果没有后者，前者是无法想象的。在我看来，这种体验之统一化在一定程度上就是一个钩子，那些对我自己而言我现在所是、过去曾是、将来会是的所有一切都被挂在上面。因为，主体的爱好、权能、习性以及人格品质都是某种**潜在性**，只有在**体验**中它们才能得到**现实化**，也只有从体验出发它们才能被理解。

作为人格的自我是一种自身持续变化的统一性，我的习性、权能和信念发生了变化，就此而言，我也就不再是早些年前我所是的那**同一个**我了。尽管如此人们还是倾向于这一观念：贯穿于这种改变之中，会有某些同一

---

① 参阅康德（《纯粹理性批判》——译者）“先验辨证论”中的“谬误推理”部分。

的东西被坚持下来。在对人格的和心理物理的自我的表象中，这种持恒的**基础**（Substrat）——贯穿于我的**品质**的所有改变，这一基础被坚持下来——的观念无疑会被加强。作为人格的自我改变着自身，对我自己而言我作为人格的过去之曾是、现在之所是或将来之会是，也就是说，在本质上我的过去、现在以及将来之"能是"，也依赖于我的本己的自身评价、自身解释以及对我自身的相信（这是处在一种社会的语境之中的），这些**本身**（an sich）并没有一个明确而且牢固的边界。与此相对，我所拥有的或我曾拥有的体验、我所做和所遭受的过往之事也属于我，这种"属于"看起来要牢固得多。尽管事实上我现在对我所体验过的、做过的以及遭受过的许多事情都回想不起来了，这些事情好像是"消失了"。但也许我会突然地再回想起它们，我的体验和行为"紧紧跟随着我"。

论自身意识：一些误解

恩斯特·图根特哈特

在《自身意识与自身规定》(*Selbstbewusstsein und Selbstbestimmung*)① 一书的第三章中，我对迪特·亨利希（Dieter Henrich）在自身意识问题方面的处理方式做出了批评。十年之后，亨利希发表了一篇答复，尝试表明，我本人对自身意识的理解会陷入循环。② 最近，托比亚斯·罗泽菲尔德（Tobias Rosefeldt）撰有一文③，认为能够通过将我和亨利希二人的观点与约翰·佩里（John Perry）的观点相比较来澄清这一争论。据说，佩里“关于对自身的信念（überzeugungen *de se*）的独特性所做的解释”不但是“最有说服力的”，而且人们还能从中认识到，“在图根特哈特和亨利希各自的思路中，什么是正确的，什么是错误的”④。不过，佩里处理的是另一个问题：如果我开始时只知道某人是F，那么说我认识到我自己就是这个某人，这意味着什么。而佩里并没有认为，所有这样的语句——在这些语句中，我认为我就是F——都可以从上述的比照出发来理解；毋宁说，他和我还有其他很多作者都认为，存在由以下语句组成的一个较小的集合，在这些语句中，我归给自己一种特性，并且对于这些语句来说，不可能在主词的认同化（Identifizieren）方面出现错误。

我在《自身意识与自身规定》中曾认为，自身意识正是在上述这些语句中被表达出来的——我在该书中将之刻画为“我 φ - 语句”。舒梅克

① 恩斯特·图根特哈特：《自身意识与自身规定》，美茵法兰克福1979年版。

② D. 亨利希：《再陷循环：对恩斯特·图根特哈特关于自身意识的语义学解释的批判》(Noch einmal in Zirkeln: eine Kritik von Ernst Tugendhats semantischer Erklärung von Selbstbewusstsein)，收于C. Bellut 和 U. Muller-Scholl 主编：*Mensch und Moderne*, *Festschrift fur H. Fahrenbach*, Wurzburg 1989, S. 93 - 132。

③ T. 罗泽菲尔德：《自身设定，或者究竟什么是自身意识的独特之处？约翰·佩里有助于澄清亨利希与图根特哈特之间的争论》(Sich setzen, oder Was ist eigenrlich das Besondere an Selbstbewusstsein? John Perry hilft, eine Debatte zwischen Henrich und Tugendhat zu klären)，载 *Zeitschrift für philosophische Forschung*, 2000 (54): 425 - 444。

④ 罗泽菲尔德，同前引，第426页。

(Shoemaker)在《自身指涉与自身觉知》(Self-Reference and Self-Awareness)中持类似观点："我看不出来，把'将这些谓词归给自己的做法'(self-ascription of such predicates)描述为对自身认知(self-knowledge)或自身觉知的呈现(manifestation)，这有何不妥。"① 既然这里用"我"来描述的那个主词并没有将自己看作是某种客观规定的承载者(例如看作是这一名称的承载者)，那么在这些语句中就表达出一种认知(Wissen)(或许是一种臆想的认知)，即认知到，我(我自己[ich selbst])身处在(befinde mich)这一状态中。

我想先澄清一下，对于我的上述观点，亨利希的批评针对的是什么。在我引入了"我 φ-语句"之后，我就指明了：由一个人格(Person)说出的每一个"我 φ-语句"，都是能够被接受的。② 不过，通过这一"真理意义上的对称"(veritative Symmetrie)，我并不是要对自身意识现象做澄清，而只是要确保：首先，如果一个人格在这类语句中与自身相关涉，那么这个人格虽然并没有对自己进行认同，但他知道，他是世界之中的一个存在物(Wesen)，对于其他人来说，他可以被认同为"他"或者"这一人格"(diese Person)；其次，"φ-谓词"是这样一类东西，它们也可以基于其他人所作的观察而被归给上述这一人格，而与之相比，这一人格将这些状态归给自己，却并不是因为对自己进行观察，而是因为该人格拥有(hat)这些状态。这就是意识状态，而关于它们，一个言说着谓述性语言的存在物——当他拥有这些意识状态的时候——可以在不做出观察的情况下说，他拥有它们。③

亨利希归根到底只是深入探讨了我书中的一个命题，我在该命题中主张内视角和外视角(Innen-und Außenperspektive)之间的对称。亨利希认为，我是要借助这种思想来对内视角本身进行"解释"：我的论点据说是"通过(über)'他'视角('er'-Perspektive)来构造自身意识"。④ 亨利希是这样来理解的：

> 每一个可以被我用"他"一词来描述的他人，都借助他的"他"

---

① S. Shoemaker, "Self-Reference and Self-Awareness", in *Journal of Philosophy*, 1968 (65): 562.

② 亨利希，同前引，第88页。

③ 最后一个句子，我是为了更好理解才加上去的，它并未出现在《自身意识与自身规定》当中，并且接下来我也不会使用这个句子。

④ 亨利希，同前引，第115页。

> 一词来指引到我以及我的“我”–表述（meine“ich”-Äußerung）之上，并由此将以下这一点赋予我，即我有意义地使用了“我”这一语词。只有在我想到上述这些的时候，我才对（*von*）我和我的那种知识（Wissen）也有所知悉——通过那种知识，“我”表述变成了一个有意义的表述。这样我就明白了，我是一个说“我”者（“ich”-Sager），并且身处在自身意识的状态之中。[①]

假如我主张的是这样一种理论，那么它实际上就是循环的。不过在我的文字中，任何地方都找不到对这样一种“以交互行为主义（interaktionistisch）的做法来解释自身意识”[②] 的暗示。不过我不打算因此就说，亨利希的批评由于这一错误假定而在整体上失效了。或许人们只是需要以别的方式来表达这一批评。值得注意的是，对于自身意识，我并没有给出有别于亨利希所设想的解释的另一种解释，倒不如说，我没有给出任何解释，而只是尝试以描述的方式主张一种现象上的持存（Bestand）（而“在哲学中，困难在于，不去说比我们所知道的更多的东西”[③]）。实际上，那种为一切关于客体的认同性的知识奠基、而其本身则是非认同性的、对归属于某人自己的诸规定的知识（nicht-identifizierendes Wissen von einem selbst zukommenden Bestimmungen），其现象现在是足够令人瞩目了，因而当亨利希要求让这一现象变得更好懂时，我是能够理解的。于是，问题并不在于亨利希用来指责我的那些循环，而在于，我所讨论的东西还不够充分，而对此我本人也从未怀疑过（或许我应该补上一句：“对此应该如何解释，我并不知道”）。亨利希明显对这一解释有所期盼，只是，我无法在同一方向上给自己一种阐明此现象的希望。引人注目的是，亨利希，就像在他的那些被我所批评的文本中那样，还是一如既往地按照主语（Subjektausdruck）本身来确定整个方向，就仿佛那种自身意识——它由一种关于自身的状态（在φ–谓词中被表达出来的那些状态）的知识所构成——能够按以下方式得到澄清，即主语所代表的那个存在物所具有的一种先行出现的自身意识包含了我和我自己之间的认同化（Identifizierung meiner mit mir selbst）。而这恰恰就是我对费希特传统进行批判时所指的那层意义，即并不存在这第二种意义

---

① 亨利希，同前引，第117页。

② 亨利希，同前引，第116页。

③ L. Wittgenstein, *Das Blaue Buch*, Frankfurt am Main, 1980, S. 75.

上的自身意识。“我 φ－语句”代表着一种最终状态（Letztheit），它们不能通过划分为主词对象和谓词这两种要素的方式来对待；后面所说的这种处理方式所依据的是观察语句的模式，我们在这些语句中可以先提问，客体是否正确地被认同了，然后再问，谓词是否属于该客体。

不过，“我 φ－语句”的意义能够像罗泽菲尔德所认为的那样，通过回溯到 J. 佩里（J. Perty）的论文《本质性索引词的问题》（The Problem of the Essential Indexical）[①] 所提出的那些事物之上而得到更好的理解吗？为了弄明白佩里谈的是什么问题，人们可以从维特根斯坦（Wittgenstein）在《蓝皮书》中提出的对“我”的区分出发，即将“我”区分为在其“主体运用”（Subjektgebrauch）中的“我”和在其“客体运用”（Objektgebrauch）中的“我”。[②]“我”一词如果是用作维特根斯坦意义上的“主体”，那么包含这样的“我”的语句就是被我刻画为“我 φ－语句”的语句。而对于在其中“我”是用作“客体”的语句，维特根斯坦举了一些例子，如“我的胳膊断了”“我有一肿块在我的额头上”等等。[③] 只有在第一类的“我 φ－语句”中，才不会在认同化方面犯错误：而当我看到一条断折的胳膊时，对于这是不是我的胳膊这一点，我是可能会搞错的。[④] 另一个能刻画上述区分的特征是，只有对于第一类语句来说，由我自己所确证（verifizieren）和由他人来确证，是有所不同的。而那些“客观的”“我 φ－语句”，则也能够由该人格自己通过观察来确证。维特根斯坦在《蓝皮书》中谈及一些重要的东西来澄清“主观的”“我 φ－语句”——舒梅克、加雷思·埃文斯（Gareth Evans）以及我本人的观点都是从这里出发的——，但对于那些“客观的”“我 φ－语句”，他没有作进一步澄清。罗泽菲尔德对我也作了同样的指责：“‘我 φ－语句’只构成那个由一切对自身的信念（überzeugungen *de se*）所组成的集合的其中一部分。”[⑤] 无疑，对“客观的”“我 φ－语句”的提示，只有当它能够给“我”一词的意义投上一束新的光亮的时候，才可能对自身意识问题有启发价值。这样就产生一个问题：“我”这个词语在

---

① 收于 *Noûs* 13，1979，S. 3－21.

② 维特根斯坦，同前引，第106页。

③ 这些句子德文原文为“**Mein** Arm ist gebrochen”、“**Ich** habe eine Beule auf **meiner** Stirn”。译者尽量采取一一对应的直译法来处理这些句子，以体现维特根斯坦的本来意图。德文句中加粗部分为“我”一词的德语，其中 ich 为主语“我”，mein 为物主代词“我的”。——译者

④ 维特根斯坦，同前引，第106页及以下。

⑤ 罗泽菲尔德，同前引，第430页。

客观的“我φ-语句”中也能作为主语来运作，这一点对于理解“我”一词来说究竟意味着什么？

最近，佩里引入了一个概念，“自我文档”（I-file）[①]，罗泽菲尔德恰如其分地将之翻译为Ich-Datei[②]。该概念包含了我认为属于我的全部规定，无论是主观的还是客观的规定。[③] 由此便产生了“我”（ich）或“［对于］我［来说］”（mir）[④] 的一种新含义吗？这种新含义由什么构成？依据于我所认为的属于我的“自我文档”东西，我会做出不同的行动。例如，当我认为，在超市里造成了有糖洒出的残迹的那个人就是我，那么我就会——如佩里所说——“将那个破了口的包装袋以别的方式来摆放”[⑤]。“看来，我的变化了的意见可以解释我的变化了的行为。”[⑥] 这类表达使得罗泽菲尔德以及其他人[⑦]认为，佩里将那些构成“自我文档”的“反身性意见”（reflexive Meinungen）理解为“行为情状”（Verhaltensdispositionen）[⑧]。

不过，一个人格的几乎所有的意见，包括那些不与我相关的意见——既不以“主观”方式也不以“客观”方式而与我相关——都显著地对该人格的行为情状产生作用。到此为止，这都只是平常的看法，并不意味着任何关于“我”的意见（“ich”-Meinungen）的独特见解。那些由于在我的“自我文档”中的变化而发生改变的行为情状，究竟是通过什么东西而得到特别的刻画的呢？如果我相信，是我导致了糖的残迹，那么这一信念可能会以如下方式来作用于我的行动，即我停住了**我的**购物车。而如果我相信，是另一个人导致了糖的残迹，那么我可能就会停住**他的**购物车（或者停住他）。这一类因“自我文档”的意见上的变化而导致的行为情状方面的变化，必须这样来定义，即这些变化以特定的方式（不过准确来说是以什么方式呢?）与**我**相关。就此而言，通过相应的行为情状而对自我文档进行定

---

① J. Perty, “Myself and I”, in: *Philosophie in synthetischer Absicht*, herausgegeben von M. Stamm, Stuttgart, 1998, S. 83 – 103.

② 罗泽菲尔德，同前引，第442页。

③ 出于简洁方面的考虑，接下来，我会继续在维特根斯坦《蓝皮书》中所作区分的意义上来使用这些术语。

④ 德文词mir是“我”（ich）的与格形式，译者取其中一种含义“对于我来说”来勉强译之。——译者

⑤ J. Perty, “The Problem of the Essential Indexical”, in *Noûs* 13, 1979, S. 3.

⑥ J. Perty, “The Problem of the Essential Indexical”, in *Noûs* 13, 1979, S. 3.

⑦ Vgl. R. Nozick, *Philosophical Explanations*, Oxford, 1981, S. 81.

⑧ 罗泽菲尔德，同前引，第443页。

义的做法，陷入了一种循环（而且这一回，陷入的是一个现实的循环）。因此，借助这一方式，是无法达到对“我 φ－语句”的一个新的（或者更全面的）解释。

“自我文档”是不能通过回溯到某类特定的、独立于它而得到界定的行动情状（Handlungsdispositionen）来刻画的。那么应该用什么来定义这个重要的概念呢——也就是我关于我自己而拥有的一切意见、包括主观的和客观的意见所组成的集合？佩里在其文章中并没有进一步深入一个问题：在超市中的那个人格是如何**认识到**，他就是那个导致了糖的残迹的人格？更普遍来说，提出的是这样的问题：每一个说“我”者如何能做到，让其对自身的知识超出 φ－谓词，而扩展为对属于**他**的那些规定的一种客观的持存（Bestand）？一个说“我”者首先是如何做到将一个躯体（Körper）归给自己这一点的？对此，人们可以按照我在《自身意识与自身规定》一书（第85页及以下）中所提出的“此”视角（“dies”-Perspektive）与“我”视角之间的区分来加以澄清。[①] 我是这样来定义这些视角的，即它们是关于谓词归属（Zukommen von Prädikaten）的两种不同的论证方式（Begründungsweisen）。人们也可以将“此”视角称为观察者的视角（参见同上）。一个人格如何做到将自己与一个躯体等同起来，以便于——如在维特根斯坦的例子中——对他的胳膊以及他额头上的一个肿块等加以谈论？这一个问题很明显应该这样来回答，即这是通过经验到那些在其意识状态（尤其是其行为感受）与可被他所观察到的显像之间的共变（Kovariationen）而发生的。例如，当他有一种关于“在活动其手指”的感受时，他在镜中所看到的手指活动正在发生变化，如此等等。以如此方式出现的这些在“我 φ－语句”和“它 F－语句”（“es F”-Sätze）之间的经验性的等价（Äquevalenzen），产生了“我 F－语句”，它们像所有关于客体的认同化一样是会出错的。我的那些起初是主观的“自我文档”必须已经包含着一个由一些关于我的客观知识所组成的集合，以便于随后能够认识到，例如，我就是那个在超市里导致了糖的残迹的人。

由此得出，一个人客观地归给自己的一切东西，都是以那些主观的自身归化（Selbstzuschreibungen），以及所提示的那些等价，再加上那些进一步的、与此类等价相联系的客观的认同化为基础的。我客观地将那些可得

① 罗泽菲尔德认为，我的这一“相当造作的做法”（sehr gekünstelten Versuch），“委婉地说”是“笨拙的”（unglücklich）。（参见前引书第431页）

到认同的属性归给**我**，这意味着，有一条认同化之路从这些属性出发而通向我。就如同我在“我”视角中所表现的那样。可以参考舒梅克所说的：“存在着包含有自身认同的自身归化，这一点只有当存在着某一些不包含有自身认同的自身归化的时候，才是可能的。”[①] 佩里在他后来的一篇论文《我自己与我》（Myself and I）[②] ——罗泽菲尔德也追溯到此文——也以一种与我对事情的叙述相应的方式来表态：在自我文档中，存在有一个被“某种反身性的方法”（a reflexive method）所规定的内核：“这是一种用来获知某人是否拥有某种属性的方法，借助这种方法，我们每个人都能对自己有所了解，但我们无法借助这种方法来了解他人。”[③] 这便是我的那些“我φ－语句”。某个客观的信息要能够成为我的自我文档的一部分，这只有当“它与某种以反身的方式而获得的信息结合在一起”[④] 的时候，才是可能的。但是，佩里补上了一句：这一信息接下来也会“惯常地（！）引发反身性的行动”［gewöhnlich（！）reflexive Handlungen motiviert］。不过，“反身性的行动”的概念，如同佩里先前（第97页）所引入的那样，确实太狭隘了。不管怎样，我可以这样来做总结：一方面，我的自我文档中的一个变化**惯常地**引起我的行动情状中的一个变化，这是很平常的，但情况并非总是如此——存在着一些自身归化，人们不太看得出来，它们会对哪个行动情状产生效果——而就算在情况确实如此的时候，这类［在自我文档中的变化］也必须先得到界定；但是，以下这一点始终不太好想象：在对这类变化的描述中，“我”这一词语并未重新出现。因此，我得出一个结论：佩里的自我文档的观念并没有导致对“我”的含义做出一种不同的规定，亦即不同于在（维特根斯坦意义上的）“我”的“主观”运用中所包含的那种含义：“我”的“客观”运用以所描述的那种方式建基于其主观运用之上。

但这并不意味着，在“我”的理解的范围内的行动并不具有一种特别的含义。如斯特劳森已经强调的那样，行动就其自身而言属于一类被给予（Gegebenheiten）[⑤]，即我们借助φ－谓词而表达出来的那一类被给予。当一个人格行动时，这一行动并不仅仅是该人格身处其中的一个状态，而且是**这个人格在行动**（*sie handelt*）。在行动中，这一人格要**面对**（*konfrontiert*）

① 舒梅克，同前引，第566页。

② 佩里，1979，第5页注释1。

③ 佩里，1998，第95页。

④ 佩里，1998，第99页。

⑤ 斯特劳森：《个体》，伦敦，1959年版，第111页。

一种决意（Vorsatz），因而也要面对他自己。人们对自己说（就我是否达到我的目标，或者我是否做得好而言），“这取决于我”。对于这种含义上的细微差别，我在《自我中心性与神秘主义》（*Egozentrizität und Mystik*）[①] 一书第三章中作过探讨，不过并未达到一个让我满意的结论。如果人们尝试用专名来取代“我”这一词汇，那么与其他类型的“我 φ－语句”的差别就能变得更清楚了。一般而言，例如，如果我不说“我想要点盐”，而是说“恩斯特·图根特哈特想要点盐”，那么这就只是一种“奇怪而浮夸”的对我进行谈论的方式，就像佩里所说的那样（参见《我自己与我》第 101 页）。相反，如果我说，“这取决于恩斯特·图根特哈特”，那么我就从那种包含在“这取决于我”这一句子中的“面对自身”（Selbstkonfrontation）那里松了口气（die Luft herauslassen）。无论如何，“我”一词的某种独特的含义差别是在行动中表达出来的，这一论点是完全不同于以下论点的：对于一切那样的语句——在这些语句中，我将某物归给我——而言，其含义都能够通过行动情状来界定；人们当然不可以将这两个论点混淆起来。

① 恩斯特·图根特哈特：《自我中心性与神秘主义》，慕尼黑，2003 年版。

附　录

维特根斯坦论宗教[①]

陈启伟

维特根斯坦是本世纪西方哲学界最富影响的人物之一。他是著名的分析哲学家，同时又以其巨大的宗教热忱与宗教倾向而区别于绝大多数的分析哲学家。关于宗教，维特根斯坦没有写过专门的著作甚或论文，但从其现有的文稿（如《逻辑哲学论》、部分笔记，以及在他死后出版的书信、演讲稿）中我们还是分明可以找到他的宗教观点。本文拟对那些在我看来比较重要并且能够引起我们兴趣的观点展开讨论。

一

毫无疑问，宗教作为一种重要的社会文化现象，其对人类生活的影响已绵延了数千年。因此它的产生及其存在绝对不是偶然的，它必定是深深根植于人类社会生活之中的。然而它赖以生存的基础究竟是什么呢？

启蒙主义者主张宗教主要是起源于无知，这种观点在近代非常流行。启蒙主义思想家们坚信，随着科学的发展和知识的增长，宗教必将逐渐衰微并最终消亡。然而事实并非如此，在过去的数百年里，我们关于这个世界的科学知识获得了前所未有的增长，但直到今天，宗教仍是一股巨大的力量，在世界上绝大多数地方发挥着举足轻重的作用。更出人意料的是许多伟大的科学家（如 Max Plank，Albert Einsten，Werner Karl Heisenberg 等人）还在**谈论**上帝并与宗教信仰有着紧密的联系。

与启蒙主义者失之肤浅的观点不同，维特根斯坦力图找到宗教存在的更深刻的根源。他将之归结为人类所经受的苦难和折磨。人类作为一种有限的存在，在这个陌生的世界里忍受着各种各样的苦难。无可名状的苦难好似无底深渊，深陷其中的人们却不得不祈求于一种永恒的拯救。“没有任何痛苦的呼号能比一个人的呼号更为强烈，亦没有任何不幸能比一个孤独

① 1992 年 4 月 6 日在国际宗教学研讨会上宣读的论文，于 1999 年发表在《德国哲学论丛 1998》。原题为 Wittgenstein on Religion。

个体所能忍受的不幸更为强烈。因此在无尽苦难中煎熬的人们也会急需无尽的援救。”[①] 在维特根斯坦看来，基督教就是产生于人类的这种无尽的苦难及其对无尽援救的需求。他认为：“基督教是仅仅为那些需要无尽援救的人们而存在的，也是仅仅为那些经历着无尽的苦难的人们而存在的。”[②] 对于作为有限存在的人来说，要从此岸世界的痛苦深渊中解脱出来是根本没有希望的。他所能做的只是求助于那拥有无限权威、超越我们和世界的崇高存在，即基督教的上帝。实际上，这是一种逃避现实的方法。用维特根斯坦的话来说，“基督教信仰是处于极度苦难中的人们的避难所”[③]。

我并不反对维特根斯坦所主张的宗教起源于人间的苦难之说。事实上，基督教最初诞生在罗马帝国时，其信徒就是那些处于极端的贫困、屈辱和不幸中的人们，就是说，那些经受着“无尽的苦难”的人们，除了皈依信仰，他们别无他法。但是仅仅从人类苦难意识的精神分析来解释基督教的起源是远远不够的。作为一种心理现象的苦难意识并不能作为理解宗教的最终依据。我们关于宗教起源的研究绝不能止步于此，我们还应深入探究苦难的根源。苦难不是一个出乎人性的永恒的范畴，而总是由一定的社会历史条件所引起并受其约束限制的。遗憾的是，维特根斯坦并不熟悉社会历史的领域，虽然在他后期的哲学思想中提出了“生活形式”的观点，并把宗教视为“一种生活形式”，但这是一个概略的观念，缺乏具体的社会历史内容。因此，关于宗教起源，维特根斯坦并没能为我们提供比他的心理学解释更深入的分析。

二

如上所述，宗教根植于人类在此岸世界所遭受的无尽苦难及由之对无尽援救的诉求。无尽援救只能诉诸那超越此生此世的无限崇高的存在。我们发现我们深深地依赖于它，它就是我们所谓的上帝。“无论如何，在某种

---

① Wittgenstein, *Culture and Value*（《文化与价值》）, ed. G. H. von Wright, trans. by Peter Winch, The University of Chicago Press, 1980, p. 45.

② Wittgenstein, *Culture and Value*（《文化与价值》）, ed. G. H. von Wright, trans. by Peter Winch, The University of Chicago Press, 1980, p. 46.

③ Wittgenstein, *Culture and Value*（《文化与价值》）, ed. G. H. von Wright, trans. by Peter Winch, The University of Chicago Press, 1980, p. 46.

意义上我们是有所依赖的，而我们所依赖者即我们所谓的上帝。”[①] 我们信仰上帝并将之视为超越于我们的权威而顶礼膜拜，实际上“信仰即意味着服从权威”[②]。就此言之，维特根斯坦的宗教信仰与传统的基督教似并无太大区别。但是当我们仔细考察一下他关于上帝的观念便会发现，两者有实在的区别。

传统基督教的上帝是一个人格神，相反，维特根斯坦所信仰的乃是一种伦理意义上的“上帝”，更确切地说，他是把道德理想神化为超验至高的存在。那么他又是如何得到这样的上帝观念的呢？他是从对价值和事实、伦理与科学的**区分**开始的。他说：“世界是事实的总和。”[③] 对于事实世界来说，根本就没有所谓价值、善恶、生活的意义等诸如此类的问题。“世界中一切都如其所是地是，一切都如其之发生地发生。世界中不存在价值。”[④] “世界本身既不是善的，也不是恶的。”“一块石头、一个野兽的躯体、一个人的身体、我的身体都处于同一等级。因此一切发生的事情，无论来自一块石头，还是来自我的身体，都既不是善的，也不是恶的。”[⑤] 整个科学仅仅关涉到事实，却完全不涉及价值和人生。所以，“我们觉得即使一切可能的科学问题都被解答了，人生的问题仍然毫未触及”[⑥]。然而，“难道没有事实之外的领域吗？”[⑦] 不！维特根斯坦回答道，在事实世界之外还有另一个领域，那就是那超验的伦理学领域。价值、善恶、生命的意义都恰恰驻留于此。维特根斯坦视这一领域为**“高渺玄远的东西”**[⑧]，即高于或超越于事实世界。在这种意义上，这个更高的领域即是上帝。正如维特根斯坦所言，

---

① Wittgenstein, *Notebooks* 1914—1916 (《1914—1916 年笔记》), ed. G. H. von Wright and G. E. M. Anscombe, trans. by G. E. M. Anscombe, Oxford: Blackwell, 1961, p. 74.

② Wittgenstein, *Culture and Value* (《文化与价值》), ed. G. H. von Wright, trans. by Peter Winch, The University of Chicago Press, 1980, p. 45.

③ Wittgenstein, *Tractatus Logico Philosophicus* (《逻辑哲学论》), trans. by D. F. Pears and B. F. McGuinness, London: Routledge and Kegan Paul, 1961, 1. 1.

④ Wittgenstein, *Tractatus Logico Philosophicus* (《逻辑哲学论》), trans. by D. F. Pears and B. F. McGuinness, London: Routledge and Kegan Paul, 1961, 6. 41.

⑤ Wittgenstein, *Notebooks* 1914—1916 (《1914—1916 年笔记》), ed. G. H. von Wright and G. E. M. Anscombe, trans. by G. E. M. Anscombe, Oxford: Blackwell, 1961, p. 79, 84.

⑥ Wittgenstein, *Tractatus Logico Philosophicus* (《逻辑哲学论》), trans. by D. F. Pears and B. F. McGuinness, London: Routledge and Kegan Paul, 6. 52.

⑦ Wittgenstein, *Notebooks* 1914—1916 (《1914—1916 年笔记》), ed. G. H. von Wright and G. E. M. Anscombe, trans. by G. E. M. Anscombe, Oxford: Blackwell, 1961, p. 52.

⑧ Wittgenstein, *Tractatus Logico Philosophicus* (《逻辑哲学论》), trans. by D. F. Pears and B. F. McGuinness, London: Routledge and Kegan Paul, 6. 432.

"人生的意义即世界的意义，我们名之为上帝"[①]。信仰上帝意味着什么呢？维特根斯坦宣称："信仰上帝意即理解了人生意义的问题。信仰上帝意即看到了世界的事实还不是事情的终极。信仰上帝意即看到了人生有一种意义。"[②] 祈祷又是什么呢？"祈祷就是思考人生的意义。"[③]

由此可见，对维特根斯坦来说，上帝就是被无限提升为神圣实在和崇拜对象的人生或人生的意义。这样一种上帝观念与传统基督教显然是不相容的。我想，对人生的崇拜已经成为我们这个时代宗教的一个重要趋向。它毋宁说是对于实证主义的科学主义的挑战，而不是对于传统宗教信仰的一种背离。从19世纪末以来，实证主义、科学主义已成为西方哲学中一股强大的思潮。在实证主义者看来，事实世界是唯一的实在，也是我们唯一可以认识并处理的实在。他们把事实奉若神明，把科学视为新的《圣经》，而加以宣扬。他们或者把价值与人生意义的问题转换为纯粹的事实问题或者干脆将其归为不可知或无意义的问题而丢弃之。实证主义者因此受到激烈的抨击。例如，海森堡批评道："不幸的是，现代实证主义错误地闭目不见这个更广阔的实在，妄图将它置于黑暗之中。"[④] 这里的"更广阔的领域"即指价值领域。海森堡坚持认为价值问题是和宗教紧密联系的，并不能用科学来消除它或替换它。价值问题关乎我们正确度过人生的指南。它可以有不同的称呼：上帝的意志、人生的意义，如此等等。[⑤]

近年来宗教信仰中的人生崇拜已表现得更为明显。一个名叫 Skolimowski 的神学家宣称："我赞美人生，因为它有着近乎不可思议的非凡创造力。生活本身就可以被称为'神'。……即或有人提出人生即是上帝，我们也无须强表异议。"[⑥] 他把宗教定义为**"提升生命的现象"**（a life enhancing phenomanon）。[⑦] 我觉得这是对宗教发展新趋势的恰当表述。维特根斯坦的上帝观念和宗教信仰无疑也可归入这种新趋势，亦可称为**"提升生命的现象"**（a life enhancing phenomanon）。

---

① Wittgenstein, *Notebooks* 1914—1916 (《1914—1916 年笔记》), ed G. H. von Wright and G. E. M. Anscombe, trans. by G. E. M. Anscombe, Oxford: Blackwell, 1961, p. 73.

② Wittgenstein, *Notebooks* 1914—1916 (《1914—1916 年笔记》), ed. G. H. von Wright and G. E. M. Anscombe, trans. by G. E. M. Anscombe, Oxford: Blackwell, 1961, p. 74.

③ Wittgenstein, *Notebooks* 1914—1916 (《1914—1916 年笔记》), ed. G. H. von Wright and G. E. M. Anscombe, trans. by G. E. M. Anscombe, Oxford: Blackwell, 1961, p. 73.

④ Heisenberg, *Physics and Beyond*, Happer Torchbooks, 1972, p. 216.

⑤ Heisenberg, *Physics and Beyond*, Happer Torchbooks, 1972, p. 214.

⑥ Skolimowski, *Eco-philosophy*, Marion Boyars Publishers, 1981, pp. 106 – 107.

⑦ Skolimowski, *Eco-philosophy*, Marion Boyars Publishers, 1981, p. 106.

三

宗教所涉及的领域与科学的对象显然不同，维特根斯坦强调两者必各有掌握其对象的不同方式。它们是截然有别、绝不可混淆或替代的。

宗教仅是一种信仰的事情，在任何意义上它都不是一种理性的认识。正如维特根斯坦说的："信仰只是我的内心和我的灵魂的一种需要，不是我的思想。因为要拯救的是我的灵魂及其情欲，而非我的抽象心智。"① 对宗教信仰进行任何的理性证明或经验证实都是既无必要也不可能的。例如，福音书中的故事就不能被视为历史真实或理性真理。"信徒与这些故事的关系，既不是他与历史真实（或然之事）的关系，也不是他与'理性真理'所构成的理论的关系。"即便这些故事与史实出入甚大，我们对《福音书》的信仰"也不会因此而减弱分毫……因为历史证明与信仰无关。人们虔诚地（钟情地）去领悟这种启示（福音书）"②。

历史上有各种各样关于上帝存在的证明，而事实上并没有谁是通过这些证明而产生对上帝的信仰。维特根斯坦认为："关于上帝存在的证明本应当是人们借以使自己相信上帝存在的东西，但是我认为提出这些证明的信奉者们想要做的是给自己的信仰以理智的分析和根据。尽管他们自己之达到信仰决非这些证明的结果。"③ 宗教植根于人生的苦难，除了人生的苦难与经验之外并没有什么可以使人产生对上帝的信仰。维特根斯坦说："生活可以教育人信仰上帝。人生经验亦然。"但是他强调指出，这种人生经验不是任何形式的日常感官经验或感觉印象。"他们既不以感觉印象给我们指明对象的方式使上帝显现给我们，也不引起对上帝的猜测。"④ 在维特根斯坦看来，人生的这些经历似乎变成了某种非理性的热忱，人们正是凭着这份热忱而接受宗教信仰的，"我觉得一种宗教信仰只能是某种类似于对一个参

---

① Wittgenstein, *Culture and Value*（《文化与价值》）, ed. G. H. von Wright, trans. by Peter Winch, The University of Chicago Press, 1980, p. 33.

② Wittgenstein, *Culture and Value*（《文化与价值》）, ed. G. H. von Wright, trans. by Peter Winch, The University of Chicago Press, 1980, p. 32.

③ Wittgenstein, *Culture and Value*（《文化与价值》）, ed. G. H. von Wright, trans. by Peter Winch, The University of Chicago Press, 1980, p. 85.

④ Wittgenstein, *Culture and Value*（《文化与价值》）, ed. G. H. von Wright, trans. by Peter Winch, The University of Chicago Press, 1980, p. 86.

考系（a system of reference）的热烈信奉的东西”[①]。正是在这一点上，宗教信仰与理性或智慧有着鲜明的区别。“理智是冷静的，相反，信仰则是克尔凯郭尔所谓的激情。”[②]

维特根斯坦认为基于激情的宗教信仰“确实是真实的一种生活方式”[③]。接受一种宗教信仰就意味着进入一种新的生活方式。在这里，理性和智慧完全失效，因为我们不会用它们去改正自己的生活。[④] 诚然，我们的理性和智慧及其产物——科学技术是我们认识和改造世界的强有力的工具，但维特根斯坦认为科学技术只能改变我们的外部环境，而不能改变我们的人生方向和生活态度。他说，我们总是想要“改变我们的环境”，但“最重要且最有效的改变”是“我们自身态度的改变”。[⑤] 宗教作用就在于造成这种改变。然而，在我们的时代，宗教和这种改变的必要似乎被严重地忽视了，科学技术取得惊人成就的同时人却似乎在退化。维特根斯坦非常忧虑地说：“如果科学技术的时代是人类的终结，这绝非荒谬。如果认为伟大进步的观念与真理最终将会被认识的观念都是妄想，认为科学知识没有什么善的或合意的东西，正在操求科学知识的人类将会落入陷阱，诸如此类的想法并非荒诞之说。”[⑥] 我不认为维特根斯坦的这些话是毫无根据的恐惧，但我觉得他恐怕是过于悲观了。科技的发展确实给我们带来了许多消极的后果，某些科学成果甚至被用于毁灭性的目的（例如战争），但我们应该记住，科学技术和所有的人类文明都是人类自己创造的并且必然能为人所掌控。问题在于如何在改造世界的同时改造人类自身。维特根斯坦提醒我们注意“自己人生态度的改变”，这是完全正确的，不过我并不认为宗教能担此重任。

---

① Wittgenstein, *Culture and Value*（《文化与价值》）, ed. G. H. von Wright, trans. by Peter Winch, The University of Chicago Press, 1980, p. 64.

② Wittgenstein, *Culture and Value*（《文化与价值》）, ed. G. H. von Wright, trans. by Peter Winch, The University of Chicago Press, 1980, p. 53.

③ Wittgenstein, *Culture and Value*（《文化与价值》）, ed. G. H. von Wright, trans. by Peter Winch, The University of Chicago Press, 1980, p. 64.

④ Wittgenstein, *Culture and Value*（《文化与价值》）, ed. G. H. von Wright, trans. by Peter Winch, The University of Chicago Press, 1980, p. 53.

⑤ Wittgenstein, *Culture and Value*（《文化与价值》）, ed. G. H. von Wright, trans. by Peter Winch, The University of Chicago Press, 1980, p. 53.

⑥ Wittgenstein, *Culture and Value*（《文化与价值》）, ed. G. H. von Wright, trans. by Peter Winch, The University of Chicago Press, 1980, p. 56.

编译后记

中山大学哲学系外国哲学学科诸位同仁计划做一个“思想摆渡”的书系，一来以丛书的方式庆贺中山大学哲学系复办60周年，二来也希望以此方式整理和积累我们这些西学研究者的基础的翻译性工作。为此，笔者整理了自2003年以来的相关译文，汇成一辑以凑其数。

这些译文的主题主要集中于现象学和自身意识两个大的方面，这也大致反应了笔者这些年来在西学研究领域主要关心的两个主题。在这两个主题上，笔者也正在分别从事着专门著作的翻译工作。

这里收录的译文大多都发表过，笔者要感谢相关期刊的编辑老师所给予的帮助。本书中的不少文章的翻译都源自业师倪梁康教授的要求和鞭策。一些译文也曾得到方向红、朱刚、张志平、郑辟瑞等师友，于涛和罗雨泽两位同学以及已故的张宪教授的校对或修订。其中，第一篇《胡塞尔〈逻辑研究〉中的明见性与真理以及最终充实的观念》和第十二篇《论自身意识：一些误解》的译文初稿分别由笔者与郁欣博士、谢裕伟博士合作完成。我的博士研究生段喜乐帮助我统一了全书的格式，并通读了书稿。这里一并致以诚挚的感谢!

本书稿是笔者主持的国家社会科学基金重大项目（编号：17ZDA033）的阶段性成果。

张任之

2020年5月于中山大学